GÉOMÉTRIE ANALYTIQUE

A TROIS DIMENSIONS

PARIS. — IMP. SIMON RAÇON ET COMP., RUE D'ERFURTH, 1.

GÉOMÉTRIE

ANALYTIQUE

A TROIS DIMENSIONS

PAR

J. BOURGET

ANCIEN ÉLÈVE DE L'ÉCOLE NORMALE
AGRÉGÉ DE L'UNIVERSITÉ, DOCTEUR ÈS SCIENCES

ET

CH. HOUSEL

ANCIEN ÉLÈVE DE L'ÉCOLE NORMALE

PARIS

LIBRAIRIE HACHETTE ET Cie

BOULEVARD SAINT-GERMAIN, 79

1872

PRÉFACE

En commençant ce Traité, nous avons cherché à établir aussi généralement que possible, à propos de la ligne droite et du plan, les formules qui se rapportent aux coordonnées obliques, sans lesquelles le calculateur est quelquefois embarrassé, même pour des cas très-simples ; mais nous n'avons pas négligé d'établir directement, quand il y a lieu, les formules relatives aux axes rectangulaires.

Dans les observations qui s'étendent aux surfaces quelconques, nous n'avons pu nous empêcher, vu l'importance du sujet, de sortir du programme de l'École polytechnique, en parlant de la courbure des surfaces. Nous avons rapporté les définitions et mesures données par Sophie Germain, Gauss, et récem-

a.

ment par M. Roger : cette dernière théorie a l'avantage de s'appliquer à toutes les surfaces, réglées ou non.

Quant aux surfaces du second degré, notre point de vue consiste à les considérer comme engendrées par le mouvement d'une conique à centre sur une conique fixe, ce qui ne laisse de côté que le cylindre parabolique. De cette façon, après avoir établi, comme d'ordinaire, quelques généralités, on trouve directement les équations les plus simples et les propriétés de ces surfaces. Par exemple, nous avons considéré l'hyperboloïde à une nappe comme engendré d'abord par une ellipse mobile sur une hyperbole fixe, puis encore par une hyperbole mobile sur une conique *complète*, si l'on peut appeler ainsi l'ensemble d'une ellipse et d'une hyperbole dans des plans perpendiculaires.

On nous pardonnera de chercher à introduire, pour établir la continuité, le *calcul directif* où l'on réalise le symbole de l'imaginaire par une direction perpendiculaire. C'est encore ainsi que nous avons obtenu le volume de l'hyperboloïde à deux nappes, en considérant cette surface comme complétée par l'ellipsoïde qui comble le vide laissé entre les deux nappes.

Quoique la discussion de l'équation du second degré ait été précédée de la connaissance des surfaces, nous la présentons avec détails, ainsi que les caractères de ces surfaces. Mais surtout nous nous sommes attachés à déterminer les éléments principaux, même avec des coordonnées obliques : cette généralisation, souvent si nécessaire, loin d'être toujours une cause de complications, présente quelquefois les questions sous le jour le plus simple. Ainsi, par la considération de plans tangents communs à une surface et à des sphères concentriques, on obtient en même temps, et de la manière la plus directe, les trois théorèmes sur les axes principaux et un système quelconque de diamètres conjugués.

Parmi ces éléments, il en est, comme ceux des paraboloïdes et du cylindre parabolique ainsi que des surfaces de révolution, qui n'avaient pas été donnés, à notre connaissance, dans le cas des axes obliques, du moins dans les ouvrages destinés à l'enseignement.

Quant aux deux chapitres qui terminent ce traité, et qui sont relatifs aux coniques sphériques et aux surfaces homofocales, quoiqu'ils soient en dehors du programme, nous avons pensé, comme MM. Briot et Bouquet, dont nous avons mis à ce sujet l'ouvrage à profit, qu'un aperçu de ces connaissances était nécessaire aux élèves dans l'état actuel de la science.

Enfin, on voudra bien excuser diverses incorrections, en songeant que l'impression de cet ouvrage, commencée vers le milieu de 1870, et à peine terminée à la fin de 1871, a dû être plus d'une fois abandonnée et reprise : dans l'*errata*, nous avons indiqué les fautes qui pourraient arrêter le lecteur.

BOURGET, HOUSEL.

GÉOMÉTRIE ANALYTIQUE

A TROIS DIMENSIONS

CHAPITRE PREMIER

LA LIGNE DROITE ET LE PLAN

I. POINTS DANS L'ESPACE

1. *Coordonnées d'un point.* — Par un point fixe O (fig. 1) on fait passer trois plans fixes aussi dont les intersections Ox, Oy, Oz s'appellent les *axes coordonnés* (1).

On détermine la position d'un point quelconque M relativement à ces plans

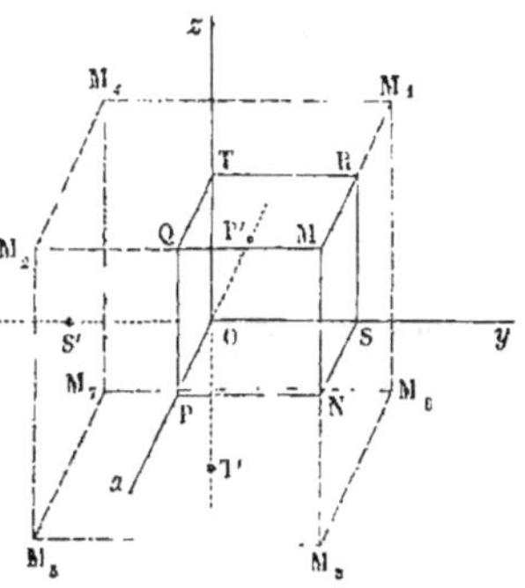

Fig. 1.

(1) Nous intervertissons la place qu'on donne ordinairement aux axes des x et des y, parce que, en se tournant à gauche, on voit aussitôt ces axes dans la position habituelle de la géométrie à deux dimensions, ce qui serait plus difficile avec le système ordinaire.

menant de ce point, et jusqu'à la rencontre de ces plans, des parallèles à ces axes, $MR = x$, $MQ = y$, $MN = z$; achevant le parallélipipède construit sur ces lignes, on voit que l'on a aussi $OP = x$, $OS = y$, $OT = z$.

La position du point M est connue d'après ces quantités, car il est clair qu'on va de O à M en suivant la ligne brisée OPNM.

Cependant, pour que cette position soit complétement déterminée, il faut que les *coordonnées* x, y, z de ce point soient connues, non-seulement en longueur, mais avec leurs signes, que nous n'avons pas encore considérés. Or on convient de regarder comme positives les directions indiquées Ox, Oy, Oz, *à partir de l'origine*, et les directions opposées comme négatives. On aura donc, autour du point O, huit angles trièdres, et dans chacun de ces angles un point qui aura en grandeur absolue les mêmes coordonnées que le point M.

Voici le tableau des signes correspondants, comme le montre l'inspection de la figure :

M	M_1	M_2	M_3	M_4	M_5	M_6	M_7
$+x$	$-x$	$+x$	$+x$	$-x$	$+x$	$-x$	$-x$
$+y$	$+y$	$-y$	$+y$	$-y$	$-y$	$+y$	$-y$
$+z$	$+z$	$+z$	$-z$	$+z$	$-z$	$-z$	$-z$

En général, ici comme dans un plan, on appelle *origine*, sur une droite, le point d'où part un mobile pour parcourir la droite : on regarde les directions comme positives ou négatives suivant le sens du mouvement.

2. *Translation de l'origine.* — Soient x', y', z' et x'', y'', z'' les coordonnées de deux points. Avant d'en chercher la distance, nous commencerons, sans altérer les direc-

tions des axes, par *transporter l'origine* à l'un de ces points, représenté actuellement par x', y', z', et dont les nouvelles coordonnées seront nulles.

Alors, soient X, Y, Z les nouvelles coordonnées d'un point quelconque de l'espace, précédemment représentées par x, y, z : il est clair, par exemple, que X sera nul dans le cas où ce point se confondrait avec la nouvelle origine. On devra donc avoir l'une des deux expressions : $X = x - x'$, $X = x' - x$; mais la seconde doit être écartée. En effet, dans le cas où la nouvelle origine reviendrait coïncider avec la première, ce qui donnerait $x' = 0$, cette seconde expression reviendrait à $X = -x$, tandis qu'on doit évidemment avoir alors $X = x$.

Il faut donc écrire $X = x - x'$ et de même $Y = y - y'$, $Z = z - z'$.

Ainsi la translation de l'origine se fait en posant $x = X + x'$, $y = Y + y'$, $z = Z + z'$.

Pour ne pas écrire d'autres lettres, on dit aussi qu'il suffit de changer x, y et z en $x + x'$, $y + y'$, $z + z'$.

3. *Projections.* — Les points O et M (fig. 2) étant donc ceux dont il faut chercher la distance, nous renverrons à la théorie des projections exposée dans le cours de *géométrie analytique à deux dimensions.* Soit O l'origine des coordonnées, M un point (x, y, z). Projetons ce point sur le plan xy et sur l'axe Ox.

Dans l'espace comme sur un plan, la *projection* d'une droite finie est égale au produit de cette droite par le cosinus de l'angle qu'elle fait à partir de

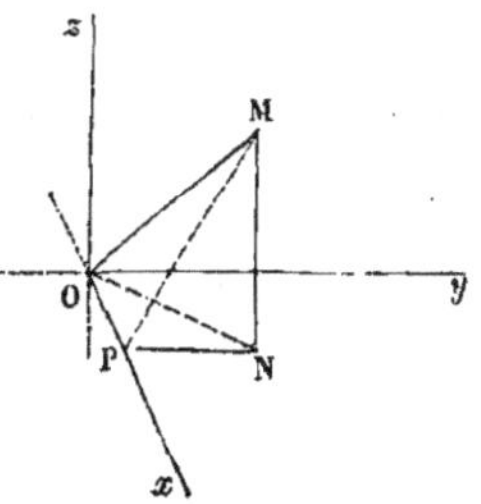

Fig. 2.

son *origine* (§ 1) avec l'axe de projection. En répétant la démonstration de la géométrie plane, on retrouve donc, même pour un contour *gauche* (c'est-à-dire non contenu dans un même plan), le théorème connu : *La somme des projections de plusieurs droites consécutives sur un axe est égale à la projection de la ligne résultante.*

Du reste, ici comme dans un plan, on appellerait *projection oblique* d'un point celle qui serait déterminée sur l'axe, non plus par une perpendiculaire à cet axe, mais par un plan parallèle à un plan donné.

4. Les axes étant d'abord *rectangulaires*, soit MN perpendiculaire sur le plan des xy, et NP sur Ox, on sait que $OP = x$ est la projection de OM sur Ox; il en sera de même pour y et z. D'un autre côté, $\overline{OM}^2 = x^2 + \overline{PM}^2 = x^2 + \overline{PN}^2 + \overline{NM}^2 = x^2 + y^2 + z^2$, d'où résulte le théorème : *La somme des carrés des projections d'une droite sur trois axes rectangulaires est égale au carré de cette droite.*

Soit $OM = r$, on a, dans le triangle MOP, $\cos xr = \dfrac{x}{r}$;

de même $\cos xr = \dfrac{y}{r}$, $\cos zr = \dfrac{z}{r}$: donc

$$\cos^2 xr + \cos^2 yr + \cos^2 zr = 1.$$

Ainsi, *la somme des carrés des cosinus que fait une droite avec trois droites rectangulaires est égale à l'unité.*

5. *Distance de deux points.* — Pour obtenir OM avec des axes *obliques*, observons qu'on peut aller directement de O en M en suivant la route $OM = r$, ou bien en suivant le contour brisé OPNM dans lequel MN est parallèle à Oz, NP à Oy. Si nous projetons ce contour sur OM, nous avons

$$r = x \cos xr + y \cos yr + z \cos zr,$$

En projetant d'un côté OM et de l'autre le même contour sur Ox, il vient

$$r \cos xr = x + y \cos xy + z \cos xz,$$

d'où

$$\cos xr = \frac{x + y \cos xy + z \cos xz}{r},$$

et de même

$$\cos yr = \frac{y + x \cos xy + z \cos yz}{r},$$

$$\cos zr = \frac{z + x \cos xz + y \cos yz}{r}.$$

Maintenant, dans l'expression de r remplaçons $\cos xr$, $\cos yr$, $\cos zr$ par leurs valeurs et réduisons, nous aurons

$$r^2 = x^2 + y^2 + z^2 + 2yz \cos yz + 2zx \cos zx + 2xy \cos xy.$$

Nous chercherons plus tard ($\S$ 34) la relation analogue à $\cos^2 xr + \cos^2 yr + \cos^2 zr = 1$ du $\S$ 4.

6. Il reste maintenant à *revenir à la première origine*. Pour cela, observons que nous avons posé $X = x - x'$; ici x est une ancienne coordonnée d'un point, et X la nouvelle coordonnée correspondante. Donc tout reviendra à changer, dans les formules précédentes, réciproquement à ce que nous avions fait, x en $x - x'$, et de même y et z en $y - y'$ et $z - z'$.

Comme il s'agit ici du second point que nous avions indiqué par x'', y'', z'', la distance cherchée, prise par rapport à l'origine primitive, sera

$$r^2 = (x'' - x')^2 + (y'' - y')^2 + (z'' - z')^2 + 2(y'' - y')(z'' - z') \cos yz$$
$$+ 2(z'' - z')(x'' - x') \cos zx + 2(x'' - x')(y'' - y') \cos xy;$$

on aura par le même changement les valeurs de $\cos xr$, $\cos yr$, $\cos zr$.

7. Pour des axes rectangulaires, on a évidemment

$$r^2 = (x'' - x') + (y'' - y')^2 + (z'' - z')^2,$$

$$\cos xr = \frac{x'' - x'}{r}, \quad \cos yr = \frac{y'' - y'}{r}, \quad \cos zr = \frac{z'' - z'}{r}.$$

II. LIEUX GÉOMÉTRIQUES; SURFACE PLANE

8. Une surface, telle que celles que l'on considère en géométrie, est le *lieu géométrique*, c'est-à-dire l'ensemble des points jouissant d'une même propriété exprimable par une égalité.

Il est facile de démontrer qu'une équation entre les trois coordonnées d'un point $f(x, y, z) = 0$ représente l'équation d'une surface.

En effet, si l'on donne à z une valeur particulière quelconque $z = c$, l'équation $f(x, y, c) = 0$, où c est constant relativement à x et y, représente, dans le plan des xy, une certaine courbe.

Mais, dans l'espace, cette équation représente évidemment un cylindre ayant pour base, sur le plan des xy, la ligne que nous venons d'y indiquer et ayant ses génératrices parallèles à l'axe des z, puisque toutes les lignes tracées sur ce cylindre sont représentées sur le plan des xy par la même équation $f(x, y, c) = 0$, qui est celle de leur projection rectangulaire ou oblique sur ce plan. Ainsi les points qui satisfont à la fois aux deux équations $z = c$ et $f(x, y, c) = 0$, doivent être considérés comme ceux où ce cylindre est coupé par un plan mené parallèlement au plan des xy, à une distance $z = c$.

Si l'on donne à z de nouvelles valeurs c', c''..., on aura, sur d'autres cylindres analogues, des sections toujours parallèles ; mais si z varie d'une manière continue, il y aura aussi continuité entre ces sections dont l'ensemble formera ainsi une surface, comme il fallait le faire voir. Réciproquement, toute propriété exprimable par une égalité entre des fonctions de lignes se traduit par une équation entre les coordonnées en exprimant les lignes de la figure en fonction des coordonnées du point du lieu.

9. Cependant nous verrons des circonstances où une équation à trois variables ne représente qu'une ou plusieurs lignes, ou même un ou plusieurs points. Enfin cette équation peut encore ne rien représenter de réel.

10. Quant à une équation à deux variables, telle que $f(x, y) = 0$, nous venons de voir qu'elle représente en général un cylindre dont les génératrices sont parallèles à l'axe des z. Enfin une équation à une seule variable, telle que $f(z) = 0$, se résolvant dans une ou plusieurs équations explicites, telles que $z = c$, il est évident, même avant d'avoir étudié l'équation générale du plan, que chaque valeur de z donne un plan parallèle à celui des xy : seulement, si c est imaginaire, le plan l'est également.

11. *Équation du plan* (fig. 3). — Soit M un point du plan qui coupe les axes en A, B, C, et $OR = r$ la perpendiculaire abaissée de l'origine sur ce plan. Les coordonnées du point M étant $OP = x$, $PN = y$, $NM = z$, la projection du contour OPNMR sur OR donnera pour l'équation du plan

$$r = x \cos xr + y \cos yr + z \cos zr,$$

car MR, perpendiculaire à OR, n'a pas de projection sur cette droite.

12. Pour transformer l'équation précédente, soient $OA = \alpha$, $OB = \beta$, $OC = \gamma$, les distances où le plan coupe les axes ; le triangle OAR, rectangle en R, donne $r = \alpha \cos xr$; de même $r = \beta \cos yr$, $r = \gamma \cos zr$: on a donc

$$\frac{x}{\alpha} + \frac{y}{\beta} + \frac{z}{\gamma} = 1.$$

Ainsi l'équation d'un plan est du premier degré.

13. Réciproquement, une équation du premier degré à trois variables, telle que $Ax + By + Cz + D = 0$, représente un plan, car on peut l'identifier avec la précédente, en posant

$$-\frac{A}{D} = \frac{1}{\alpha}, \quad -\frac{B}{D} = \frac{1}{\beta}, \quad -\frac{C}{D} = \frac{1}{\gamma},$$

ce qui donne

$$\alpha = \frac{-D}{A}, \quad \beta = \frac{-D}{B}, \quad \gamma = \frac{-D}{C}$$

Mais

$$\alpha = \frac{r}{\cos xr}, \quad \beta = \frac{r}{\cos yr}, \quad \gamma = \frac{r}{\cos zr} ;$$

on a donc

$$\frac{\cos xr}{A} = \frac{\cos yr}{B} = \frac{\cos zr}{C} = \frac{r}{-D} = b,$$

rapport commun dont nous trouverons bientôt l'expression (§§ 48, 49).

Comme on peut toujours, dans l'équation

$$Ax + By + Cz + D = 0$$

d'un plan donné, diviser par un des coefficients, δ variera avec la valeur absolue de ces coefficients. Mais quelles que soient les quantités par lesquelles on les multiplie ou divise, on reconnaît que $A\delta$, $B\delta$, $C\delta$ ne varient pas, puisque ces produits sont les cosinus des angles que fait avec les axes une perpendiculaire au plan.

14. Si $D = 0$, c'est-à-dire si le plan passe à l'origine, il est clair que α, β, γ et r sont nuls à la fois; mais δ n'est pas nul pour cela,

Alors l'équation du § 11 devient

$$x \cos xr + y \cos yr + z \cos zr = 0$$

et l'identification avec $Ax + By + Cz = 0$ donne

$$\frac{\cos xr}{A} = \frac{\cos yr}{B} = \frac{\cos zr}{C}$$

Si l'on prend $A = \cos xr$, $B = \cos yr$, $C = \cos zr$, on a alors $\delta = 1$.

15. Dans l'équation $Ax + By + Cz + D = 0$, si l'un des coefficients est nul, par exemple $B = 0$, on a $\beta = \dfrac{-D}{B} = \infty$:

alors l'équation résultante du plan, $\dfrac{x}{\alpha} + \dfrac{z}{\gamma} = 1$, représente un plan parallèle à l'axe des y, puisque OB est infini : alors cette variable ne figure pas dans l'équation

$$Ax + By + Cz + D = 0.$$

Si l'on a à la fois $B = 0$, $A = 0$, il en résulte $\beta = \infty$, $\alpha = \infty$. Donc l'équation $Cz + D = 0$ ou $z = \gamma$ est celle d'un plan parallèle à celui des xy, comme on l'a déjà vu (§ 10).

16. *Plans parallèles.* — Deux plans parallèles ont des équations de la forme $x \cos xr + y \cos yr + z \cos zr = r$, $x \cos xr + y \cos yr + z \cos zr = r'$; car, par hypothèse, $\cos xr' = \cos xr$, etc.

Donc, soient

$$Ax + By + Cz + D = 0, \quad A'x + B'y + C'z + D' = 0$$

les équations des deux plans, on reconnaîtra qu'ils sont parallèles, si $\dfrac{A}{A'} = \dfrac{B}{B'} = \dfrac{C}{C'}$.

17. *Plans passant par des points donnés.* — Un plan passant par un point dont les coordonnées sont x', y', z', a évidemment une équation de la forme

$$A(x - x') + B(y - y') + C(z - z') = 0.$$

Si A, B, C sont donnés, cette équation sera celle du *plan mené par un point donné parallèlement à un plan donné*, qui sera représenté par

$$Ax + By + Cz = 0.$$

Si ce plan doit passer par un second point, représenté par x'', y'', z'', on a de plus l'équation de condition

$$A(x'' - x') + B(y'' - y') + C(z'' - z') = 0.$$

Enfin, on fixera la position du plan en l'assujettissant à passer aussi par un troisième point représenté par x''', y''', z''', ce qui donnera la nouvelle condition

$$A(x''' - x') + B(y''' - y') + C(z''' - z') = 0.$$

L'élimination entre les deux conditions donne $\dfrac{A}{C}$ et $\dfrac{B}{C}$, ce qui permet de poser

$$A = y''z''' - y'''z'' + y'''z' - y'z''' + y'z'' - y''z' = \begin{vmatrix} 1 & y' & z' \\ 1 & y'' & z'' \\ 1 & y''' & z''' \end{vmatrix}$$

De même

$$B = \begin{vmatrix} 1 & z' & x' \\ 1 & z'' & x'' \\ 1 & z''' & x''' \end{vmatrix} = z''x''' - z'''x'' + z'''x' - z'x''' + z'x'' - z''x'$$

et

$$C = \begin{vmatrix} 1 & x' & y' \\ 1 & x'' & y'' \\ 1 & x''' & y''' \end{vmatrix} = x''y''' - x'''y'' + x''y' - x'y''' + x'y'' - x''y'.$$

On reconnaît dans ces expressions la permutation tournante entre y et z, z et x, puis x et y.

L'équation du plan étant $Ax + By + Cz = Ax' + By' + Cz'$, on observe, après réduction, qu'il reste :

$$-D = Ax' + By' + Cz' = x'(y''z''' - y'''z'') + y'(z''x''' - z'''x'') + z'(x''y''' - x'''y'')$$
$$= \begin{vmatrix} x' & x'' & x''' \\ y' & y'' & y''' \\ z' & z'' & z''' \end{vmatrix}$$

Ainsi, l'équation cherchée devient

$$x \begin{vmatrix} 1 & y' & z' \\ 1 & y'' & z'' \\ 1 & y''' & z''' \end{vmatrix} + y \begin{vmatrix} 1 & z' & x' \\ 1 & z'' & x'' \\ 1 & z''' & x''' \end{vmatrix} + z \begin{vmatrix} 1 & x' & y' \\ 1 & x'' & y'' \\ 1 & x''' & y''' \end{vmatrix} = \begin{vmatrix} x' & x'' & x''' \\ y' & y'' & y''' \\ z' & z'' & z''' \end{vmatrix}$$

III. ÉQUATIONS DES LIGNES; DE LA LIGNE DROITE

18. Puisque deux équations, telles que $f(x, y, z) = 0$ et $F(x, y, z) = 0$, représentent deux surfaces, l'ensemble de ces équations représente l'intersection de ces deux surfaces. En général, cette ligne est *gauche* ou *à double courbure*, c'est-à-dire qu'elle n'est pas contenue dans un plan.

Réciproquement, une ligne quelconque étant donnée dans l'espace, parmi les surfaces en nombre infini qui passent par cette ligne, on en choisit deux qui la représentent par leurs équations.

D'ordinaire on mène par tous les points de cette ligne deux séries de droites parallèles à l'axe des x et à celui des y : les cylindres ainsi formés ont des équations de la forme $f(y, z) = 0$, $F(x, z) = 0$ ($\S$ 10) et dont l'ensemble s'appelle les *équations de la ligne*.

Entre ces deux équations, si l'on élimine z, il reste une relation de la forme $\varphi(x, y) = 0$: elle représentera le cylindre dont les génératrices sont parallèles à l'axe des z

et qui projette ainsi la ligne donnée sur le plan des xy.

Réciproquement, deux équations telles que $f(y, z) = 0$, $F(x, z) = 0$ représentent une ligne dans l'espace, puisque cette ligne est l'intersection des cylindres ainsi indiqués.

19. *Équations d'une droite* (fig. 4). — Une ligne droite est toujours représentée par l'ensemble des équations de deux plans.

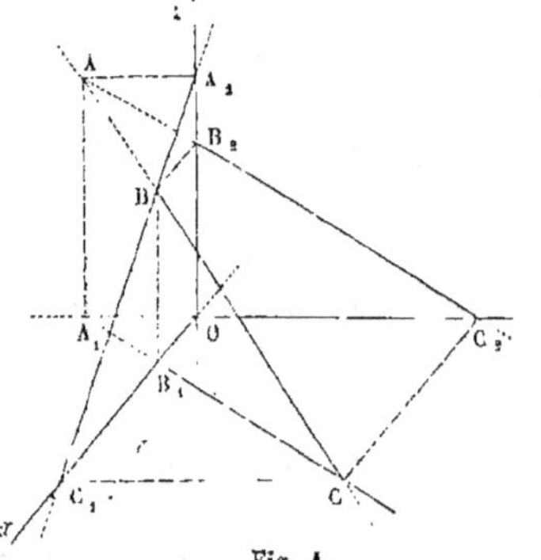

Fig. 4.

Soit ABC la droite en question; les cylindres projetants sur les plans des zx et des zy deviendront les plans CC_1B et CC_2A, respectivement représentés par $x = mz + p$, $y = nz + q$, qui seront les équations de droite.

Il est clair que p et q seront, sur le plan des xy, les coordonnées du point C où la droite perce ce plan.

20. Cependant cette forme d'équations ne représenterait pas une droite parallèle au plan des xy, car alors p et q seraient infinis.

En général, soient x', y', z' les coordonnées d'un point pris n'importe où sur la droite, et a, b, c des coefficients constants, les équations de la droite pourront se mettre sous la forme

$$\frac{x - x'}{a} = \frac{y - y'}{b} = \frac{z - z'}{c}.$$

Car cela revient aussi à écrire

$$m = \frac{a}{c}, \quad n = \frac{b}{c}.$$

Alors, en effet, les équations deviennent

$$x = \frac{a}{c}z + x' - \frac{az'}{c}, \quad y = \frac{b}{c}z + y' - \frac{bz'}{c}.$$

ce qui donne encore

$$p = x' - \frac{az'}{c}, \quad q = y' - \frac{bz'}{c}.$$

Si a, b, c sont donnés, les équations

$$\frac{x - x'}{a} = \frac{y - y'}{b} = \frac{z - z'}{c}$$

sont celles d'une *droite menée par un point donné parallèlement à une droite donnée*, qui sera représentée par

$$\frac{x}{a} = \frac{y}{b} = \frac{z}{c}.$$

21. Il est important de voir ce que devient la droite quand l'un des dénominateurs est nul.

Avant de faire cette supposition, observons que les équations reviennent à

$$b(x - x') = a(y - y') \quad \text{et} \quad c(y - y') = b(z - z').$$

Maintenant, si $c = 0$, la seconde se réduit à $z = z'$ et représente le plan mené à la distance z' parallèlement au plan des xy; ce plan sera coupé suivant la droite en question par le plan qui a pour équation $b(x - x') = a(y - y')$ et qui est parallèle à l'axe des z, puisque z ne figure pas dans cette équation (§ 15).

Ainsi $c = 0$ donne les équations

$$z = z', \quad b(x - x') = a(y - y')$$

d'une parallèle au plan des xy, circonstance où les formules du § 19 étaient en défaut.

22. En général, et quel que soit c, l'équation

$b(x-x')=a(y-y')$ est celle du plan ACA_1 qui projette la droite sur le plan des xy. Comme on a $a=mc$, $b=nc$ et que, pour cette projection, on a $z'=0$, d'où $x'=p$, $y'=q$, l'équation de cette projection sur le plan des xy est

$$n(x-p)=m(y-q),$$

comme on le voit directement en éliminant z entre

$$x=mz+p \quad \text{et} \quad y=nz+q.$$

23. Mais si, outre $c=0$, on avait aussi $a=0$, la seconde équation deviendrait $x=x'$ et représenterait un plan parallèle à celui des yz. Alors la droite donnée ayant pour équations $z=z'$, $x=x'$, serait *une parallèle à l'axe des* y.

24. Si la droite est encore assujettie à *passer par un second point*, dont les coordonnées soient x'', y'', z'', on a les équations de condition

$$\frac{x''-x'}{a}=\frac{y''-y'}{b}=\frac{z''-z'}{c}.$$

Il est clair qu'on y satisfera en posant $a=x''-x'$, $b=y''-y'$, $c=z''-z'$; ainsi, les équations cherchées sont

$$\frac{x-x'}{x''-x'}=\frac{y-y'}{y''-y'}=\frac{z-z'}{z''-z'}.$$

Si l'on veut les réduire à une forme symétrique, on observera que l'on a de même

$$\frac{x-x''}{x''-x'}=\frac{y-y''}{y''-y'}=\frac{z-z''}{z''-z'}.$$

Donc, en ajoutant, on a les équations

$$\frac{x-\frac{1}{2}(x'+x'')}{x''-x'}=\frac{y-\frac{1}{2}(y'+y'')}{y''-y'}=\frac{z-\frac{1}{2}(z'+z'')}{z''-z'}.$$

25. *Intersection de deux plans.* — Elle est déterminée par l'ensemble des deux équations des plans :

$$Ax + By + Cz + D = 0, \quad A'x + B'y + C'z + D' = 0.$$

On obtient les projections en éliminant successivement y et x et l'on a :

$$(AB' - BA')\, x + (CB' - BC')\, z + DB' - BD' = 0,$$
$$(AB' - BA')\, y + (AC' - CA')\, z + AD' - DA = 0,$$

qui sont les équations de l'intersection.

26. *Droites et plans parallèles.* — Si l'on cherche d'abord *l'intersection d'un plan représenté* par

$$Ax + By + Cz + D = 0$$

et d'une droite qui a pour équations $x = mz + p$, $y = nz + q$, on trouve tout de suite

$$z\,(Am + Bn + C) + Ap + Bq + D = 0,$$

ce qui donne z et par suite les autres coordonnées x et y du point cherché.

Mais si le plan et la droite sont parallèles, $z = \infty$ et

$$Am + Bn + C = 0,$$

ou bien

$$Aa + Bb + Cc = 0,$$

telle est la condition du *parallélisme d'une droite et d'un plan.*

27. Si la même droite doit être parallèle à un second plan, on a aussi

$$A'a + B'b + B'c' = 0.$$

Entre ces deux relations éliminant $\dfrac{a}{c}$ et $\dfrac{b}{c}$, on trouve

$$\frac{CB' - BC'}{a} = \frac{AC' - CA'}{b} = \frac{BA' - AB'}{c},$$

ce qui détermine la direction d'une *droite parallèle à deux plans donnés*.

28. Réciproquement, comme tout est symétrique entre les grandes et les petites lettres, l'élimination de $\dfrac{A}{C}$ et $\dfrac{B}{C}$ entre les relations

$$Aa + Bb + Cc = 0, \quad Aa' + Bb' + Cc' = 0,$$

donnera

$$\frac{cb' - bc'}{A} = \frac{ac' - ca'}{B} = \frac{ba' - ab'}{C},$$

ce qui détermine la direction d'un *plan parallèle à deux droites données*.

29. *Droite contenue dans un plan.* — En cherchant, comme au § 26, l'intersection de cette droite et de ce plan, on doit trouver z indéterminé sous la forme $\dfrac{0}{0}$. On a donc toujours

$$Am + Bn + C = 0,$$

ou bien

$$Aa + Bb + Cc = 0,$$

et aussi

$$Ap + Bq + D = 0.$$

Mais il est plus simple d'observer que l'équation d'un plan quelconque contenant une droite donnée par les équations $x = mz + p$, $y = nz + q$, est de la forme

$$A(x - mz - p) + B(y - nz - q) = 0.$$

En effet, cette relation sera évidemment satisfaite pour tous les points de la droite donnée.

D'après cela, cherchons l'équation du *plan qui contient*

deux droites données passant par un même point. Les équations de ces droites étant

$$\frac{x-x'}{a} = \frac{y-y'}{b} = \frac{z-z'}{c}$$

et

$$\frac{x-x'}{a'} = \frac{y-y'}{b'} = \frac{z-z'}{c'},$$

on sait (§ 17) que l'équation du plan sera de la forme

$$A\left\{x-x'-\frac{a}{c}(z-z')\right\} + B\left\{y-y'-\frac{b}{c}(z-z')\right\} = 0,$$

car il est clair que cette équation sera satisfaite pour tous les points de la première droite.

Mais on vient de trouver (§ 28)

$$\frac{A}{B} = \frac{cb'-cb'}{ac'-ca'};$$

donc l'équation devient encore

$$(cb'-bc')\left\{x-x'-\frac{a}{c}(z-z')\right\} + (ac'-ca')\left\{y-y'-\frac{b}{c}(z-z')\right\} = 0$$

ou bien, en réduisant le terme en $\dfrac{z-z'}{c}$,

$$(cb'-bc')(x-x') + (ac'-ca')(y-y') + (ba'-ab')(z-z') = 0.$$

Si le plan n'est d'abord assujetti qu'à passer par la droite qui a pour équations $x = mz + p$, $y = nz + q$, on peut achever de le déterminer en le faisant aussi passer par un point connu par ses coordonnées x_1, y_1, z_1 et non contenu sur la droite; on aura donc

$$A(x_1 - mz_1 - p) + B(y_1 - nz_1 - q) = 0.$$

Transportant donc dans l'équation du plan cette valeur de $\dfrac{A}{B}$ cette équation devient

$$(y_1 - nz_1 - q)(x - mz - p) = (x_1 - mz_1 - p)(y - nz - q)$$

et représente le *plan qui passe par un point donné et par une droite donnée.*

Si cette droite est l'intersection de deux plans donnés, on voit de même que l'équation d'un plan qui la contient est de la forme

$$\mathrm{M}\,(\mathrm{A}x + \mathrm{B}y + \mathrm{C}z + \mathrm{D}) + \mathrm{M}'\,(\mathrm{A}'x + \mathrm{B}'y + \mathrm{C}'z + \mathrm{D}') = 0.$$

30. *Intersection de deux droites.* — Les équations de ces droites étant $x = mz + p$, $y = nz + q$ et $x = m'z + p'$, $y = n'z + q'$, le point commun à ces droites, si elles en ont un, devra satisfaire aux deux équations $z\,(m - m') + p - p' = 0$, $z\,(n - n') + q - q' = 0$, ce qui donne l'équation de condition

$$\frac{p' - p}{m - m'} = \frac{q' - q}{n - n'},$$

qui exprime que *les deux droites sont dans un même plan.*

Ce rapport est la valeur de z', z' étant une coordonnée du point de rencontre : les équations des droites donnent ensuite x' et y'.

Quand cette condition n'est pas remplie, les deux droites ont une perpendiculaire commune ou plus courte distance que nous chercherons plus loin.

31. Si les droites sont dans un même plan, mais *parallèles*, la condition est satisfaite, mais le point de concours est à l'infini. Alors

$$z' = \frac{p' - p}{m - m'} = \frac{q' - q}{n - n'} = \infty,$$

d'où $m = m'$, $n = n'$, ce qui revient à

$$\frac{a}{c} = \frac{a'}{c'} \quad \text{et} \quad \frac{b}{c} = \frac{b'}{c'}.$$

Ainsi $\dfrac{a}{a'} = \dfrac{b}{b'} = \dfrac{c}{c'}$ sont les *deux équations de condition né-cessaires pour que deux droites soient parallèles*, ce qui d'ailleurs est indiqué par le parallélisme des projections.

IV. ANGLES DES DROITES ET DES PLANS

32. *Angles d'une droite avec les axes* (fig. 2). — Nous venons de voir que, dans les équations de deux droites parallèles, les coefficients des variables sont proportionnels. Donc, comme il ne s'agit ici que de directions, nous transporterons la droite parallèlement à elle-même à l'origine : alors les équations de cette droite OM sont

$$\frac{x}{a} = \frac{y}{b} = \frac{z}{c} = \frac{r}{\rho}.$$

Ici $r = $ OM (fig. 2), mais il faut déterminer ρ.

Nous supposerons d'abord les *coordonnées rectangulaires* : alors $r^2 = x^2 + y^2 + z^2$; dans cette expression posons $x = \dfrac{ar}{\rho}$, $y = \dfrac{br}{\rho}$, $z = \dfrac{cr}{\rho}$ on trouve $\rho^2 = a^2 + b^2 + c^2$.

Mais on a vu (§ 4) que $\cos xr = \dfrac{x}{r}$, etc. ; donc

$$\cos xr = \frac{a}{\rho}, \quad \cos yr = \frac{b}{\rho}, \quad \cos zr = \frac{c}{\rho};$$

ce qui donne aussi (§ 4)

$$\cos^2 xr + \cos^2 yr + \cos^2 zr = 1.$$

Enfin, les expressions $a = \rho \cos xr$, $b = \rho \cos yr$, $c = \rho \cos zr$, montrent aussi que les équations de la droite peuvent s'écrire

$$\frac{x}{\cos xr} = \frac{y}{\cos yr} = \frac{z}{\cos zr}.$$

33. Mais, avec des *axes obliques*, la question est plus compliquée. Dans l'expression

$$r^2 = x^2 + y^2 + z^2 + 2yz \cos yz + 2zx \cos zx + 2xy \cos xy \qquad (\S\ 5)$$

remplaçant x, y, z par $\dfrac{ar}{\rho}$, $\dfrac{br}{\rho}$, $\dfrac{cr}{\rho}$, on obtient

$$\rho^2 = a^2 + b^2 + c^2 + 2bc \cos yz + 2ca \cos zx + 2ab \cos xy.$$

Faisant les mêmes substitutions dans l'expression

$$\cos xr = \frac{x + y \cos xy + z \cos zx}{r}$$

et les deux analogues, on a

$$\cos xr = \frac{a + b \cos xy + c \cos xz}{\rho}, \quad \cos yr = \frac{b + a \cos yx + c \cos yz}{\rho},$$
$$\cos zr = \frac{c + a \cos zx + b \cos zy}{\rho}.$$

34. Cherchons la relation qui remplace celle des axes rectangulaires, $\cos^2 xr + \cos^2 yr + \cos^2 zr = 1$, pour exprimer, avec des axes obliques, que xr, yr et zr sont les angles que fait une même droite avec les trois axes coordonnés.

Cette relation a été annoncée au § 4.

Entre les trois expressions du § 5,

$$r \cos xr = x + y \cos xy + z \cos xz, \quad r \cos yr = y + x \cos yx + z \cos yz,$$
$$r \cos zr = z + x \cos zx + y \cos zy,$$

éliminons x, y et z, on trouve

$$x = \frac{r\left\{\cos xr \sin^2 yz + \cos yr\,(\cos xz \cos yz - \cos xy) + \cos zr\,(\cos xy \cos yz - \cos xz)\right\}}{1 - \cos^2 zy - \cos^2 xz - \cos^2 xy + 2 \cos xy \cos xz \cos yz}$$

ainsi que les valeurs analogues de y et de z.

Portant ces valeurs dans la relation

$$r = x \cos xr + y \cos yr + z \cos zr \qquad (\S\ 5)$$

on obtient la relation cherchée entre $\cos xr$, $\cos yr$ et $\cos zr$:

$$\begin{aligned}
\varepsilon^2 &= 1 - \cos^2 zy - \cos^2 xz - \cos^2 xy + 2\cos xy \cos xz \cos yz \\
&= \sin^2 yz \cos^2 xr + \sin^2 xz \cos^2 yr + \sin^2 xy \cos^2 zr \\
&\quad + 2 \cos yr \cos zr (\cos xy \cos xz - \cos yz) \\
&\quad + 2 \cos xr \cos zr (\cos xy \cos zz - \cos xz) \\
&\quad + 2 \cos xr \cos yr (\cos xz \cos yz - \cos xy).
\end{aligned}$$

Enfin, l'équivalent des équations

$$\frac{x}{\cos xr} = \frac{y}{\cos yr} = \frac{z}{\cos zr},$$

relatives à des axes rectangulaires, se trouvera d'après

$$\frac{x}{a} = \frac{y}{b} = \frac{z}{c}$$

en posant, comme on l'a vu ($\S$ 33),

$$a = \frac{\rho x}{r}, \quad b = \frac{\rho y}{r}, \quad c = \frac{\rho z}{r}.$$

On prend la valeur précédente de x, ainsi que les valeurs analogues de y et de z ; r disparaît dans les valeurs de a, b, c, et ρ se supprime comme facteur commun, ainsi que ε^2. Mais il est facile de reconnaître que le résultat est encore assez compliqué. La notation des déterminants donnerait une forme simple à toutes ces formules.

35. *Angle de deux droites* (fig. 5). — Les droites données OR, OR′, étant encore transportées à l'origine, la première a pour équation

$$\frac{x}{a} = \frac{y}{b} = \frac{z}{c} = \frac{r}{\rho}.$$

Ici x, y, z sont les coordonnées du point R, pris arbitrairement sur la première droite, à la distance OR $= r$: ensuite R′ est le pied de la perpendiculaire abaissée du point R sur la seconde droite OR′, dans le plan ROR′, et OR′ $= r'$.

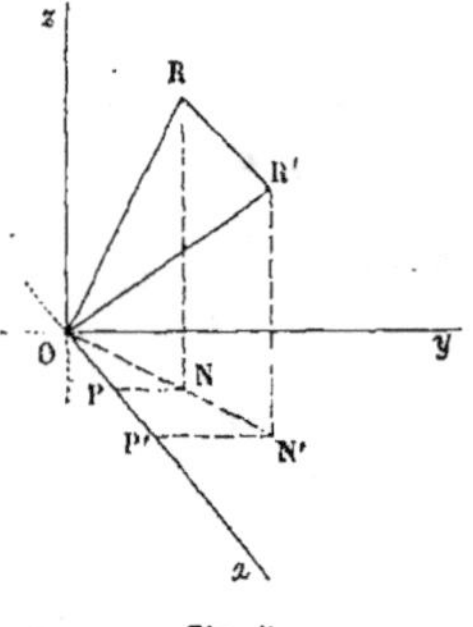

Fig. 5.

Cela posé, on peut aller directement de O à R′, ce qui donne, d'après la construction indiquée,
$$r' = r \cos rr'.$$

Mais l'on peut aussi aller de O à R′ en suivant le contour brisé OPNRR′; observant que la projection de RR′ est nulle, puisque RR′ est perpendiculaire à OR′, on a l'égalité

$$r \cos rr' = x \cos xr' + y \cos yr' + z \cos zr'.$$

Si nous y remplaçons (§§ 52 et 33) x, y, z par $\dfrac{ar}{\rho}, \dfrac{br}{\rho}, \dfrac{cr}{\rho}$, on a

$$\rho \cos rr' = a \cos xr' + b \cos yr' + c \cos zr'.$$

Les coefficients angulaires de OR′ sont a', b', c'.

56. Dans le cas des *axes rectangulaires*, il faut poser (§ 52)

$$\cos xr' = \frac{a'}{\rho'}, \quad \cos yr' = \frac{b'}{\rho'}, \quad \cos zr' = \frac{c'}{\rho'},$$

ce qui donne

$$\rho \rho' \cos rr' = aa' + bb' + cc',$$

ou bien, d'après ce qu'on a vu (§ 52),

$$\cos rr' = \frac{aa' + bb' + cc'}{\sqrt{(a^2 + b^2 + c^2)(a'^2 + b'^2 + c'^2)}}.$$

En outre, comme on le voit encore ici, à cause du triangle ROP, rectangle en P, on a $x = r \cos xr$, avec les autres équations analogues; il en résulte

$$\cos rr' = \cos xr \cos xr' + \cos yr \cos yr' + \cos zr \cos zr'.$$

Voici la signification géométrique de cette équation : *Si l'on projette une droite* OR *sur trois axes* Ox, Oy, Oz, *supposés rectangulaires, puis que l'on projette ces trois projections sur une droite quelconque, la somme des trois lignes ainsi obtenues est la projection directe* OR' *de* OR *sur cette seconde droite.*

En effet, $OR' = r\cos rr'$, $OP = r\cos xr$ et la projection de OP sur OR' sera $r\cos xr\,\cos xr'$; il en est de même pour les autres projections.

37. On peut encore chercher

$$\operatorname{tang}^2 rr' = \frac{1}{\cos^2 rr'} - 1.$$

Comme on vient de trouver

$$\frac{1}{\cos^2 rr'} = \frac{(a^2 + b^2 + c^2)\,(a'^2 + b'^2 + c'^2)}{(aa' + bb' + cc')^2},$$

on a

$$\operatorname{tang}^2 rr' = \frac{(a^2 + b^2 + c^2)\,(a'^2 + b'^2 + c'^2) - (aa' + bb' + cc')^2}{(aa' + bb' + cc')^2},$$

ou bien, en réduisant,

$$\operatorname{tang}^2 rr' = \frac{(bc' - cb')^2 + (ca' - ac')^2 + (ab' - ba')^2}{(aa' + bb' + cc')^2}.$$

38. Avec des *axes obliques*, il faudra, dans l'équation

$$\rho\cos rr' = a\cos xr' + b\cos yr' + c\cos zr'$$

qui termine le § 35, poser comme on le fait (§ 33)

$$\cos xr' = \frac{a' + b'\cos xy + c'\cos xz}{\rho'}, \qquad \cos yr' = \frac{b' + a'\cos xy + c'\cos yz}{\rho'},$$

$$\cos zr' = \frac{c' + a'\cos xz + b'\cos yz}{\rho'},$$

ce qui donne, en réduisant,

$$\rho\rho'\cos rr' = aa' + bb' + cc' + \cos yz\,(bc' + cb') + \cos xz\,(ac' + ca') + \cos xy\,(bc' + cb').$$

39. On a donc, comme au § 37,

$$\frac{1}{\cos^2 rr'} = \frac{(a^2+b^2+c^2+2\,bc\cos yz+2\,ac\cos xz+2\,ab\cos xy)(a'^2+b'^2+c'^2+2\,b'c'\cos yz+2\,a'c'\cos xz+2\,a'b'\cos xy)}{\{aa'+bb'+cc'+\cos yz\,(bc'+b'c)+\cos xz\,(ac'+ca')+\cos xy\,(bc'+b'c)\}^2}$$

On aura donc, avec des réductions plus longues que difficiles,

$$\tan^2 rr'\{aa'+bb'+cc'+\cos yz\,(bc'+b'c)+\cos xz\,(ac'+a'c)+\cos xy\,(bc'+b'c)\}^2$$
$$=\sin^2 yz\,(bc'-b'c)^2+\sin^2 xz\,(ac'-a'c)^2+\sin^2 xy\,(ab'-a'b)^2$$
$$+2\,(\cos xz\cos xy-\cos xz)\,(ab'-a'b)\,(ac'-a'c)$$
$$+2\,(\cos yz\cos xy-\cos yz)\,(bc'-b'c)\,(ab'-a'b)$$
$$+2\,(\cos yz\cos xz-\cos xy)\,(cb'-b'c)\,(ca'-c'a).$$

40. Deux *directions perpendiculaires* donnent évidemment dans le cas des *axes rectangulaires*

$$\cos xr\cos xr'+\cos yr\cos yr'+\cos zr\cos zr'=0,$$

ou bien

$$aa'+bb'+cc'=0$$

et, dans le cas des *axes obliques*,

$$aa'+bb'+cc'+\cos yz\,(bc'+b'c)+\cos xz\,(ac'+ca')+\cos xy\,(ab'+a'b)=0.$$

41. *Droites et plans perpendiculaires* (fig. 5). — Le plan ABC, représenté par $Ax+By+Cz+D=0$ et la droite OR, qui a pour équations $\dfrac{x}{a}=\dfrac{y}{b}=\dfrac{z}{c}=\dfrac{r}{\rho}$ (§ 52), étant perpendiculaires, on a

$$\frac{\cos xr}{A}=\frac{\cos yr}{B}=\frac{\cos zr}{C}=\frac{r}{-D}=\delta, \qquad (\S\,13)$$

Il s'agit d'établir les relations qui existent entre A, B et C, a, b et c et $\cos xr$, $\cos yr$, $\cos zr$.

42. Avec des *axes rectangulaires*, on a (§ 32)

$$\cos xr=\frac{a}{\rho}, \quad \cos yr=\frac{b}{\rho}, \quad \cos zr=\frac{c}{\rho} \quad \text{et}\ \rho^2=a^2+b^2+c^2.$$

Transportant ces expressions des cosinus dans les relations précédentes, on obtient

$$\frac{a}{A} = \frac{b}{B} = \frac{c}{C} = \rho\delta.$$

Du reste, les égalités $\dfrac{a}{A} = \dfrac{b}{B} = \dfrac{c}{C}$ peuvent se démontrer géométriquement par le théorème suivant :

43. *Quand une droite et un plan sont perpendiculaires, la projection de la droite sur un plan quelconque est perpendiculaire à la trace du plan donné sur ce plan.*

En effet, le plan qui projette la droite sur le plan des xy, par exemple, sera à la fois perpendiculaire à ce plan des xy et au plan donné, qui est perpendiculaire à la droite; il le sera donc aussi à l'intersection de ces deux plans, c'est-à-dire à la trace du plan donné ; donc cette intersection sera, à son tour, perpendiculaire à toute droite située dans ce plan projetant, telle que la projection de la droite.

Cela posé, la trace du plan et la projection de la droite sur le plan des xy ont respectivement pour équations $Ax + By + D = 0$ et $\dfrac{x}{a} = \dfrac{y}{b}$: comme elles sont perpendiculaires, on a $\dfrac{B}{A} \cdot \dfrac{a}{b} = 1$ ou $\dfrac{a}{A} = \dfrac{b}{B}$, rapport qui serait de même égal à $\dfrac{c}{C}$.

Revenons maintenant à la valeur commune de ces rapports que nous avons indiqués dans le numéro précédent par $\rho\delta$. Comme la droite est parfaitement définie par l'équation double $\dfrac{x}{a} = \dfrac{y}{b} = \dfrac{z}{c}$ on peut supposer à a, b et c un facteur commun quelconque qui se retrouve dans $\rho\delta$.

Ce facteur étant arbitraire, nous poserons $\rho\delta = 1$. Alors l'égalité des rapports revient à $a = A$, $b = B$, $c = C$, ce qui permettra de résoudre immédiatement les deux questions suivantes :

Le plan mené d'un point donné perpendiculairement à une droite donnée a pour équation

$$a\,(x - x_1) + b\,(y - y_1) + c\,(z - z_1) = 0$$

$$\left(\text{les équations de la droite étant } \frac{x}{a} = \frac{y}{b} = \frac{z}{c}\right).$$

Et réciproquement *la droite menée d'un point donné perpendiculairement à une droite donnée* a pour équations

$$\frac{x - x'}{A} = \frac{y - y'}{B} = \frac{z - z'}{C}$$

(l'équation du plan étant $Ax + By + Cz + D = 0$).

44. Puisque nous avons posé $\rho\delta = 1$ et que déjà

$$\rho = \sqrt{a^2 + b^2 + c^2} = \sqrt{A^2 + B^2 + C^2},$$

d'après ce que l'on vient de voir, il en résulte

$$\delta = \frac{1}{\sqrt{A^2 + B^2 + C^2}} = \frac{1}{\rho}.$$

Ainsi les formules du § 42 donnent

$$\cos xr = \frac{A}{\sqrt{A^2 + B^2 + C^2}}, \quad \cos yr = \frac{B}{\sqrt{A^2 + B^2 + C^2}}, \quad \cos zr = \frac{C}{\sqrt{A^2 + B^2 + C^2}}.$$

Tels sont les cosinus des *angles que fait avec les axes une perpendiculaire au plan.*

On retrouve ainsi la relation

$$\cos^2 xr + \cos^2 yr + \cos^2 zr = 1,$$

qui exprime que ces cosinus sont ceux des angles que fait une même droite avec les axes rectangulaires.

Réciproquement on sait, par la définition de l'angle d'une droite et d'un plan, que l'angle d'un axe, tel que celui des x, est le complément de celui que fait cet axe avec la normale au plan. En effet (fig. 5), OR étant perpendiculaire au plan, AR est la projection de OA sur ce plan ; donc l'angle cherché est OAR, complément de AOR. Par conséquent, les *cosinus* précédents sont les *sinus des angles que fait le plan avec les trois axes.*

45. Avec des *axes obliques* la méthode est la même, mais les relations nécessaires pour que le plan et la droite soient perpendiculaires deviennent plus compliquées, ainsi que la valeur de δ.

Dans les égalités

$$\frac{\cos xr}{A} = \frac{\cos yr}{B} = \frac{\cos zr}{C} = \frac{r}{-D} = \delta \qquad (\S\ 13)$$

remplaçons les cosinus par leurs valeurs ($\S$ 33), on a

$$\frac{a + b\cos xy + c\cos xz}{A} = \frac{b + a\cos xy + c\cos yz}{B} = \frac{c + a\cos xz + b\cos yz}{C} = \rho\delta.$$

Ici encore, comme la droite est complétement déterminée par les équations $\dfrac{x}{a} = \dfrac{y}{b} = \dfrac{z}{c}$, nous pouvons supposer entre a, b, c un coefficient arbitraire qui se retrouvera dans $\rho\delta$ et dont nous disposerons de manière que $\rho\delta = 1$: il reste alors :

$$A = a + b\cos xy + c\cos xz, \quad B = b + a\cos xy + c\cos xz,$$
$$C = c + a\cos xz + b\cos yz.$$

Connaissant ainsi les coefficients A, B, C de l'équation

d'un plan en fonction des constantes a, b, c de la droite, on aura

$$A (x - x_1) + B (y - y_1) + C (z - z_1) = 0 ;$$

c'est-à-dire qu'on pourra *mener d'un point donné un plan perpendiculaire à une droite donnée.*

Réciproquement, les expressions précédentes donnent, en éliminant

$$a \varepsilon^2 = A \sin^2 yz + B (\cos xz \cos zy - \cos xy) + C (\cos xy \cos yz - \cos xz),$$
$$b \varepsilon^2 = B \sin^2 xz + A (\cos xz \cos yz - \cos xy) + C (\cos xy \cos xz - \cos yz),$$
$$c \varepsilon^2 = C \sin^2 xy + A (\cos xy \cos yz - \cos xz) + B (\cos xy \cos xz - \cos yz),$$

en posant, comme nous l'avons déjà fait,

$$\varepsilon^2 = 1 - \cos^2 yz - \cos^2 xz - \cos^2 xy + 2 \cos yz \cos xz \cos xy.$$

Connaissant ainsi a, b, c en fonction de A, B, C, on aura

$$\frac{x - x'}{a} = \frac{y - y'}{b} = \frac{z - z'}{c} ;$$

c'est-à-dire qu'on pourra *mener d'un point donné une perpendiculaire à un plan donné.*

Il faut observer que le coefficient ε^2 disparaîtra de cette équation double.

Voici, du reste, comment il faut faire pour écrire et retenir les valeurs de $a\varepsilon^2$, etc... Par exemple, dans celle de $a\varepsilon^2$, considérons le terme $B (\cos xz \cos yz - \cos xy)$ et observons que la quantité a qu'il faut déterminer correspond à x, variable que l'on retrouve dans le cosinus isolé qui est $\cos xy$, et où l'on trouve aussi y, correspondant à B.

46. Multipliant par a, b, c les valeurs de A, B, C et ajoutant, on obtient évidemment

$$Aa + Bb + Cc = a^2 + b^2 + c^2 + 2 bc \cos yz + 2 ac \cos xz + 2 ab \cos xy$$
$$= \rho^2 = \frac{1}{\delta^2},$$

d'après ce qu'on a vu. Donc, puisque $\rho\delta = 1$, on peut exprimer δ ou ρ en fonction de A, B, C.

Ainsi, quand il s'agit de déterminer, comme au n° 44, les cosinus des *angles que fait avec les axes une perpendiculaire au plan*, on sait (§ 13) que l'on a toujours

$$\cos xr = A\delta, \quad \cos yr = B\delta, \quad \cos zr = C\delta.$$

Il suffit donc de remplacer δ par sa valeur dans ces cosinus qui deviennent les *sinus* des *angles que fait le plan avec les axes*. En effet, la démonstration faite au § 44 ne suppose pas que les axes soient rectangulaires.

47. Au contraire, il fallait que les axes fussent rectangulaires, comme nous l'avons rapporté au même numéro, pour donner la relation

$$\cos^2 xr + \cos^2 yr + \cos^2 zr = 1. \qquad (\S\ 4)$$

Afin d'obtenir, avec des *axes obliques*, la valeur de δ, nous rappellerons de même la relation exprimée au § 34 entre trois cosinus pour que ces cosinus soient ceux des angles qu'une même droite fait avec les axes.

Dans cette relation, si l'on remplace, pour indiquer que cette droite est normale au plan, $\cos xr$, $\cos yr$, $\cos zr$, par $A\delta$, $B\delta$, $C\delta$, on trouve

$$\frac{\varepsilon^2}{\delta^2} = A^2 \sin^2 yz + B^2 \sin^2 xz + C^2 \sin^2 xy + 2\,BC\,(\cos xy \cos xz - \cos yz)$$
$$+ 2\,AC\,(\cos xy \cos yz - \cos xz) + 2\,AB\,(\cos xz \cos yz - \cos xy).$$

De là on tire en effet δ, puis les valeurs de $\cos xr$, $\cos yr$, $\cos zr$ qui sont constantes, c'est-à-dire indépendantes de tout facteur commun à A, B, C et D.

48. *Angle d'une droite et d'un plan* (fig. 3). — On sait

qu'on appelle ainsi celui que fait cette droite avec sa projection sur le plan.

Soit $OM = r$ la droite représentée par

$$\frac{x}{a} = \frac{y}{b} = \frac{z}{c} = \frac{r}{\rho},$$

et $OR = r'$ la perpendiculaire abaissée sur le plan ABC; il s'agit donc de mesurer l'angle $(P,d) = OMR$ qui est celui du plan et de la droite; or cet angle est évidemment le complément de l'angle $(rr') = MOR$ de OM avec la normale au plan représenté par $Ax + By + Cz + D = 0$.

Ainsi, la question est ramenée à celle de l'angle de deux droites.

49. Si les axes sont *rectangulaires*, on sait que les équations de la normale sont $\dfrac{x}{A} = \dfrac{y}{B} = \dfrac{z}{C}$ c'est-à-dire qu'il faut poser, dans les formules du § 36, $a' = A$, $b' = B$, $c' = C$, en même temps qu'on change le cosinus en sinus; par conséquent,

$$\sin (P,d) = \frac{Aa + Bb + Cc}{\sqrt{(A^2 + B^2 + C^2)(a^2 + b^2 + c^2)}}.$$

50. Avec des *axes obliques* on a trouvé (§ 35) la relation

$$\rho \cos rr' = a \cos xr' + b \cos yr' + c \cos zr'.$$

On sait (§ 48) que $\cos rr' = \sin (P,d)$. Du reste, on a obtenu (§ 33) l'expression

$$\rho^2 = a^2 + b^2 + c^2 + 2bc \cos yz + 2ac \cos xz + 2ab \cos xy.$$

Mais aussi, puisque OR est perpendiculaire au plan, nous avons (§ 13)

$$\cos xr' = A\delta', \quad \cos yr' = B\delta', \quad \cos zr' = C\delta'.$$

(Ici on écrit $OR = r'$ au lieu de $OR = r$.)

D'après cela, il reste

$$\rho \sin (P,d) = \delta' (Aa + Bb + Cc).$$

51. Toute la difficulté est donc réduite à l'évaluation de la quantité δ' : or cette quantité a été trouvée (§ 47) par la relation

$$\frac{\varepsilon^2}{\delta'^2} = A^2 \sin^2 yz + \ldots$$

Ici nous mettons δ' au lieu de δ, parce que le plan dont il s'agit n'est plus perpendiculaire à la ligne OM.

En effet, si nous avons obtenu (§ 46) la relation $\rho\delta = 1$, observons que cela supposait le plan auquel se rapportait δ et la droite qui correspondait à ρ, perpendiculaires entre eux : ici il n'en est plus de même entre OM et le plan perpendiculaire à OR. Aussi le coefficient relatif à ce dernier plan s'exprime par δ' et non plus par δ, ce qui fait voir que le produit de ρ et de δ' ne serait plus égal à l'unité.

Enfin, il est facile de reconnaître que $\sin(P,d)$ ne dépend pas des facteurs communs entre a, b, c, ni entre A, B, C et D.

52. Comme cas particulier on peut chercher *l'angle d'une droite avec un des plans coordonnés*, par exemple avec celui des xy.

Avec des *axes rectangulaires*, cela se trouve directement (fig. 2), car $\sin MON = \dfrac{z}{r}$ et l'on sait que $\dfrac{z}{c} = \dfrac{r}{\rho}$; donc

$$\sin MON = \frac{c}{\rho} = \frac{c}{\sqrt{a^2 + b^2 + c^2}}.$$

Avec des *axes obliques*, l'équation du plan des xy étant

$z = 0$, on a $A = 0$, $B = 0$. Donc, dans l'expression générale

$$\sin (P,d) = \frac{\delta (Aa + Bb + Cc)}{\rho},$$

la quantité entre parenthèses se réduit à Cc. Ensuite la valeur de $\frac{\varepsilon^2}{\delta^2}$ (§ 47) devient $C^2 \sin^2 xy$; donc $\delta = \frac{\varepsilon}{C \sin xy}$ et il reste

$$\sin (P,d) = \frac{c \sqrt{1 - \cos^2 yz - \cos^2 xz - \cos^2 xy + 2 \cos yz \cos xz \cos xy}}{\sin xz \sqrt{a^2 + b^2 + c^2 + 2bc \cos yz + 2ac \cos xz + 2ab \cos xy}}.$$

Pour avoir, au contraire, *l'angle d'un plan avec un axe*, tel que celui des z, il suffit, dans les formules du § 51, de faire $a = 0$, $b = 0$. On retombe sur les formules du § 46.

53. *Angle de deux plans.* — Abaissons de l'origine des perpendiculaires sur ces plans représentés par $Ax + By + Cz + D = 0$, $A'x + B'y + C'z + D' = 0$: en coupant les plans donnés par les plans de ces perpendicu-laires, on formera un quadrilatère ayant deux angles oppo-sés droits ; par conséquent, l'angle dont le sommet, placé sur l'intersection des plans, est opposé à l'origine, sera supplémentaire à l'angle des perpendiculaires. Mais, d'après la définition connue, cet angle dont les côtés sont perpendiculaires à l'intersection mesure l'angle des deux plans : donc soient

$$\frac{x}{a} = \frac{y}{b} = \frac{z}{c} = \frac{r}{\rho} \quad \text{et} \quad \frac{x}{a'} = \frac{y}{b'} = \frac{z}{c'} = \frac{r'}{\rho'}$$

les équations des deux perpendiculaires, $\cos rr'$ sera aussi le cosinus de l'angle des plans.

Avec des *axes rectangulaires*, on peut poser (§ 43) $a = A$, etc., $a' = A'$, etc., ce qui donne (§ 36)

$$\cos rr' = \frac{AA' + BB' + CC'}{\sqrt{(A^2 + B^2 + C^2)(A'^2 + B'^2 + C'^2)}}.$$

Pour *deux plans perpendiculaires*, on a

$$AA' + BB' + CC' = 0.$$

54. Avec des *axes obliques* reprenons la formule

$$\rho \cos rr' = a \cos xr' + b \cos yr' + c \cos zr' \qquad (\S\ 35)$$

et posons ($\S$ 13)

$$\cos xr' = A'\delta', \quad \cos yr' = B'\delta', \quad \cos zr' = C'\delta',$$

il vient

$$\rho \cos rr' = \delta' (aA' + bB' + cC'),$$

ou bien

$$\cos rr' = \delta\delta' (aA' + bB' + cC'),$$

puisque $\rho = \dfrac{1}{\delta}$ ($\S$ 46). Remplaçant a, b et c par leurs valeurs

en fonction de A, B, C, d'après les expressions de $a\epsilon^2$, $b\epsilon^2$, $c\epsilon^2$ ($\S$ 45), on obtient

$$\frac{\epsilon^2 \cos rr'}{\delta\delta'} = AA' \sin^2 yz + BB' \sin^2 xz + CC' \sin^2 xy$$
$$+ (\cos xy \cos xz - \cos yz)(BC' + B'C)$$
$$+ (\cos xy \cos yz - \cos xz)(AC' + CA')$$
$$+ (\cos xz \cos yz - \cos xy)(AB' + A'B).$$

Enfin $\dfrac{\epsilon^2}{\delta\delta'}$ se trouve au moyen de la valeur $\dfrac{\epsilon^2}{\epsilon^2}$ ($\S$ 47) et

de l'expression analogue de $\dfrac{\epsilon^2}{\epsilon'^2}$. La symétrie montre que

$$Aa' + Bb' + Cc' = A'a + B'b + C'c.$$

Si les plans sont *perpendiculaires*, le second membre de

l'égalité précédente, égal à $\dfrac{\epsilon^2 \cos rr'}{\delta\delta'}$, sera nul.

55. D'après cela cherchons *l'angle d'un plan avec un des plans coordonnés*, tel que celui des xy : si les axes sont *rectangulaires*, il s'agit de chercher l'angle de Oz avec la normale au plan, cette normale ayant pour équations $\dfrac{x}{A} = \dfrac{y}{B} = \dfrac{z}{C}$ car on sait ($\S$ 43) que $a = A$, $b = B$, $c = C$. Or l'axe des z a pour équations $x = 0$, $y = 0$, d'où $a' = 0$, $b' = 0$; donc $\dfrac{c'}{\rho} = 1$, et la formule du $\S$ 36 devient

$$\cos rr' = \frac{C}{\sqrt{A^2 + B^2 + C^2}}.$$

Du reste, les angles qu'une droite fait avec son plan et sa normale sont évidemment complémentaires ; donc

$$\sin (P,z) = \frac{C}{\sqrt{A^2 + B^2 + C^2}}.$$

Tel est le sinus de *l'angle d'un plan avec un des axes*, celui des z, comme on peut le vérifier ($\S$ 52).

56. Avec des *axes obliques*, on a ($\S$ 47) $\dfrac{\varepsilon}{\rho'} = C' \sin xy$, à cause de $A' = 0$; $B' = 0$; par la même raison, le second membre de l'égalité du $\S$ 54 revient à $CC' \sin^2 xy$, et nous avons $\varepsilon \cos rr' = C\delta \sin xy$, δ ayant la valeur obtenue $\S$ 47 : ainsi le cosinus cherché est $C \sin xy . \dfrac{\delta}{\varepsilon}$. Mais ici, comme Oz n'est plus perpendiculaire au plan des xy, il ne faudrait pas croire que $\cos rr'$ soit égal à $\sin (P,z)$. Pour avoir $\sin (P,z)$, il faudrait, comme nous l'avons dit ($\S$ 52), faire $a = 0$, $b = 0$ dans la formule générale du $\S$ 51.

V. DISTANCE DES DROITES ET DES PLANS

57. *Distance d'un point à un plan* (fig. 3). — Suppo-sons d'abord que le point donné soit l'origine, $OR = r$ est la distance de ce point au plan ABC représenté par $Ax + By + Cz + D' = 0$. (Nous mettons D' au lieu de D parce qu'on a changé l'origine.) On a trouvé (§ 13)

$$\cos xr = -\frac{Ar}{D}, \quad \cos yr = -\frac{Br}{D}, \quad \cos zr = -\frac{Cr}{D}.$$

Or, si l'on suppose d'abord les *axes rectangulaires*, on a (§ 4)

$$\cos^2 xr + \cos^2 yr + \cos^2 zr = 1;$$

donc

$$r = \frac{-D'}{\sqrt{A^2 + B^2 + C^2}},$$

ce qui donne aussi

$$\cos xr = \frac{A}{\sqrt{A^2 + B^2 + C^2}}, \quad \cos yr = \frac{B}{\sqrt{A^2 + B^2 + C^2}}, \quad \cos zr = \frac{C}{\sqrt{A^2 + B^2 + C^2}},$$

Ensuite le triangle MOP (fig. 2) donne

$$x = r \cos xr = \frac{-AD'}{A^2 + B^2 + C^2};$$

de même $y = r \cos yr$, $z = \cos zr$; ce sont les coordon-nées du pied M de la perpendiculaire. (Nous ren-voyons ici à la figure 2 et non plus à la figure 3 où le point P ne correspond pas au pied de la perpendiculaire qui est ici R, mais au point quelconque M du plan.)

58. Avec des *axes obliques*, il suffira d'observer que $r = -D'\delta$ (§ 13) et de remplacer δ par sa valeur (§ 47).

Ensuite on a $\cos xr = A\delta$, $\cos yr = B\delta$, $\cos zr = C\delta$.

Pour avoir les coordonnées du pied de la perpendicu-
aire, soient

$$\frac{x}{a} = \frac{y}{b} = \frac{z}{c} = \frac{r}{\rho}$$

les équations de cette droite, on a

$$x = \frac{ar}{\rho} = \frac{-aD'\delta}{\rho}, \qquad (\S\ 13)$$

ou bien, puisque $\dfrac{1}{\rho} = \delta$ (§ 46), $x = -aD'\delta^2$. Ici, transportons la valeur de a en fonction de A, B, C (§ 46), il reste

$$x = \frac{-D'\delta^2 \left\{ A\sin^2 yz + B(\cos xz \cos yz - \cos xy) + C(\cos xy \cos yz - \cos xz) \right\}}{\varepsilon^2}$$

Enfin, transportant et renversant l'expression de $\dfrac{\varepsilon^2}{\delta^2}$
(§ 47), on a la valeur de x ; on obtiendra de même y et z.

59. Revenons à la *véritable position* du point donné, représenté par x', y', z'. On sait (§ 6) que pour revenir à la
position donnée il faut écrire $x - x'$, $y - y'$, $z - z'$ à la
place de x, y et z.

Or nous avons écrit $Ax + By + Cz + D' = 0$ pour équation du plan après translation à l'origine ; donc

$$Ax + By + Cz + D' = Ax' + By' + Cz'.$$

Mais l'équation donnée du plan dans sa véritable position étant $Ax + By + Cz + D = 0$, on a

$$D' + Ax' + By' + Cz' + D = 0.$$

Il suffit donc, dans les calculs précédents, de poser

$$-D' = D + Ax' + By' + Cz'.$$

Ainsi, pour les coordonnées du pied de la perpendiculaire, on a, avec des *coordonnées rectangulaires*,

$$x = x' + \frac{A(D + Ax' + By' + Cz')}{A^2 + B^2 + C^2},$$

et, pour des *coordonnées obliques*,

$$x = x' + a\delta^2 (D + Ax' + By' + Cz'),$$

la valeur de $a\delta^2$ étant celle des §§ 45, 47 ; on obtiendra de même y et z.

60. *Distance d'un point à une droite* (fig. 3). — Avec des *axes rectangulaires*, soient $\dfrac{x}{a} = \dfrac{y}{b} = \dfrac{z}{c} = \dfrac{r}{\rho}$ les équations de la droite donnée OR que nous supposons d'abord passer par l'origine ; et soient x_1, y_1, z_1 les coordonnées du point donné M : de ce point nous mènerons à la droite un plan perpendiculaire dont l'équation (§ 43) sera

$$a (x - x_1) + b (y - y_1) + c (z - z_1) = 0,$$

ou bien

$$ax + by + cz = ax_1 + by_1 + cz_1 = - D.$$

Soit $OM = R$; la distance cherchée MR s'obtient en posant

$$\overline{MR}^2 = \overline{OM}^2 - \overline{OR}^2 = R^2 - r^2.$$

Dans l'équation du plan posons

$$x = \frac{ar}{\rho}, \quad y = \frac{br}{\rho}, \quad z = \frac{cr}{\rho}$$

pour le pied du plan sur la droite, l'équation du plan donne

$$D = - \frac{(a^2 + b^2 + c^2) r}{\rho} = r\rho \quad \text{et} \quad r^2 = \frac{D^2}{\rho^2}.$$

Par conséquent, on aura

$$\overline{MR}^2 = x_1^2 + y_1^2 + z_1^2 - \frac{(ax_1 + by_1 + cz_1)^2}{a^2 + b^2 + c^2} ;$$

ce qui se réduit à

$$\overline{MR}^2 (a^2 + b^2 + c^2) = (bz_1 - cy_1)^2 + (cx_1 - az_1)^2 + (ay_1 - bx_1)^2.$$

Quant aux coordonnées du *pied*, on a $r = - \dfrac{D}{\rho}$, d'où

$$x = -\frac{a\mathrm{D}}{\rho^2}, \text{ ou bien}$$

$$x = \frac{a\,(ax_1 + by_1 + cz_1)}{a^2 + b^2 + c^2}.$$

Les formules de y et de z sont analogues.

61. Avec des axes *obliques*, l'équation du plan perpendiculaire mené par le point donné à la droite qui passe par l'origine sera

$$\mathrm{A}\,(x - x_1) + \mathrm{B}\,(y - y_1) + \mathrm{C}\,(z - z_1) = 0,$$

ce qui revient à

$$\mathrm{A}x + \mathrm{B}y + \mathrm{C}z = -\mathrm{D} = \mathrm{A}x_1 + \mathrm{B}y_1 + \mathrm{C}z_1;$$

mais ici (§ 46)

$$\mathrm{A} = a + b\cos xy + \cos xz, \quad \mathrm{B} = b + a\cos xy + \cos yz,$$
$$\mathrm{C} = c + a\cos xz + b\cos yz,$$

ce qui donne (fig. 3) avec la formule

$$\overline{\mathrm{MR}}^2 = \overline{\mathrm{OM}}^2 - \overline{\mathrm{OR}}^2 = \mathrm{R}^2 - r^2 = \mathrm{R}^2 - \mathrm{D}^2 \rho^2, \qquad (\S\ 15)$$

en posant $\mathrm{OM} = \mathrm{R}$,

$$\overline{\mathrm{MR}}^2 = x_1^2 + y_1^2 + z_1^2 + 2y_1 z_1 \cos yz + 2x_1 z_1 \cos xz + 2x_1 y_1 \cos xy$$
$$- \frac{\{x_1(a + b\cos xy + c\cos xz) + y_1(b + a\cos xy + c\cos yz) + z_1(c + a\cos xz + b\cos yz)\}^2}{a^2 + b^2 + c^2 + 2bc\cos yz + 2ac\cos xz + 2ab\cos xy}$$

62. Afin d'obtenir, comme ci-dessus pour les axes rectangulaires, une expression plus symétrique, nous chasserons le dénominateur qui est égal à ρ^2 et nous chercherons d'abord, dans le second membre, les termes qui contiennent les carrés des sinus.

Après avoir mis ces termes de côté, nous chercherons ceux qui contiennent encore les carrés x_1^2, y_1^2, z_1^2, mais nous réserverons les coefficients de cosinus qui multiplient chacun d'eux. Ensuite, parmi les termes qui restent et qui contiennent les rectangles $y_1 z_1$, $x_1 z_1$ et $x_1 y_1$, cherchons ceux qui présentent les mêmes coefficients de cosinus et groupons-les avec le terme correspondant. Nous aurons après réductions :

$$\rho^2 \cdot MR^2 = \sin^2 yz \, (bz_1 - cy_1)^2 + \sin^2 xz \, (cx_1 - az_1)^2 + \sin^2 xy \, (ay_1 - bx_1)^2$$
$$+ 2 \, (\cos xy \cos xz - \cos yz) \, (cx_1 - az_1) \, (ay_1 - bx_1)$$
$$+ 2 \, (\cos xy \cos yz - \cos xz) \, (ay_1 - bx_1) \, (bz_1 - cy_1)$$
$$+ 2 \, (\cos xz \cos yz - \cos xy) \, (cx_1 - az_1) \, (bz_1 - cy_1).$$

Il reste à diriger la formation des facteurs rectangles.

Le signe du premier facteur $cx_1 - az_1$ étant pris arbitrairement, on formera le second $ay_1 - bx_1$, de manière que le coefficient commun a ait le signe $+$ d'un côté et le signe $-$ de l'autre ; de même dans le troisième facteur $bz_1 - cy_1$, comparé à $cx_1 - az_1$, on a $+c$ d'un côté et $-c$ de l'autre.

Après cette réduction, il est facile de vérifier que MR est nul si le point M est sur la droite donnée OR.

63. Enfin pour avoir le pied R de MR, ainsi que les équations de cette droite, on cherchera x_2, y_2, z_2 en substituant les valeurs de A, B, C, que nous venons de rappeler dans la formule

$$x_2 = \frac{a \, (Ax_1 + By_1 + Cz_1)^2}{\rho},$$

on a de même y_2, z_2 ($\S$ 60).

64. Actuellement, et *quelle que soit la direction des axes*, si le point donné par lequel passe la droite, au lieu d'être l'origine, avait les coordonnées quelconques x', y', z', on commencerait, comme on vient de le voir, par y transporter l'origine, puis, pour revenir à la position véritable, il suffirait ($\S$ 6) de changer réciproquement x, y, z

en $x - x'$, $y - y'$, $z - z'$. Ainsi, dans les formules précédentes, au lieu de x_1, y_1, z_1 et x_2, y_2 z_2, on écrira $x_1 - x'$, $y_1 - y'$, $z_1 - z'$ et $x_2 - x'$, $y_2 - y'$, $z_2 - z'$.

Si les équations de la droite sont données sous la forme

$$x = mz + p, \quad y = nz + q, \quad \text{on sait } (\S\ 20) \text{ que } \frac{a}{c} = m,$$

$\frac{b}{c} = n$ et aussi $x' = p$, $y' = q$, $z' = 0$.

65. *Distance de deux plans parallèles.* — Les équations de ces deux plans étant

$$Ax + By + Cz + D_1 = 0, \quad Ax + By + Cz + D_2 = 0,$$

les distances de l'origine à ces plans sont $r_1 = D_1\delta$, $r_2 = D_2\delta$; donc la différence cherchée est

$$r_1 - r_2 = \delta\ (D_1 - D_2).$$

66. *Distance d'une droite à un plan parallèle.* — Comme en écrivant les équations d'une droite on donne un point sur cette droite, la question revient à chercher la distance d'un point à un plan ($\S\S$ 57 et suiv.).

67. *Distance de deux droites* (fig. 6). — On demande les équations $x = mz + p$, $y = nz + q$ de la *perpendiculaire commune à deux droites* représentées par $x = m'z + p'$, $y = n'z + q'$ et $x = m''z + p''$, $y = n''z + q''$; mais nous commencerons par chercher, ce qui revient au même, *la plus courte distance de ces droites :*

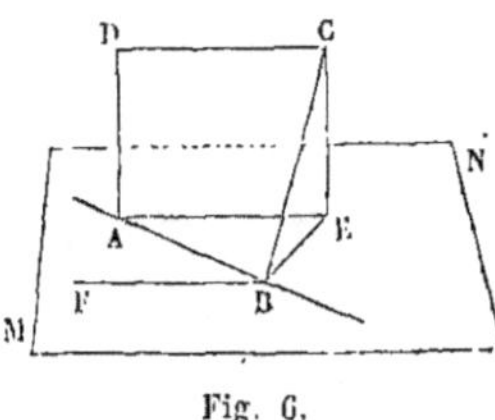

Fig. 6.

les calculs sont guidés par la construction élémentaire que nous allons reproduire.

Par l'une AB des droites données menons BF parallèle à l'autre CD ; d'un point quelconque C de CD abaissons CE perpendiculaire sur le plan MN des droites AB et BF ; dans ce plan, soit EA parallèle à CD et menons le plan ECDA ; on reconnaît que DA est perpendiculaire à AB et à CD ; de plus, cette perpendiculaire commune est la plus courte distance des deux droites, car si l'on joint deux points B et C, pris à volonté sur chacune d'elles, il est clair que $BC > CE$, et que $CE = DA$.

Cela posé, comme le plan MN contient les directions de ces deux droites, son équation $Ax + By + Cz + D = 0$ satisfera aux conditions suivantes ($\S$ 28)

$$\frac{n' - n''}{A} = \frac{m'' - m'}{B} = \frac{n'' m' - n' m''}{C},$$

en posant dans les égalités de ce paragraphe

$$\frac{a'}{c'} = m', \quad \frac{b'}{c'} = n' \quad \text{et} \quad \frac{a}{c} = m'', \quad \frac{b}{c} = n''.$$

On posera donc

$$A = n' - n'', \quad B = m'' - m', \quad C = n'' m' - n' m''.$$

De plus, comme ce plan contient la droite AB, représentée par $x = m'z + p'$, $y = n'z + q'$, son équation sera de la forme

$$A (x - m'z - p') + B (y - n'z - q') = 0,$$

ce qui donne

$$D + Ap' + Bq' = 0.$$

Remplaçant ici A et B par leurs valeurs $n' - n''$ et $m'' - m'$, on a la valeur de D.

Il s'agit donc de chercher la distance r du plan MN à un point quelconque de la droite CD, parallèle à ce plan.

Choisissons le point où CD perce le plan des xy, et qui a pour coordonnées p'', q'', on a

$$r = \delta\,(\mathrm{D}+\mathrm{A}p''+\mathrm{B}q'') = \delta\,\{(n'-n'')\,(p'-p'') - (m'-m'')\,(q'-q'')\}.$$

C'est la mesure cherchée de la plus courte distance r.

Du reste, avec des *axes rectangulaires*, on sait ($\S$ 44) qu'e

$$\delta = \frac{1}{\sqrt{\mathrm{A}^2+\mathrm{B}^2+\mathrm{C}^2}}.$$

Avec des *axes obliques*, l'expression de $\dfrac{\varepsilon^2}{\delta^2}$ ($\S$ 49) donne δ.

68. Pour avoir les équations $x = mz + p$, $y = nz + q$ de DA, nous établirons d'abord que cette droite est perpendiculaire aux deux droites données ; ce qui, avec des *axes rectangulaires*, donnera les relations

$$mm' + nn' + 1 = 0 \quad \text{et} \quad mm'' + nn'' + 1 = 0. \qquad (\S\,40)$$

Avec des *axes obliques*, on a

$$mm' + nn' + 1 + \cos yz\,(n+n') + \cos xz\,(m+m') + \cos xy\,(mn'+m'n) = 0$$

et

$$mm'' + nn'' + 1 + \cos yz\,(n+n'') + \cos xz\,(m+m'') + \cos xy\,(mn''+m''n) = 0.$$
$$(\S\,40)$$

De là on tirera les valeurs de m et de n.

69. Ces coefficients étant donc connus, il reste à trouver p et q par la condition que DA rencontre les deux droites.

Alors on a ($\S$ 30)

$$\frac{p-p'}{m-m'} = \frac{q-q'}{n-n'} \quad \text{et} \quad \frac{p-p''}{m-m''} = \frac{q-q''}{n-n''},$$

ce qui donne p et q.

Les coefficients des équations $x = mz + p$, $y = nz + q$

étant maintenant déterminés, on pourra trouver les coordonnées x', y', z' et x'', y'', z'' des points où AD rencontre AB et CD.

En calculant la distance de ces deux points, on retrouverait la plus courte distance r, mais la méthode du § 67 est plus simple.

70. *Distance de deux droites parallèles.* — Il s'agit de chercher la distance d'un point d'une droite à sa parallèle ; la question est donc ramenée à celle de la *distance d'un point à une droite* (§ 60).

En effet, par le point donné M, dont les coordonnées sont x_1, y_1, z_1 rien n'empêche d'imaginer une parallèle à une droite passant par l'origine et représentée par

$$\frac{x}{a} = \frac{y}{b} = \frac{z}{c}.$$

On sait (§ 63) ce qu'il faudra faire quand les coordonnées primitives de l'origine, au lieu d'être nulles, seront x', y', z'.

71. *Équation du plan bissecteur de deux autres.* — La distance r d'un point à un plan, avec des axes rectangulaires ou obliques (§ 58) et quelle que soit l'origine (§ 59), s'exprime par l'égalité

$$r + \delta\,(D + Ax' + By' + Cz') = 0,$$

en indiquant par $Ax + By + Cz + D = 0$ l'équation du plan, et par x', y', z' les coordonnées du point.

Un autre plan donnera

$$r' + \delta'\,(D' + A'x' + B'y' + C'z') = 0;$$

mais pour le plan bissecteur $r' = r$, et le point en question, étant un point quelconque du lieu géométrique cherché, sera indiqué par les coordonnées courantes x, y, z. L'équation du plan bissecteur sera donc

$$\delta\,(\mathrm{A}x + \mathrm{B}y + \mathrm{C}z + \mathrm{D}) = \delta'\,(\mathrm{A}'x + \mathrm{B}'y + \mathrm{C}'z + \mathrm{D}').$$

VI. FORMULES DE TRIGONOMÉTRIE SPHÉRIQUE (fig. 7).

72. Les formules trigonométriques sont, dans la géométrie à trois dimensions comme dans la géométrie plane, une application très-importante du principe des projections.

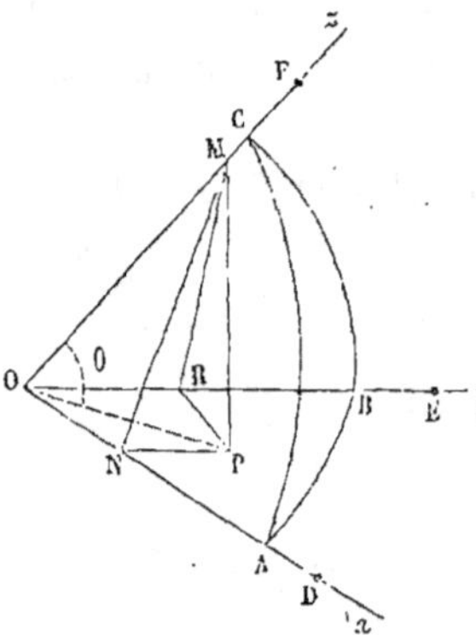

Fig. 7.

Soit O le centre de la sphère qui contient le triangle ABC ; sur un des rayons OC soit une distance arbitraire OM que nous prendrons pour unité de longueur (c'est-à-dire que, pour abréger, nous écrirons, par exemple, $\sin b = \mathrm{MN}$ au lieu de $\sin b = \dfrac{\mathrm{MN}}{\mathrm{OM}}$).

Soit MP perpendiculaire sur le plan BOA et PN, PR perpendiculaires sur OA et OB.

On a, d'un côté,

$$\mathrm{MP} = \mathrm{MN}\sin \mathrm{MNP}, \text{ ou bien } \mathrm{MP} = \sin b \sin \mathrm{A},$$

et de l'autre

$$\mathrm{MP} = \mathrm{MR}\sin \mathrm{MRP} = \sin a \sin \mathrm{B};$$

donc

$$\sin b \sin \mathrm{A} = \sin a \sin \mathrm{B};$$

d'où l'on conclut par symétrie

$$\frac{\sin a}{\sin \mathrm{A}} = \frac{\sin b}{\sin \mathrm{B}} = \frac{\sin c}{\sin \mathrm{C}}.$$

73. Reprenons l'expression $RP = \sin a \cos B$ pour la faire entrer dans la projection du contour ORPN sur $ON = \cos b$. On a

$$\cos b = \cos a \cos c + \sin a \cos B \sin c.$$

En effet, PR est perpendiculaire à OR qui fait avec OA l'angle $BOA = c$, ce qui multiplie PR par $\sin c$; de plus, la projection de la perpendiculaire PN est nulle.

On en conclut

$$\cos B = \frac{\cos b - \cos a \cos c}{\sin a \sin c}.$$

On écrirait de même deux formules analogues.

74. On peut aussi écrire

$$RP = MP \cot B$$

ou

$$RP = \cot B \sin b \sin A,$$

et sur cette même direction RP projetons encore le contour RONP. Comme RO n'a pas de projection, on trouve

$$RP = ON \sin c - NP \cos c,$$

car il est facile de voir que, sur la direction RP, la projection de NP se retranche de celle de ON. Cela revient à

$$\cot B \sin b \sin A = \cos b \sin c - \sin b \sin A \cos c$$

ou bien à

$$\cot B \sin A = \cot b \sin c - \sin A \cos c.$$

On a encore cinq autres expressions symétriques de celle-ci. Du reste, cette formule est peu employée.

75. La valeur de $\cos B$ donne

$$1 + \cos B = \frac{2 \sin \frac{1}{2}(a+b+c) \sin \frac{1}{2}(a+c-b)}{\sin a \sin c},$$

ou bien, en posant $a + b + c = 2p$, on écrit

$$1 + \cos B = \frac{2 \sin p \sin (p - b)}{\sin a \sin c}$$

et

$$\cos \tfrac{1}{2} B = \sqrt{\frac{\sin p \sin (p - b)}{\sin a \sin c}},$$

de même

$$1 - \cos B = \frac{2 \sin (p - a) \sin (p - c)}{\sin a \sin c}$$

et

$$\sin \tfrac{1}{2} B = \sqrt{\frac{\sin (p - a) \sin (p - c)}{\sin a \sin c}}.$$

Donc aussi

$$\tang \tfrac{1}{2} B = \sqrt{\frac{\sin (p - a) \sin (p - c)}{\sin p \sin (p - b)}}.$$

76. Dans l'égalité $\sin B = 2 \sin \tfrac{1}{2} B \cos \tfrac{1}{2} B$, remplaçons $\sin \tfrac{1}{2} B$ et $\cos \tfrac{1}{2} B$ par les valeurs précédentes, on a

$$\sin B = \frac{\sqrt{\sin p \sin (p - a) \sin (p - b) \sin (p - c)}}{\sin a \sin c}.$$

Du reste on a directement

$$\sin^2 B = 1 - \cos^2 B = \frac{(1 - \cos^2 a)(1 - \cos^2 c) - \cos^2 b - \cos^2 a \cos^2 c + 2 \cos a \cos b \cos c}{\sin^2 a \sin^2 c}$$

ou bien

$$\sin^2 B = \frac{\varepsilon^2}{\sin^2 a \sin^2 c},$$

puisque nous avons posé ($\S$ 34) entre les angles des faces d'un trièdre la relation

$$\varepsilon^2 = 1 - \cos^2 a - \cos^2 b - \cos^2 c + 2 \cos a \cos b \cos c.$$

Alors

$$\frac{\sin^2 B}{\sin^2 b} = \frac{\varepsilon^2}{\sin^2 a \sin^2 b \sin^2 c}.$$

On retrouve donc, par symétrie, la première formule (§ 72)

$$\frac{\sin A}{\sin a} = \frac{\sin B}{\sin b} = \frac{\sin C}{\sin c} = \frac{\varepsilon}{\sin a \sin b \sin c}.$$

Puisque

$$\sin B = \frac{\varepsilon}{\sin a \sin c},$$

on a.

$$\operatorname{tang} B = \frac{\varepsilon}{\cos b - \cos a \cos c};$$

donc

$$\begin{aligned}
\varepsilon &= \operatorname{tang} B \,(\cos b - \cos a \cos c)\\
&= \operatorname{tang} A \,(\cos a - \cos b \cos c)\\
&= \operatorname{tang} C \,(\cos c - \cos a \cos b).
\end{aligned}$$

77. *Triangle polaire.* — Quand deux triangles sphériques sont polaires ou supplémentaires, on sait que chaque angle de l'un est le supplément d'un côté de l'autre.

La formule du § 72 ne donne rien de nouveau, celles du § 74 sont seulement interverties, mais celle du § 73 devient

$$\cos b = \frac{\cos B + \cos A \cos C}{\sin A \sin C}.$$

VII. SURFACES ET VOLUMES

78. *Projection des surfaces.* — La méthode des projections sert aussi à évaluer la projection d'une surface plane sur un plan donné.

Considérons le triangle ABC (fig. 8) et par un de ses sommets B un plan A'ED parallèle au plan donné pour que la projection y soit la même. Prolongeons AC jusqu'à la

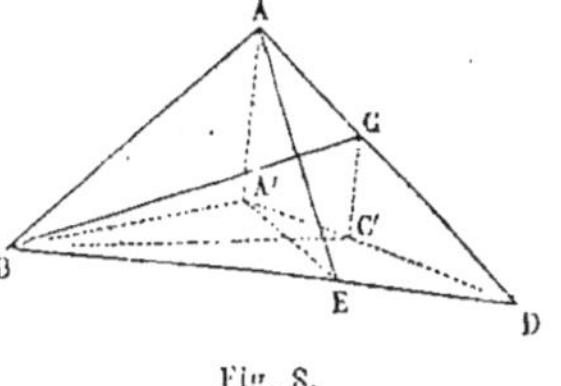

Fig. 8.

rencontre de ce plan en D ; la projection A'BD de ABD a pour mesure

$$\tfrac{1}{2}\,\text{BD.A'E} = \tfrac{1}{2}\,\text{BD. AE}\cos\text{E} = \text{ABD}\cos\text{E},$$

l'angle E étant celui *des deux plans*. De même

$$\text{C'BD} = \text{CBD}\cos\text{E},$$

d'où

$$\text{A'BC'} = \text{ABC}\cos\text{E}$$

en retranchant. Nous appelons E l'angle aigu des deux plans.

Il est clair que ce résultat s'étend à un ensemble de triangles, c'est-à-dire à un polygone et, par suite, à une courbe plane.

(Voir § 85 une autre expression de la projection du triangle.)

79. *Volume du tétraèdre.* — Soient OD, OE, OF (fig. 7) les arêtes du tétraèdre en question. On sait que ce volume V a pour mesure le produit du tiers de la base DOE par la hauteur, qui est la distance du sommet F à la base; or cette distance a pour mesure le produit de l'arête $\text{OF} = z$ par le sinus de l'angle θ que fait cette arête avec la base; donc la hauteur est $z\sin\theta$. Du reste, soit $\text{OD} = x$, $\text{OE} = y$, la base $\text{DOE} = \tfrac{1}{2}xy\sin xy$; il reste à calculer θ.

Pour cela, prenons sur Oz la distance $\text{OM} = 1$ et abaissons MP perpendiculaire sur le plan xOy, puis PN perpendiculaire sur Ox et PR sur Oy; on voit que l'angle $\text{MOP} = \theta$ est celui de Oz avec le plan des xy. Alors

$$6\,\text{V} = xyz\sin xy\sin\theta.$$

Puisque $\text{OM} = 1$, on a $\text{OP} = \cos\theta$ et $\text{ON} = \cos xz$; donc

$$\cos xz = \cos\theta\cos xP ;$$

de même

$$\text{OR} = \cos yz = \cos\theta\cos yP$$

relations auxquelles il faut joindre l'égalité $x\mathrm{P} + y\mathrm{P} = xy$.

En ajoutant les égalités précédentes, on a donc

$$\cos xz + \cos yz = \cos\theta\,(\cos x\mathrm{P} + \cos y\mathrm{P}) = 2\cos\theta\cos\tfrac{1}{2}\,xy\cos\tfrac{1}{2}\,(x\mathrm{P} - y\mathrm{P}).$$

De même, en retranchant,

$$\cos xz - \cos yz = \cos\theta\,(\cos x\mathrm{P} - \cos y\mathrm{P}) = 2\cos\theta\sin\tfrac{1}{2}\,xy\,\sin\tfrac{1}{2}\,(y\mathrm{P} - x\mathrm{P}).$$

On a donc

$$\cos\theta\cos\tfrac{1}{2}\,(x\mathrm{P} - y\mathrm{P}) = \frac{\cos xz + \cos yz}{2\cos\tfrac{1}{2}\,xy} = \frac{\sin\tfrac{1}{2}\,xy\,(\cos xz + \cos yz)}{\sin xy}.$$

On aura de même

$$\cos\theta\sin\tfrac{1}{2}\,(y\mathrm{P} - x\mathrm{P}) = \frac{\cos\tfrac{1}{2}\,xy\,(\cos xz - \cos yz)}{\sin xy}.$$

Élevant au carré, ajoutant, réduisant et chassant le dénominateur, il vient

$$\sin^2 xy\cos^2\theta = \cos^2 xz + \cos^2 yz + 2\cos xz\cos yz\,(\sin^2\tfrac{1}{2}\,xy - \cos^2\tfrac{1}{2}\,xy)$$
$$= \cos^2 xz + \cos^2 yz - 2\cos xz\cos yz\cos xy.$$

De là on tire

$$\sin\theta^2 = \frac{1 - \cos^2 yz - \cos^2 xz - \cos^2 xy + 2\cos zy\cos xz\cos xy}{\sin^2 xy}$$

et

$$\sin\theta = \frac{\varepsilon}{\sin xy}.$$

Alors

$$\sin xy\sin\theta = \varepsilon.$$

Maintenant, comme la hauteur abaissée du sommet F sur la base a pour mesure $z\sin\theta$, on a $6\,\mathrm{V} = \varepsilon\,xyz$.

80. On peut arriver au même résultat par la trigonométrie sphérique. En effet, OM étant égal à l'unité, on a

$$\mathrm{MP} = \sin\theta = \mathrm{MR}\sin\mathrm{R},$$

ce qui revient à

$$\sin\theta = \sin yz\sin\mathrm{B}.$$

Mais

$$\cos B = \frac{\cos xz - \cos xy \cos yz}{\sin xy \sin yz},$$

ce qui donne sin B et revient à la valeur précédente.

81. Il est clair que le volume du parallélipipède construit sur $OD = x$, $OE = y$, $OF = z$ et l'angle trièdre ODEF, a pour mesure $\varepsilon.xyz$.

Donc ε est le *volume d'un parallélipipède dont les arêtes, prises sur les axes, sont égales à l'unité.*

82. *Sinus d'un angle trièdre.* — Par comparaison avec ce qui se passe dans un triangle, on peut regarder ce nombre ε comme le sinus de l'angle trièdre formé par les coordonnées et écrire $\sin (xyz) = \varepsilon$.

Alors

$$6 V = xyz \sin (xyz).$$

En effet, ε sera égal à 1 pour l'angle trirectangle, mais ne dépassera jamais cette valeur, car nous avons trouvé ci-dessus $\varepsilon = \sin xy \sin \theta$, ce qui est toujours < 1, excepté quand les angles xy et θ sont droits.

83. Seulement la valeur

$$\varepsilon^2 = 1 - \cos^2 yz - \cos^2 xz - \cos^2 xy + 2 \cos yz \cos xz \cos xy$$

ne se prêtant pas au calcul logarithmique, nous allons chercher à décomposer cette expression en facteurs.

Posons

$$\varepsilon^2 = (n - \cos xz)(\cos xz - n') = -nn' - \cos^2 xz + \cos xz (n + n'),$$

et comparons cette valeur à celle de ε^2, on a

$$n + n' = 2 \cos yz \cos xy$$

et

$$nn' = \cos^2 yz + \cos^2 xy - 1 = \cos^2 yz - \sin^2 xy.$$

On a donc l'équation

$$N^2 - 2N \cos yz \cos xy + \cos^2 yz - \sin^2 xy = 0,$$

d'où

$$N = \cos yz \cos xy \pm \sqrt{(1 - \sin^2 yz)(1 - \sin^2 xy) + \sin^2 xy - 1 + \sin^2 yz}.$$

Ainsi

$$n = \cos yz \cos xy + \sin yz \sin xy = \cos(yz - xy)$$

et

$$n' = \cos yz \cos xy - \sin yz \sin xy = \cos(yz + xy).$$

Maintenant

$$\cos(yz - xy) - \cos xz = 2 \sin \tfrac{1}{2}(yz + xz - xy) \sin \tfrac{1}{2}(xy + xz - yz),$$
$$\cos xz - \cos(yz + xy) = 2 \sin \tfrac{1}{2}(yz + xz + xy) \sin \tfrac{1}{2}(yz + xy - xz).$$

Donc (1)

$$\varepsilon = 2\sqrt{\sin \tfrac{1}{2}(yz + xz + xy) \sin \tfrac{1}{2}(yz + xz - xy) \sin \tfrac{1}{2}(yz + xy - xz) \sin \tfrac{1}{2}(xy + xz - yz)}.$$

84. *Autres expressions du tétraèdre.* — Si l'on veut avoir
V en fonction seulement des arêtes, soient $FE = x'$,
$FD = y'$, $ED = z'$ les arêtes respectivement opposées à
$OD = x$, $OB = y$, $OF = z$ (fig. 7) ; il faudra, dans la formule $6V = \varepsilon . xyz$, ou bien

$$\frac{36V^2}{x^2 y^2 z^2} = 1 - \cos^2 yz - \cos^2 xz - \cos^2 xy + 2 \cos yz \cos xz \cos xy,$$

remplacer les cosinus par leurs valeurs, c'est-à-dire
poser

$$\cos yz = \frac{y^2 + z^2 - x'^2}{2\,yz}, \text{ etc...}$$

85. Pour obtenir le volume du tétraèdre en fonction
des coordonnées de ses sommets (fig. 9), nous supposerons d'abord les *axes rectangulaires.*

(1) Le *sinus* de l'angle trièdre, que nous désignons par ε, s'indique dans
plusieurs mémoires par la lettre Δ.

Considérons d'abord la projection ABC de la base sur le plan des xy. Nous rappellerons, comme du reste le montre la figure, que

$$2\,\mathrm{ABC} = (x_2 - x_3)(y_2 + y_3) - (x_2 - x_1)(y_2 + y_1) - (x_1 - x_3)(y_1 + y_3)$$

et, réduisant,

$$2\,\mathrm{ABC} = x_2\,y_3 - x_3\,y_2 + x_3\,y_1 - x_1\,y_3 + x_1\,y_2 - x_2\,y_1,$$

ce qui s'écrit aussi

$$2\,\mathrm{ABC} = \begin{vmatrix} 1 & x_1 & y_1 \\ 1 & x_2 & y_2 \\ 1 & x_3 & y_3 \end{vmatrix}$$

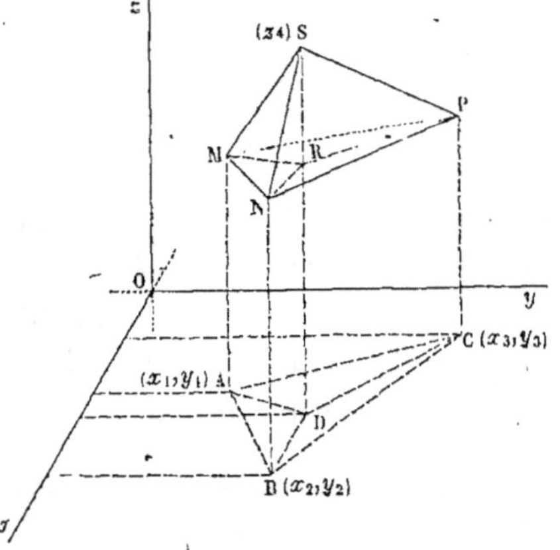

Fig. 9.

86. Soit D la projection du sommet S sur le plan des xy et R le point où SD perce la base MNP (rien n'exige que MNP soit parallèle à ABC), et soit RD $= Z$; nous observons que la portion de tétraèdre SMNR est égale à la différence du prisme tronqué SMNDAB et de l'autre prisme tronqué RMNDAB. Par un théorème connu, on sait que ces volumes ont pour mesure

$$\mathrm{ABD}.\tfrac{1}{3}(z_1 + z_2 + z_4)$$

et

$$\text{ABD}.\tfrac{1}{3}(z_1 + z_2 + Z);$$

donc

$$\text{SMNR} = \tfrac{1}{3}\text{ABD}(z_4 - Z).$$

De même

$$\text{SMPR} = \tfrac{1}{3}\text{ACD}(z_4 - Z)$$

et

$$\text{SNPR} = \tfrac{1}{3}\text{BCD}(z_4 - Z);$$

ajoutant, on a

$$3\,V = \text{ABC}(z_4 - Z)$$

ou bien

$$6\,V = 2\,\text{ABC}(z_4 - Z).$$

Il reste à calculer $z_4 - Z$.

On a trouvé (§ 17) l'équation $A_1 x + B_1 y + C_1 z + D_1 = 0$ du plan qui passe par trois points donnés. Ici ces points sont M, N, P, et il faut trouver l'intersection de ce plan avec la droite SRD qui a pour équations $x = x_4$, $y = y_4$; on a

$$C_1 Z = -D_1 - A_1 x_4 - B_1 y_4,$$

d'où

$$C_1 (z_4 - Z) = A_1 x_4 + B_1 y_4 + C_1 z_4 + D_1.$$

Mais observons (§ 17) que

$$C_1 = \begin{vmatrix} 1 & x_1 & y_1 \\ 1 & x_2 & y_2 \\ 1 & x_3 & y_3 \end{vmatrix} = 2\,\text{ABC};$$

on a donc

$$6\,V = A_1 x_4 + B_1 y_4 + C_1 z_4 + D.$$

D'après les résultats du § 17, on écrit

$$6\,V = x_4 \begin{vmatrix} 1 & y_1 & z_1 \\ 1 & y_2 & z_2 \\ 1 & y_3 & z_3 \end{vmatrix} + y_4 \begin{vmatrix} 1 & z_1 & x_1 \\ 1 & z_2 & x_2 \\ 1 & z_3 & x_3 \end{vmatrix} + z_4 \begin{vmatrix} 1 & x_1 & y_1 \\ 1 & x_2 & y_2 \\ 1 & x_3 & y_3 \end{vmatrix} - \begin{vmatrix} x_1 & x_2 & x_3 \\ y_1 & y_2 & y_3 \\ z_1 & z_2 & z_3 \end{vmatrix}$$

Dans le déterminant total $6\,V$, le dernier déterminant partiel

$$-D = \begin{vmatrix} x_1 & x_2 & x_3 \\ y_1 & y_2 & y_3 \\ z_1 & z_2 & z_3 \end{vmatrix}$$

doit contribuer à faire une formule symétrique ; de plus, le terme en z_4 fait voir qu'on aura le terme $1\,x_2\,y_3\,z_4$, ce qui permet, d'après la loi connue pour former les déterminants, d'écrire ce total sous la forme

$$
\begin{vmatrix} 1 & x_1 & y_1 & z_1 \\ 1 & x_2 & y_2 & z_2 \\ 1 & x_3 & y_3 & z_3 \\ 1 & x_4 & y_4 & z_4 \end{vmatrix}
=
\begin{vmatrix} x_2 & y_2 & z_4 \\ x_3 & y_3 & z_5 \\ x_4 & y_4 & z_4 \end{vmatrix}
-
\begin{vmatrix} x_1 & y_1 & z_1 \\ x_3 & y_3 & z_3 \\ x_4 & y_4 & z_4 \end{vmatrix}
+
\begin{vmatrix} x_1 & y_1 & z_1 \\ x_2 & y_2 & z_2 \\ x_4 & y_4 & z_4 \end{vmatrix}
-
\begin{vmatrix} x_1 & y_1 & z_1 \\ x_2 & y_2 & z_2 \\ x_4 & y_3 & z_3 \end{vmatrix}
$$

87. Avec des *axes obliques*, il n'y a qu'à multiplier le résultat précédent par le *sinus* des coordonnées ($\S$82), ce qui donne l'expression générale

$$
\varepsilon \begin{vmatrix} 1 & x_1 & y_1 & z_1 \\ 1 & x_2 & y_2 & z_2 \\ 1 & x_3 & y_3 & z_3 \\ 1 & x_4 & y_4 & z_4 \end{vmatrix} = 6\,\mathrm{V}.
$$

Voir d'autres expressions du volume du tétraèdre dans les *Nouvelles annales de mathématiques*, 1867, p. 410 et suiv. Mémoire de M. Dostor avec notes de M. Gerono.

VIII. TRANSFORMATION DES COORDONNÉES

88. Nous avons vu ($\S$5) comment on passait d'une origine à une autre en conservant les directions des axes ; nous allons, au contraire, changer les directions des axes en conservant l'origine (fig. 10).

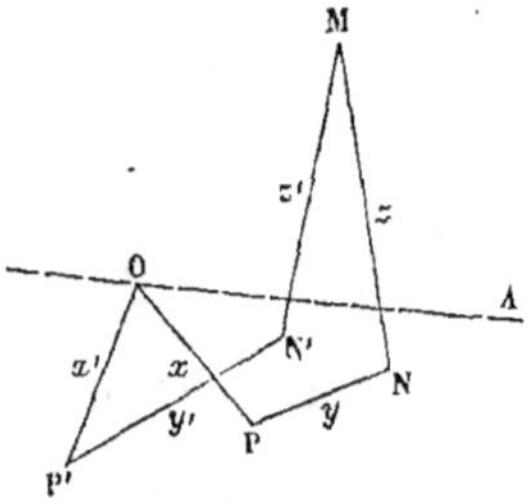

Soient $OP = x$, $PN = y$, $NM = z$ et $OP' = x'$, $ON' = y'$, $N'M = z'$, deux systèmes de coordonnées d'un point M ; projetons-les sur OA perpendiculaire à Oy et à Oz : les pro-

Fig. 10.

jections de y et de z étant nulles, celle du premier contour OPNM se réduit à $x\cos x$A ; on aura donc

$$x\cos x\,\mathrm{A} = x'\cos x'\mathrm{A} + y'\cos y'\mathrm{A} + z'\cos z'\mathrm{A}.$$

De même, imaginons OB et OC perpendiculaires aux plans des xz et des xy, on aura

$$y\cos y\mathrm{B} = x'\cos x'\mathrm{B} + y'\cos y'\mathrm{B} + z'\cos z'\mathrm{B}$$

et

$$z\cos z\mathrm{C} = x'\cos x'\mathrm{C} + y'\cos y'\mathrm{C} + z'\cos z'\mathrm{C}.$$

89. Si les coordonnées primitives sont rectangulaires, les lignes OA, OB, OC ne sont autre chose que Ox, Oy, Oz ; il reste donc

$$x = x'\cos x'x + y'\cos y'x + z'\cos z'x,$$
$$y = x'\cos x'y + y'\cos y'y + z'\cos z'y,$$
$$z = x'\cos x'z + y'\cos y'z + z'\cos z'z.$$

Mais il faut (§ 4) y joindre les équations de condition

$$\cos^2 x'x + \cos^2 x'y + \cos^2 x'z = 1, \quad \cos^2 y'x + \cos^2 y'y + \cos^2 y'z = 1,$$
$$\cos^2 z'x + \cos^2 z'y + \cos^2 z'z = 1.$$

90. Si le second système est aussi rectangulaire, on a de plus (§ 40)

$$\cos xx'\cos xy' + \cos yx'\cos yy' + \cos zx'\cos zy' = 0,$$
$$\cos xx'\cos xz' + \cos yx'\cos yz' + \cos zx'\cos zz' = 0,$$
$$\cos xy'\cos xz' + \cos yy'\cos yz' + \cos zy'\cos zz' = 0.$$

91. *Formules d'Euler* (fig. 11). — Dans le cas très-fréquent de deux systèmes rectangulaires, ces six équations de condition compliquent beaucoup les calculs. Voici comment Euler évite cette difficulté :

Soit Ox, Oy, Oz l'ancien système rectangulaire et Ox', Oy', Oz' le nouveau : on donne l'angle $zOz' = \theta$ et les angles φ et ψ que font Ox et Ox' avec l'intersection ON des plans xy et $x'y'$. Alors Oz et Oz' sont perpendiculaires sur

ON ; donc ON étant perpendiculaire au plan zOz' l'est aussi

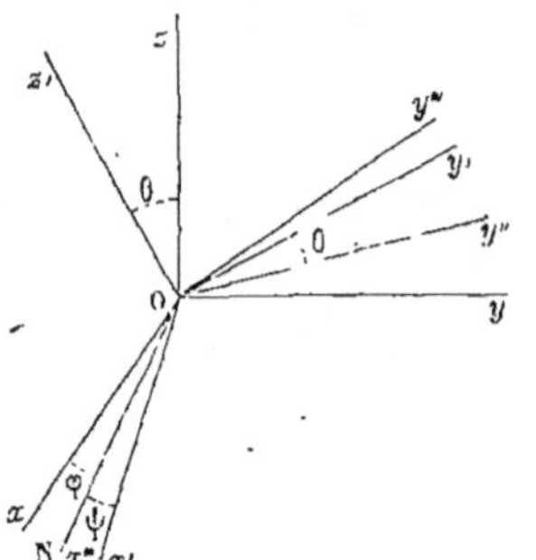

Fig. 11.

aux droites Oy'' et Oy''' suivant lesquelles ce plan coupe ceux des xy et des $x'y'$. De plus, Oy'' étant dans le plan des xy, l'angle zOy'' est droit; de même $z'Oy'''$ est aussi droit : donc

$$y''' \, Oy'' = z' \, Oz = 0.$$

Si nous considérons ON comme un axe auxiliaire Ox'',
je dis que nous pourrons passer du système donné x, y, z au système également rectangulaire x'', y'', z. On sait que Oz est perpendiculaire à Ox'' et à Oy'' qui sont dans le plan des xy, de plus nous avons vu que ON ou Ox'' était perpendiculaire à Oy'' qui se trouve dans le plan zOz'.

Cela posé, puisque $xOx'' = \varphi$, on a les formules connues

$$x = x'' \cos\varphi - y'' \sin\varphi, \quad y = x'' \sin\varphi + y'' \cos\varphi.$$

Ensuite, du système x'', y'', z on passera au système x'', y''', z' qui est encore rectangulaire : en effet, ON ou Ox'' est perpendiculaire au plan zOz' qui contient Oz' et Oy''', en même temps que Oz' est perpendiculaire à Oy''' qui est contenu dans le plan $x'y'$. On a donc

$$y'' = y''' \cos\theta - z' \sin\theta, \quad z = y''' \sin\theta + z' \cos\theta,$$

puisque θ est, comme nous l'avons vu, l'angle de Oy'' et de Oy'''.

Enfin, du système x'', y''', z' on passera au second système donné x', y', z'. L'angle de x'' et de x' étant ψ, on a

$$x'' = x' \cos\psi - y' \sin\psi, \quad y''' = x' \sin\psi + y' \cos\psi.$$

Substituant et éliminant au moyen de ces trois couples d'équation, on trouve

$$x = x'(\cos\varphi\cos\psi - \sin\varphi\sin\psi\cos\theta) - y'(\cos\varphi\sin\psi + \sin\varphi\cos\psi\cos\theta)$$
$$+ z'\sin\varphi\sin\theta,$$
$$y = x'(\sin\varphi\cos\psi + \cos\varphi\sin\psi\cos\theta) + y'(\cos\varphi\cos\psi\cos\theta - \sin\varphi\sin\psi,$$
$$- z'\cos\varphi\sin\theta,$$
$$z = x'\sin\psi\sin\theta + y'\cos\psi\sin\theta + z'\cos\theta.$$

92. *Section plane d'une surface* (fig. 12). (*Nouv. Ann.*, 1868, p. 277.) — Un plan coupant une sur-face donnée, nous al-lons chercher l'équation de l'intersection, rap-portée à des axes pris dans le plan même.

Le plan donné ABC a pour équation

$$\alpha x + \beta y + \gamma z = q,$$

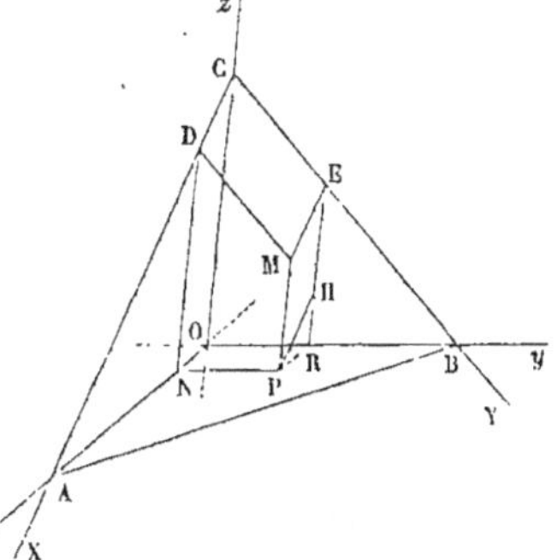

Fig. 12.

en représentant par q la distance de l'origine au plan, et par α, β, γ les cosinus de cette distance avec les axes donnés (§ 11). On sait aussi (§ 12) que

$$OA = \frac{q}{\alpha}, \quad OB = \frac{q}{\beta}, \quad OC = \frac{q}{\gamma}.$$

Prenons pour axes des coordonnées, dans le plan, les droites CX et CY suivant lesquelles ce plan coupe les plans des zx et des zy, et soit M un point du plan qui a pour coordonnées, d'un côté $ON = x$, $NP = y$, $PM = z$, et de l'autre $CD = X$, $CE = Y$, on trouve facilement la re-lation

$$\frac{x}{X} = \frac{PR}{P\Pi} = \frac{OA}{CA};$$

et comme

$$\overline{CA}^2 = \overline{OA}^2 + \overline{OC}^2 - 2\,OA.OC\cos xz,$$

on obtient

$$\frac{x}{X} = \frac{\gamma}{\sqrt{\alpha^2 + \gamma^2 - 2\,\alpha\gamma\cos xz}}$$

ou bien $x = \rho X$ en posant

$$\rho = \frac{\gamma}{\sqrt{\alpha^2 + \gamma^2 - 2\,\alpha\gamma\cos xz}};$$

de même $y = \rho'Y$ en posant

$$\rho' = \frac{\gamma}{\sqrt{\beta^2 + \gamma^2 - 2\,\beta\gamma\cos yz}};$$

enfin,

$$z = \frac{q - \alpha\rho X - \beta\rho'Y}{\gamma}.$$

Substituant dans l'équation de la surface ces trois valeurs de x, de y et de z, on a l'équation en X et Y de la section cherchée.

93. Pour achever de déterminer le système des coordonnées X et Y, il faut calculer le cosinus de leur angle ACB.

Ici

$$\cos XY = \frac{\overline{CA}^2 + \overline{CB}^2 - \overline{AB}^2}{2\,CA.CB};$$

et, d'après ce qui précède, on obtient

$$\cos XY = \frac{\rho\rho'\{\alpha\beta + \gamma\,(\gamma\cos xy - \beta\cos xz - \alpha\cos yz)\}}{\gamma^2}.$$

Les formules ne sont pas en défaut, comme semblerait l'indiquer la figure, lorsque $q = 0$, c'est-à-dire lorsque le plan passe à l'origine ; cela ne change rien aux valeurs de ρ et de ρ'.

94. Dans le cas des coordonnées rectangulaires, il reste

$$\rho = \frac{\gamma}{\sqrt{\alpha^2 + \gamma^2}} = \frac{\gamma}{\sqrt{1 - \beta^2}}, \quad \rho' = \frac{\gamma}{\sqrt{\beta^2 + \gamma^2}} = \frac{\gamma}{\sqrt{1 - \alpha^2}},$$

$$\cos XY = \frac{\rho\rho'\alpha\beta}{\gamma^2} = \frac{\alpha\beta}{\sqrt{(\alpha^2 + \gamma^2)(\beta^2 + \gamma^2)}}.$$

De là on tire

$$\sin XY = \frac{\gamma\sqrt{\alpha^2 + \beta^2 + \gamma^2}}{\sqrt{(\alpha^2 + \gamma^2)(\beta^2 + \gamma^2)}} = \frac{\gamma}{\sqrt{(1 - \alpha^2)(1 - \beta^2)}}.$$

car ici $\alpha^2 + \beta^2 + \gamma^2 = 1$ (¿ 4).

95. En général, on peut faire, dans le plan sécant, toutes les constructions que l'on voudra, par les calculs de la géométrie plane, relativement aux coordonnées X et Y. Ensuite, après avoir obtenu un certain résultat, on pourra revenir à l'espace en posant, pour les points ainsi déterminés,

$$X = \frac{x}{\rho}, \quad Y = \frac{y}{\rho'},$$

ce qui donnera une relation entre x et y, relation que l'on joindra à l'équation du plan

$$\alpha x + \beta y + \gamma z = q.$$

On résoudra ainsi, par exemple, le problème suivant : *Trouver la bissectrice de deux droites dans l'espace.*

CHAPITRE II

SURFACES ALGÉBRIQUES

I. INTERSECTION PAR UNE DROITE ET UN PLAN

96. Supposons que nous ne connaissions pas les formules de la transformation des coordonnées ; nous savons toujours néanmoins que les anciennes coordonnées sont exprimées en fonction du premier degré des nouvelles, puisque l'équation du plan est toujours du premier degré (§ 11).

D'après cela, on peut prouver facilement que *le degré de l'équation d'une surface (§ 8) ne change pas par la transformation des coordonnées.* En effet, ce que nous venons de dire montre que le degré n'augmente pas ; ensuite, il ne peut pas non plus diminuer, car s'il en était ainsi, il augmenterait, au contraire, en passant des nouvelles coordonnées aux anciennes.

On comprend qu'une surface *algébrique* est celle dont l'équation est algébrique, c'est-à-dire ne contient que les puissances entières et positives des coordonnées.

97. *Une surface de degré* m *ne peut être rencontrée par une droite en plus de* m *points.*

Cela se voit en prenant cette droite pour un des axes.

Une surface de degré m *ne peut être coupée par un plan suivant une courbe de degré supérieur à* m.

Cela se voit en prenant ce plan pour un des plans coordonnés.

II. PLAN TANGENT

98. *Tangentes aux courbes.* — Avant de définir le plan tangent à une surface, il faut revenir sur la définition de la tangente à une courbe.

D'abord, s'il s'agit d'une courbe plane, nous savons que *la tangente à un point quelconque de la courbe est la limite des positions que prend une sécante passant par ce point et tournant dans le plan de la courbe jusqu'à passer par le point infiniment voisin.*

Si la courbe est *gauche* ou *à double courbure*, nous prendrons, de part et d'autre du point donné, deux points infiniment voisins, et nous appellerons *plan osculateur* celui de ces trois points. Dès lors la définition précédente subsistera en remplaçant ces mots : *dans le plan de la courbe,* par ceux-ci : *dans le plan osculateur à la courbe.*

99. *Définition et équation du plan tangent.* — Cela posé, on appelle *plan tangent* en un point d'une surface, *le lieu géométrique des tangentes menées aux courbes tracées par ce point sur la surface.*

Mais il est clair que cette définition suppose qu'on ait établi, par une démonstration préalable, que *ce lieu est un plan.*

Voici comment ce théorème se démontre pour une surface algébrique :

Soit $f(x, y, z) = 0$ une équation de cette nature, et $A x^m y^n z^p$ un terme quelconque de cette équation. Considérons sur cette surface deux points très-voisins ayant pour coordonnées x', y', z' et x'', y'', z'' ; la droite qui joint ces points a pour équations :

$$x - x' = \frac{x' - x''}{z' - z''}\,(z - z'), \quad y - y' = \frac{y' - y''}{z' - z''}\,(z - z').$$

Ces deux points étant sur une des courbes tracées sur la surface, la sécante en question est dans le plan de cette courbe ou, du moins, dans son plan osculateur : cette sécante tendra vers la tangente, quand le point $x'' y'' z''$ tendra vers le point $x' y' z'$.

Tout revient donc à chercher les limites des quantités

$$\alpha = \frac{x' - x''}{z' - z''}, \quad \beta = \frac{y' - y''}{z' - z''}.$$

Nous avons identiquement :

$$A\left(x'^m y'^n z'^p - x''^m y''^n z''^p\right) = A\left(x'^m y'^n z'^p - x''^m y'^n z''^p\right)$$
$$+ A\left(x''^m y'^n z''^p - x''^m y''^n z''^p\right)$$
$$+ A\left(x'^m y''^n z''^p - x''^m y''^n z''^p\right)$$

$$= A\left\{ x'^m y'^n\left(z'^p - z''^p\right) + x'^m z''^p\left(y'^n - y''^n\right) + y''^n z''^p\left(x'^m - x''^m\right) \right\}$$
$$= A\left(z' - z''\right)\left\{ x'^m y'^n\left(z'^{p-1} + z'^{p-2} z'' + \dots + z' z''^{p-2} + z''^{p-1}\right) \right.$$
$$+ x'^m z''^p\left(y'^{n-1} + y'^{n-2} y'' + \dots + y' y''^{n-2} + y''^{n-1}\right)\beta$$
$$\left. + y''^n z''^p\left(x'^{m-1} + x'^{m-2} x'' + \dots + x' x''^{m-2} + x''^{m-1}\right)\alpha \right\}.$$

Ainsi la différence $f(x', y', z') - f(x'', y'', z'')$ se composera d'une série de termes analogues à celui que nous venons d'écrire et qui auront tous $z' - z''$ pour facteur commun. Mais, comme les deux points sont sur la surface, cette différence sera nulle, puisque

$$f(x', y', z') = 0, \quad f(x'', y'', z'') = 0 ;$$

donc, cette série de termes étant nulle, on pourra supprimer ce facteur $z' - z''$ et égaler à zéro le développement dont nous avons écrit un terme.

Cherchons maintenant la limite de ce résultat. Quand $x'' y'' z''$ tendent vers $x' y' z'$, il tend vers

$$\mathrm{A}\,(x'^{m} y'^{n}.\,p z'^{p-1} + x'^{m} z'^{p}.\,n y'^{n-1} \beta + y'^{n} z'^{p}.\,m x'^{m-1} \alpha),$$

c'est-à-dire que la limite se compose de la dérivée du terme $\mathrm{A} x'^{m} y'^{n} z'^{p}$ prise relativement à z', de la dérivée de ce même terme, prise par rapport à y' et multipliée par β' ; puis, enfin, de la dérivée prise par rapport à x' et multipliée par α' : α', β' désignant les limites de α et β.

Comme il en sera de même pour tous les termes de l'équation de la surface, nous aurons comme résultat final

$$\mathrm{D}_{z'} + \mathrm{D}_{y'}\beta + \mathrm{D}_{x'}\alpha = 0.$$

Mais on a aussi

$$\alpha' = \frac{x - x'}{z - z'}, \qquad \beta' = \frac{y - y'}{z - z'},$$

x, y et z désignant les coordonnées courantes de la tangente ; ce seront donc celles du lieu géométrique de toutes ces tangentes. Par conséquent ce lieu a pour équation

$$\mathrm{D}_{x'}\,(x - x') + \mathrm{D}_{\cdot}\,(y - y') + \mathrm{D}_{z'}\,(z - z') = 0 ;$$

on voit donc que c'est un plan.

[Souvent, au lieu de $\mathrm{D}_{x'}$, $\mathrm{D}_{y'}$, $\mathrm{D}_{z'}$, on écrit $f'(x')$, $f'(y')$, $f'(z')$.]

100. Cette équation se met sous la forme

$$x\,\mathrm{D}_{x'} + y\,\mathrm{D}_{y'} + z\,\mathrm{D}_{z'} = x'\,\mathrm{D}_{x'} + y'\,\mathrm{D}_{y'} + z'\,\mathrm{D}_{z'},$$

et nous allons montrer que le degré du second membre est toujours inférieur, *au moins d'une unité*, au degré de l'équation de la surface.

En effet, supposons, comme on peut toujours le faire, que $Ax'^m y'^n z'^p$ soit un des termes de plus haut degré de l'équation, dont le degré sera alors $m + n + p$. Les dérivés de ce terme, comme en l'a déjà vu, sont

$$Ay'^n z'^p . mx'^{m-1}, \quad Ax'^m z'^n . ny'^{n-1}$$

et

$$Ay'^n z'^p . pz'^{p-1};$$

donc, si on les multiplie respectivement par x', y', z' et qu'on les ajoute, comme on le fait au second membre, on aura

$$Ax'^m y'^n z'^p (m + n + p).$$

La même chose arrivera pour l'ensemble des termes de plus haute puissance $m + n + p$, et comme cet ensemble s'exprime, au moyen de l'équation $f(x', y', z') = 0$, en fonction des termes de degré inférieur, le théorème est démontré.

On effectue aussi la même réduction par le théorème connu relatif à une fonction homogène $\pi (x, y, z)$ du degré m :

$$x D_x \pi + y D_y \pi + z D_z \pi = m\pi.$$

101. L'équation de la surface pouvant toujours se mettre sous la forme $z = \varphi (x, y)$, si l'on prend les dérivés de $\varphi (x, y) - z = 0$, la dérivée relative à z est -1.

Du reste, comme z ne donne rien dans les dérivées relatives à x' et à y', on voit que celles-ci sont uniquement prises par rapport à la fonction φ. Il reste alors, en indiquant ces dernières dérivées par p et q,

$$z - z' = p\,(x - x') + q\,(y - y').$$

En identifiant cette équation avec

$$D_{x'}(x - x') + D_{y'}\,(y - y') + D_{z'}\,(z - z') = 0,$$

équation du plan tangent à la même surface, quand elle était représentée plus généralement par $f(x, y, z) = 0$ (fin du § 99), on voit que

$$p = \frac{D_{x'}}{-D_{z'}}, \qquad q = \frac{D_{y'}}{-D_{z'}}.$$

102. Tout cela suppose que les rapports

$$\alpha = \frac{x' - x''}{z' - z''}, \qquad \beta = \frac{y' - y''}{z' - z''}$$

aient des valeurs uniques et déterminés à la limite où ils se présentent sous la forme $\dfrac{0}{0}$.

Cela est vrai en général, mais il y a exception pour certains points particuliers; on peut le voir par la théorie des tangentes.

En effet, les équations

$$x - x' = \alpha\,(z - z'), \quad y - y' = \beta\,(z - z')$$

d'une tangente à une courbe tracée sur la surface sont celles des projections de cette tangente sur les plans des xz et des yz. Or nous devons remarquer que *la projection d'une tangente à une courbe est tangente à la projection de cette courbe*, car la réunion de deux points en un seul a nécessairement lieu d'un côté en même temps que de l'autre.

Ainsi, quand nous aurons pour les valeurs α et β, ou seulement pour l'une d'elles, relativement à une certaine direction du plan osculateur de la courbe, une valeur multiple, le calcul du § 99 sera en défaut.

103. Du reste, on sait que α ou β ne pourrait avoir de valeur réellement indéterminée qu'en un point *conjugué*, c'est-à-dire *isolé*.

104. Mais il faut que le calcul du § 99 avertisse par lui-même de l'impossibilité, car il ne doit pas être nécessaire de considérer une section plutôt qu'une autre. Or cela ne peut arriver que si l'équation générale du plan tangent devient illusoire pour x', y', z', ce qui exige que l'on ait $D_{x'} = 0$, $D_{y'} = 0$, $D_{z'} = 0$.

On lèverait cette indétermination par des calculs analogues à ceux que l'on emploie pour les tangentes aux points multiples des courbes planes. Nous ne nous y arrêterons pas ; seulement nous ferons observer que cette indétermination peut tenir à des plans *tangents multiples* au même point.

Considérons, par exemple, la courbe qu'on appelle *folium de Descartes* et qui a pour équation

$$y^3 - 3axy + x^3 = 0 ;$$

on sait que l'origine est un point double où les deux axes sont tangents. Mais si nous imaginons que cette équation ne représente pas seulement une courbe dans le plan des xy, mais le cylindre qui a cette courbe pour base et dont les génératrices sont parallèles à l'axe des z, il est évident que cet axe, c'est-à-dire la génératrice qui passe par l'origine, sera l'intersection de *deux plans tangents* qui passeront par Ox et Oy.

105. Cependant il peut aussi arriver que, pour certains points particuliers, l'ensemble des tangentes à toutes les courbes tracées sur la surface par le point donné soit une surface courbe et non un plan.

Soit OA (fig. 13) un arc de cercle ou d'une courbe quelconque, OT sa tangente en O et OM une droite quelconque dans le même plan. Si nous faisons tourner cette figure autour de OM comme axe, l'arc OA engendrera une surface de révolution AOA' et OT engendrera de même

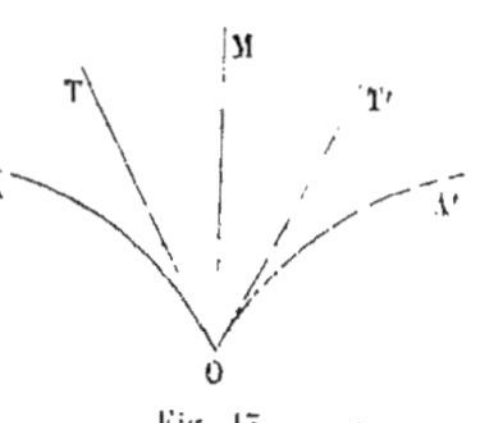

Fig. 13.

le *cône droit* TOT'. Or il est clair que ce cône sera le lieu des tangentes menées par le point saillant O à toutes les positions de cet arc dans sa rotation.

106. Voici comment Cauchy établit que le lieu des tangentes est en général un plan, la surface étant ou non algébrique.

Par le point x, y, z de la surface $F(x, y, z) = 0$, faisons passer une autre surface $\varphi(x, y, z) = 0$. Elles déterminent par leur intersection une courbe. Les équations de de la tangente à cette courbe sont

$$X - x = D_z x \cdot (Z - z),$$
$$Y - y = D_z y \cdot (Z - z).$$

Pour trouver les dérivées $D_z x$, $D_z y$, remarquons que x et y sont des fonctions implicites de z données par les équations $F = 0$, $\varphi = 0$. Nous aurons donc

$$D_x F \cdot D_z x + D_y F \cdot D_z y + D_z F = 0,$$
$$D_x \varphi \cdot D_z x + D_y \varphi \cdot D_z y + D_z \varphi = 0.$$

Nous pourrions tirer de ces deux dernières équations $D_z x$, $D_z y$ et les reporter dans les deux premières; mais cette opération revient à éliminer $D_z x$, $D_z y$ entre ces quatre équations. Nous obtiendrons donc aussi les équations de la tangente en tirant des deux premières $D_z x$, $D_z y$ et les portant dans les deux dernières. Cette opération nous conduit aux équations :

$$D_x F.(X-x)+D_y F.(Y-y)+D_z F.(Z-z)=0,$$
$$D_x \varphi(X-x)+D_y \varphi.(Y-y)+D_z \varphi.(Z-z)=0.$$

Chacune d'elles représente un plan, et le premier de ces plans ne dépend pas de la surface auxiliaire $\varphi=0$; donc, si $D_x F$, $D_y F$, $D_z F$ *ne sont pas identiquement nuls au point considéré, toutes les tangentes aux diverses courbes tracées sur la surface par ce point sont dans un même plan,* que l'on nommera *plan tangent.*

107. La perpendiculaire menée du point de contact sur le plan tangent s'appelle *normale* à la surface.

III. CONTACTS DE DIVERSES NATURES

108. Le plan tangent peut n'avoir qu'un seul point commun avec la surface, c'est-à-dire le point de contact : c'est ce que l'on voit dans la sphère et dans beaucoup d'autres surfaces que l'on appelle *non réglées.*

On les appelle ainsi par comparaison avec celles que l'on appelle *réglées,* parce que l'on peut, par un quelconque de leurs points, faire passer au moins une droite qui leur appartienne tout entière.

Parmi les surfaces réglées, il faut surtout considérer les surfaces *développables,* ainsi nommées parce qu'elles peuvent se développer sur un plan sans duplicature ni déchirure. Nous avons un exemple de ce genre de surfaces dans les *cônes,* où la *génératrice* s'appuie toujours sur une ligne appelée *directrice*, en passant toujours par un même point que l'on nomme *sommet*.

Si le sommet est à l'infini, les génératrices sont parallèles et le cône devient un *cylindre*.

Dans une surface développable quelconque, le contact a lieu *tout le long* d'une génératrice, c'est-à-dire que le plan tangent est le même pour tous les points de cette droite.

On appelle surface *gauche* toute surface réglée qui n'est pas développable ; nous en verrons des exemples parmi les surfaces du second degré.

Ici la position du plan tangent est moins facile à concevoir ; ce plan contient les droites tracées sur la surface par le point de contact, mais sa position varie à chaque point d'une de ces droites.

Nous verrons aux §§ 112 et 113 que le plan tangent à une surface gauche a *deux droites communes avec la surface, ces droites concourant au point de contact.*

IV. COURBURE DES SURFACES (1)

109*. *Indicatrice.* — Avant de définir la courbe que l'on appelle ainsi relativement à un point quelconque d'une surface représentée par $z = \varphi(x, y)$, considérons ce que devient cette équation si l'on ajoute aux coordonnées x', y', z' du point de contact des quantités très-petites Δx, Δy, Δz. L'accroissement Δz doit être nul en même temps que Δx et Δy ; de plus, ces quantités étant très-petites, nous négligerons les puissances de Δx et de Δy supérieures au second degré, et nous écrirons

$$\Delta z = p\,\Delta x + q\,\Delta y + \frac{r}{2}\,\Delta x^2 + s\,\Delta x\,\Delta y + \frac{t}{2}\,\Delta y^2.$$

(1) Ceux des numéros de cet article qui portent un astérisque (*) peuvent être passés à une première lecture.

Nous donnons aux coefficients de Δx et de Δy les mêmes valeurs que dans l'équation du plan tangent ($\S$ 102).

En effet, cette équation

$$z - z' = p\,(x - x') + q\,(x - x'), $$

quand on y pose $z = z' + \Delta z$, $x = x' + \Delta y$, $y = y' + \Delta y$ dans l'espace infinitésimal où le plan se confond sensiblement avec la surface, donne alors

$$\Delta z = p\,\Delta x + q\,\Delta y ;$$

c'est à cela qu'on doit arriver aussi en négligeant les termes du second degré dans le développement relatif à la surface.

110*. Nous avons déjà vu ($\S$ 101) que, par rapport à l'équation $z = \varphi\,(x, y)$, p et q étaient les dérivées de φ ou de z relatives à x' et y', ce qui, dans les notations du calcul différentiel, s'écrit

$$p = \frac{dz}{dx}, \quad q = \frac{dz}{dy}.$$

On reconnaît aussi que

$$r = \frac{dp}{dx} = \frac{d^2z}{dx^2}, \quad s = \frac{dp}{dy} = \frac{dq}{dx} = \frac{d^2z}{dx\,dy}, \quad t = \frac{dq}{dy} = \frac{d^2z}{dy^2}.$$

pour les mêmes valeurs x' et y'.

111*. Nous appellerons, avec M. Ch. Dupin, *indicatrice* en un point d'une surface, la section de cette surface par un plan parallèle au plan tangent et mené à une distance très-petite Δz du point de contact. Il est clair que l'indicatrice se projettera égale à elle-même sur le plan tangent : nous prendrons ce plan pour celui des xy, et la normale pour axe des z. Alors $x' = 0$, $y' = 0$.

La section ainsi définie peut souvent être d'un degré supérieur au second. Mais, quel que soit le degré de la surface, nous négligerons les termes du troisième ordre et au-dessus.

De plus, je dis que nous aurons $p = 0$, $q = 0$, car le plan tangent à l'origine a pour équation $z = 0$, puisqu'on le prend, comme nous l'avons dit, pour celui des xy.

Par conséquent, le résultat du § 109 revient à

$$2\Delta z = r\Delta x^2 + 2s\Delta x\Delta y + t\Delta y^2.$$

112*. Ainsi, l'indicatrice sera représentée par les équations

$$z = \Delta z, \quad 2\Delta z = rx^2 + 2sxy + ty^2.$$

Il en résulte que le centre de la projection est à l'origine ; donc celui de la courbe est sur la normale.

Ainsi, grâce à la restriction indiquée, consistant à ne pas considérer de termes en x et y supérieurs au second ordre, l'indicatrice est une conique qui sera une *ellipse* ou une *hyperbole*, suivant que $s^2 - rt \lessgtr 0$. Si $s^2 - rt = 0$, on voit facilement qu'elle se réduit à *deux droites parallèles extrêmement voisines*. On comprend alors qu'une bande de la surface s'applique sur le plan tangent, ce qui ne peut avoir lieu que pour les *surfaces développables*.

113*. Dans le cas de l'ellipse, si l'on change le signe de Δz, l'indicatrice devient imaginaire, ce qui montre que, pour une surface de cette nature, la surface n'existe que *d'un seul côté du plan tangent*. En même temps, $\Delta z = 0$ ne donne que le point de contact commun entre le plan et la surface.

Au contraire, dans le cas de l'hyperbole, on reconnaît

que le changement de signe de Δz donne une *hyperbole conjuguée de la première*. Par conséquent, la surface a des *points de part et d'autre du plan tangent* qui semble ainsi la couper ; d'autant plus que $\Delta z = 0$ donne *deux droites communes au plan tangent et à la surface, et qui concourent au point de contact.*

Ce qui précède s'applique donc aux surfaces *réglées* (§ 108), du moins à celles qui sont gauches, car nous venons de voir au paragraphe précédent ce qui arrivait pour les surfaces développables.

114*. *Rayons de courbure* (fig. 14). — Soit M un point d'une surface, MO la normale $\Delta z = \delta$ et APB la conique indicatrice dont le centre est en O. Prenons sur cette courbe un point quelconque P et menons la *section normale* MOP : la portion très-petite MP de cette section pourra être considérée

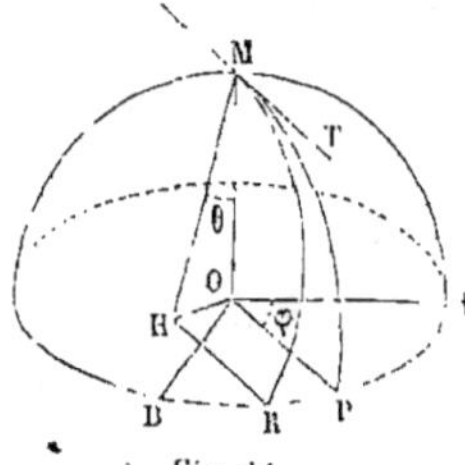
Fig. 14.

comme un arc de cercle dont le rayon ρ est le rayon de courbure de cette section ; si même on considère la corde MP, très-peu différente de cet arc, on aura

$$\overline{\mathrm{MP}}^2 = 2\rho.\mathrm{OM}$$

ou

$$\rho = \frac{\overline{\mathrm{MP}}^2}{2\delta}.$$

Mais comme

$$\overline{\mathrm{MP}}^2 = \delta^2 + \overline{\mathrm{OP}}^2,$$

on voit que le maximum ou le minimum de ρ correspond au maximum ou au minimum de OP, c'est-à-dire aux axes OA et OB de l'indicatrice. Soient donc R_1 et R_2 les deux valeurs limites de ρ pour les sections normales qui passent par ces axes, on les appelle les *rayons de courbure* de la surface au point M.

Ces sections s'appellent des *sections principales*; il est clair que leurs plans sont perpendiculaires.

115*. On appelle *ombilics* les points pour lesquels R_1 et R_2 sont égaux et de même signe : alors l'ellipse indicatrice devient un cercle.

Il résulte de là que les surfaces gauches ($\S$ 113) n'ont pas d'ombilics, du moins réels, puisque l'indicatrice, qui est alors une hyperbole, a pour limite deux droites qui se coupent. Cela n'empêche pas toujours ces surfaces d'avoir des sections circulaires.

116*. *Théorème d'Euler.* — La relation générale $\overline{OP}^2 = 2\rho\delta - \delta^2$ que nous venons de trouver peut même s'écrire $\overline{OP}^2 = 2\rho\delta$ en négligeant le carré de δ, qui est très-petit relativement à $2\rho\delta$. Donc, pour les axes de l'indicatrice,

$$a^2 = 2R_1\delta, \quad b^2 = 2R_2\delta;$$

ce qui montre que R_1 et R_2 sont de même signe ou de signe contraire, suivant que l'indicatrice est une ellipse ou une hyperbole.

Mais l'angle $AOP = \varphi$ d'une section normale et d'une section principale donne, par une formule connue,

$$\overline{OP}^2 = \frac{a^2 b^2}{a^2 \sin^2\varphi + b^2 \cos^2\varphi} = 2\rho\delta.$$

Remplaçons a^2 et b^2 par les valeurs précédentes, δ disparaît et il reste

$$R_1 R_2 = \rho(R_1 \sin^2\varphi + R_2 \cos^2\varphi),$$

ce qui revient à

$$\frac{1}{\rho} = \frac{\cos^2 \varphi}{R_1} + \frac{\sin^2 \varphi}{R_2} :$$

c'est le théorème d'Euler.

117*. Soient donc ρ_1, ρ_2 les rayons de courbure de deux sections normales perpendiculaires, on a évidemment

$$\frac{1}{\rho_1} + \frac{1}{\rho_2} = \frac{1}{R_1} + \frac{1}{R_2}.$$

118*. *Généralisation du résultat précédent.* — Soient ρ_1, ρ_2, $\rho_3 \cdots$, ρ_n, n rayons de courbure de sections normales menées à des intervalles angulaires égaux ω, de sorte que $n\omega = 360$, il faut prouver que l'on a

$$\frac{1}{n} \left(\frac{1}{\rho_1} + \frac{1}{\rho_2} + \frac{1}{\rho_3} + \cdots + \frac{1}{\rho_n} \right) = \frac{1}{2} \left(\frac{1}{R_1} + \frac{1}{R_2} \right).$$

Soit α l'angle de ρ_1 avec R_1, les valeurs successives de φ dans la formule d'Euler seront

$$\alpha, \quad \alpha + \omega, \quad \alpha + 2\omega, \quad \alpha + 3\omega, \quad \ldots, \quad \alpha + (n-1)\omega$$

et cette formule donne

$$\frac{1}{\rho_1} + \frac{1}{\rho_2} + \frac{1}{\rho_3} + \ldots + \frac{1}{\rho_n} = \frac{\Sigma}{R_1} + \frac{\Sigma'}{R_2},$$

en posant

$$\Sigma = \cos^2 \alpha + \cos^2 (\alpha + \omega) + \cos^2 (\alpha + 2\omega) + \ldots + \cos^2 (\alpha + \overline{n-1}\,\omega),$$
$$\Sigma' = \sin^2 \alpha + \sin^2 (\alpha + \omega) + \sin^2 (\alpha + 2\omega) + \ldots + \sin^2 (\alpha + \overline{n-1}\,\omega).$$

Comme

$$\cos^2 \alpha = \frac{\cos 2\alpha + 1}{2}, \qquad \cos^2 (\alpha + \omega) = \frac{\cos 2(\alpha + \omega) + 1}{2}; \text{ etc} \ldots,$$

on a

$$2\Sigma = n + \cos 2\alpha + \cos 2(\alpha + \omega) + \ldots + \cos 2(\alpha + \overline{n-1}\,\omega).$$

De même, les relations

$$\sin^2 \alpha = \frac{1 - \cos^2 \alpha}{2}, \quad \sin^2 (\alpha + \omega) = \frac{1 - \cos^2 (\alpha + \omega)}{2}, \text{ etc....}$$

donneront

$$2\,\Sigma' = n - \cos 2\alpha - \cos 2(\alpha + \omega) - .... - \cos 2(\alpha + \overline{n-1}\,\omega).$$

Il s'agit donc de trouver la somme de ces derniers cosinus.

Pour cela, prenons la formule

$$\cos \psi = \frac{\sin (\psi + \omega) - \sin (\psi - \omega)}{2 \sin \omega}$$

et remplaçons-y ψ successivement par

$$2\alpha, \quad 2(\alpha + \omega) \dots 2(\alpha + \overline{n-1}\,\omega),$$

nous avons

$$\cos 2\alpha = \frac{\sin (2\alpha + \omega) - \sin (2\alpha - \omega)}{2 \sin \omega},$$

$$\cos 2(\alpha + \omega) = \frac{\sin (2\alpha + 3\omega) - \sin (2\alpha + \omega)}{2 \sin \omega},$$

$$\cos 2(\alpha + 2\omega) = \frac{\sin (2\alpha + 5\omega) - \sin (2\alpha + 3\omega)}{2 \sin \omega}$$

$$. \quad . \quad . \quad . \quad . \quad . \quad . \quad . \quad . \quad . \quad . \quad . \quad . \quad . \quad . \quad .$$

$$\cos 2(\alpha + \overline{n-1}\,\omega) = \frac{\sin (2\alpha + \overline{2n-1}\,\omega) - \sin (2\alpha + \overline{2n-3}\,\omega)}{2 \sin \omega}.$$

Ajoutant et réduisant, le second membre devient

$$\frac{\sin (2\alpha + \overline{2n-1}\,\omega) - \sin (2\alpha - \omega)}{2 \sin \omega} = \frac{\cos (2\alpha + \overline{n-1}\,\omega) \sin n\omega}{2 \sin \omega} = 0,$$

car

$$n\omega = 360.$$

Donc, la somme de ces cosinus étant nulle, il reste

$$\Sigma = \Sigma' = \frac{n}{2},$$

ce qui démontre la proposition.

Ce théorème a été énoncé par M. Babinet.

119*. *Théorème de Meusnier* (fig. 14). — Dans le plan MOP d'une section normale dont ρ est le rayon de courbure, soit MT la tangente à cette section au point M ; par MT menons une section oblique MHR, nous indiquerons par ρ' son rayon de courbure et par θ l'angle de son plan avec la section normale, on aura

$$\rho' = \rho \cos \theta;$$

c'est le théorème qu'il s'agit de démontrer.

Comme MT est sur le plan tangent parallèle à celui de l'indicatrice, cette tangente commune aux deux sections est parallèle aux traces OP, HR qu'elles laisseront sur ce plan AOB. Soit OH perpendiculaire commune à ces traces, on voit, par le théorème des trois perpendiculaires, que MH est aussi perpendiculaire à HR ; donc l'angle HMO est l'angle θ des deux sections.

Cela posé, on aura

$$\overline{MR}^2 = 2\rho'.MH,$$

de même qu'on a eu

$$\overline{MP}^2 = 2\rho.MO ;$$

donc

$$\frac{\rho'}{\rho} = \frac{\overline{MR}^2}{\overline{MP}^2} \frac{MO}{MH}.$$

Le triangle MOH donne déjà

$$\frac{MO}{MH} = \cos \theta;$$

il reste à faire voir que le rapport $\dfrac{\overline{MR}^2}{\overline{PM}^2}$ peut, sans erreur sensible, être considéré comme égal à l'unité.

Pour cela, observons que

$$\overline{MR}^2 = \overline{MP}^2 + \overline{RP}^2 - 2\,MP.RP\cos MPR,$$

ou

$$\frac{\overline{MR}^2}{\overline{MP}^2} = 1 + \left(\frac{RP}{MP}\right)^2 - 2\cos MPR.\frac{RP}{MP}.$$

Remarquons aussi que

$$OH = RP\sin RPO = OM'\sin\theta = \frac{\overline{MP}^2.\sin\theta}{2\rho}.$$

Par conséquent,

$$\frac{RP}{MP} = \frac{MP\sin\theta}{2\rho\sin RPO}.$$

Il en résulte que, pour MP extrêmement petit, le rapport $\frac{RP}{MP}$ est aussi extrêmement petit ; on peut donc le négliger, ainsi que $\frac{\overline{RP}^2}{\overline{MP}^2}$, à plus forte raison. Il reste donc

$$\frac{r'}{\rho} = \cos\theta.$$

120*. *Mesure de la courbure.* —Avant d'arriver à la définition de la courbure des surfaces, nous rappellerons ce qui est connu pour les lignes planes ou à double courbure. A droite et à gauche du point M, pris pour point de contact, on porte des distances extrêmement petites, Mm et Mm'. Les perpendiculaires élevées au milieu des éléments Mm et Mm' se coupent en un point O, centre de courbure au point M de la ligne donnée ; le rayon de courbure est OM$=\rho$. La figure indiquée (mais non tracée) étant prise dans le plan de la ligne ou dans son plan osculateur, on définit la courbure comme étant *inversement proportionnelle*, en ce point M, au rayon de courbure ρ que nous y avons défini : ainsi, cette courbure en ce point s'exprime par $\frac{1}{\rho}$.

Une définition est toujours plus ou moins arbitraire,

sauf à se conformer autant que possible à l'idée juste, mais souvent assez vague, que tout le monde se fait de l'objet défini ; or c'est l'avantage que nous trouvons à la définition précédente, car il en résulte que la ligne droite est la seule dont la courbure soit nulle en tous ses points ; en effet, c'est là une idée toute naturelle.

De même, on est porté à admettre qu'une surface ne doit avoir une courbure nulle en tous ses points que si elle est plane. Cependant les deux expressions proposées jusqu'à présent pour définir et mesurer la courbure des surfaces ne satisfont pas à cette condition.

Ainsi, la mesure $\frac{1}{R_1} + \frac{1}{R_2}$, proposée par mademoiselle Sophie Germain, donnerait une courbure nulle pour tous les points des surfaces gauches où l'on aurait

$$R_1 = -R_2.$$

Néanmoins nous pouvons signaler, relativement à cette expression, un théorème dû à M. Babinet.

L'expression $\frac{1}{R_1} + \frac{1}{R_2}$ est proportionnelle au volume extrêmement petit contenu entre une surface, son plan tangent et les perpendiculaires abaissées des points de l'indicatrice sur ce plan tangent.

Soit O (fig. 15) le point de contact et $CO = \rho$ le rayon de courbure d'une section normale. Sur la normale, soit la hauteur extrêmement petite $OH = \delta$; puis menons HM perpendiculaire jusqu'à la rencontre de la circonférence de rayon ρ, nous poserons $HM = x$. D'ailleurs

$$x^2 = \overline{HM}^2 = (2\rho - \delta)\,\delta = 2\rho\delta - \delta^2 ;$$

négligeant δ^2, il reste

$$\delta = \frac{x^2}{2\rho}.$$

Le cylindre ayant pour hauteur δ et x pour rayon de la base aurait pour volume

$$\pi x^2 \cdot \frac{x^2}{2\rho}.$$

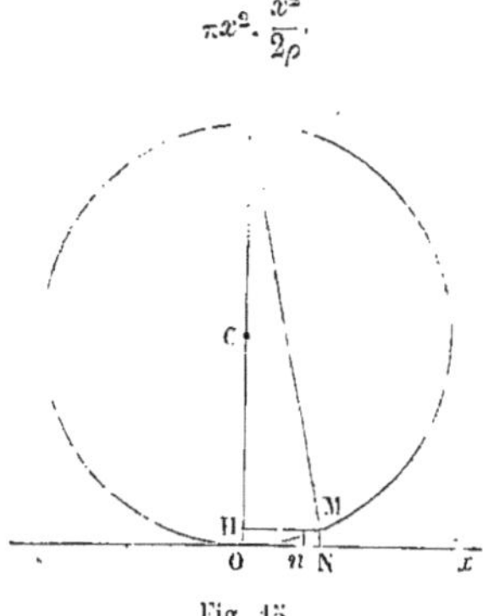

Fig. 15.

Mais considérons le cylindre dont le rayon est $x + dx$; il a pour volume

$$\pi (x + dx)^2 \cdot \frac{(x + dx)^2}{2\rho},$$

ou

$$\pi (x^2 + 2\,dx) \cdot \frac{x^2 + 2\,dx}{2\rho},$$

en négligeant dx^2. Donc la différence de ces volumes est

$$4\pi x\,dx \cdot \frac{x^2}{2\rho} = \frac{2\pi x^3}{\rho}\,dx :$$

c'est l'espace annulaire décrit par l'intervalle nN avec la hauteur δ.

Seulement, comme il ne s'agit pas d'une sphère, le rayon de courbure ρ ne convient pas à toute la rotation, mais seulement à un angle infiniment petit $d\varphi$. L'élément angulaire du volume sera donc

$$\frac{x^3}{\rho}\,dx\,d\varphi,$$

et nous allons l'intégrer au moyen du théorème d'Euler, qui donne

$$\frac{1}{\rho} = \frac{\cos^2 \varphi}{R_1} + \frac{\sin^2 \varphi}{R_2}.$$

Ainsi, ρ ne dépendant que de φ, sera considéré comme une constante quand il s'agira d'intégrer, par rapport à x, la différentielle double

$$\frac{x^3}{\rho}\, dx\, d\varphi\,;$$

il est clair que

$$\int_0^\varepsilon \frac{x^3}{\rho}\, dx\, d\varphi = \frac{\varepsilon^4}{4\rho}\, d\varphi.$$

Ici ε est une valeur de x qui est encore extrêmement petite.

Il reste à chercher

$$\int_0^{2\pi} \frac{d\varphi}{\rho} = \int_0^{2\pi} \left(\frac{\cos^2 \varphi}{R_1} + \frac{\sin^2 \varphi}{R_2} \right) d\varphi.$$

L'intégration, partant de $\varphi = 0$, suppose que Ox est dans le plan d'une section normale principale ; on va jusqu'à 2π pour avoir la circonférence complète.

En intégrant par parties, on trouve

$$\int \cos^2 \varphi\, d\varphi = \sin \varphi \cos \varphi + \int \sin^2 \varphi\, d\varphi.$$

Mais comme

$$\cos^2 \varphi = 1 - \sin^2 \varphi,$$

on a aussi

$$\int \cos^2 \varphi\, d\varphi = \varphi - \int \sin^2 \varphi\, d\varphi.$$

Ajoutant ces deux expressions, on a

$$2 \int \cos^2 \varphi\, d\varphi = \varphi + \sin \varphi \cos \varphi\,;$$

au contraire, en les retranchant, il vient

$$2 \int \sin^2 \varphi \, d\varphi = \varphi - \sin \varphi \cos \varphi.$$

Donc

$$\int \left(\frac{\cos^2 \varphi}{R_1} + \frac{\sin^2 \varphi}{R_2} \right) d\varphi = \frac{\varphi}{2} \left(\frac{1}{R_1} + \frac{1}{R_2} \right) + \frac{\sin \varphi \cos \varphi}{2} \left(\frac{1}{R_1} - \frac{1}{R_2} \right).$$

Mais comme

$$\sin 0 = 0 \quad \text{et} \quad \sin^2 \pi = 0,$$

la seconde partie disparaît et il reste

$$\int_0^{2\pi} \left(\frac{\cos^2 \varphi}{R_1} + \frac{\sin^2 \varphi}{R_2} \right) d\varphi = \pi \left(\frac{1}{R_1} + \frac{1}{R_2} \right),$$

et l'intégrale complète est

$$\frac{\pi \varepsilon^4}{4} \left(\frac{1}{R_1} + \frac{1}{R_2} \right),$$

ce qui démontre le théorème.

D'ailleurs, ce théorème ne se comprend que si l'indicatrice est une ellipse, c'est-à-dire si la surface n'est pas réglée.

121*. La mesure $\dfrac{1}{R_1 R_2}$ proposée par Gauss pour la courbure d'une surface donnerait une courbure constamment nulle pour tous les points d'une surface développable quelconque, puisque l'une des sections principales est alors une droite.

Cependant on peut voir comment M. Cournot (*Traité des fonctions*, n° 293) cherche à établir le résultat $\dfrac{1}{R_1 R_2}$. En effet, rien n'empêche de l'appliquer aux surfaces non réglées, mais l'on voit que cette expression, de même que la précédente, ne s'applique pas aux surfaces réglées.

122*. Nous allons donc exposer, d'après l'indication de M. Roger (*Comptes rendus de l'Académie des sciences*, 15 février 1869), une méthode qui convient à toutes les surfaces.

Autour d'un point M de la surface donnée, concevons une infinité de sections normales, prises à partir d'une section principale ; nous indiquerons par $d\varphi$ l'angle infinitésimal qui sépare chacune d'elles de la suivante.

Sur chaque section dont nous indiquerons par ρ le rayon de courbure en M, rayon qui est variable avec l'angle φ, nous prendrons, à partir de M, un arc extrêmement petit dans une proportion constante avec $\dfrac{1}{\rho}$, c'est-à-dire avec la courbure de cette section.

L'ensemble de tous les secteurs infinitésimaux ainsi déterminés sur la surface y formera *une superficie dont nous prendrons la mesure pour celle de la courbure au point* M.

123*. Le contour qui termine cette superficie infinitésimale, étant très-voisin du plan tangent, aura quelque analogie avec l'indicatrice ; mais ces deux courbes ne se confondront sur un même plan que si $R_1 = R_2$, c'est-à-dire si le point M est un ombilic.

Si l'indicatrice est une ellipse, il est facile de reconnaître que le contour en question est une calotte elliptique, ayant seulement sa plus grande et sa plus petite dimension disposées en sens inverse de ce qui a lieu pour l'indicatrice. Cela tient à ce que R_1 et R_2, d'un côté, correspondent à $\dfrac{1}{R_1}$ et $\dfrac{1}{R_2}$ de l'autre.

124*. Mais, dans le cas non moins général où l'indicatrice est une hyperbole ou plutôt l'ensemble de deux hyperboles conjuguées, les signes différents de R_1 et R_2 montrent qu'il faut porter les quantités inverses des rayons de courbure tantôt d'un côté, tantôt de l'autre, du plan tangent. Alors on reconnaît que le contour tracé sur la surface présente à peu près l'apparence de l'hélice d'un bateau à vapeur. Pour le cas des surfaces développables, la courbe ressemble au chiffre 8.

125*. Quoi qu'il en soit, la superficie limitée par ce contour est toujours finie. Pour en avoir une mesure qui évidemment ne pourra en différer sensiblement, nous la remplacerons par celle qu'on obtient en portant les quantités inverses de $\dfrac{1}{\rho}$ sur le plan tangent en M.

La figure ainsi obtenue pour les surfaces réglées (fig. 16) représente un trèfle à quatre feuilles et il est clair que les tangentes centrales correspondent aux asymptotes de l'indicatrice, puisque l'infini dans une courbe donne zéro dans l'autre.

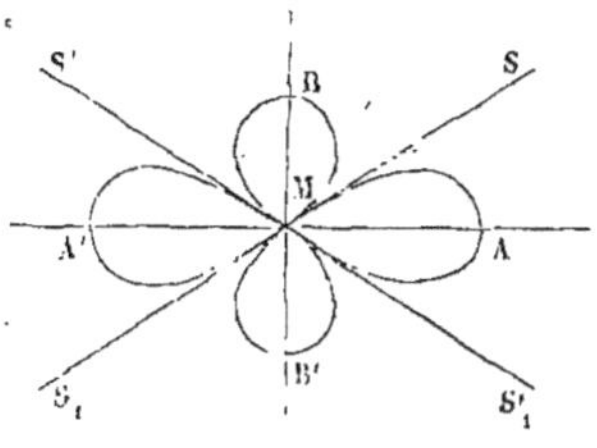

Fig. 16.

Dans tous les cas, l'équation de cette courbe plane, relativement à toutes les surfaces, est connue par la formule

$$\frac{\cos^2\varphi}{R_1} + \frac{\sin^2\varphi}{R_2} = \frac{1}{\rho}.$$

Soit $r = \dfrac{m^2}{\rho}$ (nous introduisons la ligne m pour l'homogénéité) le rayon vecteur de la courbe plane en question; l'équation polaire de cette courbe sera

$$\frac{\cos^2\varphi}{R_1} + \frac{\sin^2\varphi}{R_2} = \frac{r}{m^2}.$$

Pour les surfaces développables, l'un des rayons principaux R_2 est infini, et il reste

$$r = \frac{m^2}{R_1}\cos^2\varphi,$$

ce qui donne la courbe en forme de 8, à laquelle l'axe des y est la tangente centrale.

126*. Le rayon de chaque secteur ainsi porté sur le plan tangent étant proportionnel à $\dfrac{1}{\rho}$, ce secteur, d'angle $d\varphi$,

sera représenté par $\dfrac{1}{2}\dfrac{d\varphi}{\rho^2}$: comme il faut faire la somme de ces secteurs en partant d'une section principale jusqu'à ce qu'on y revienne, on voit que la mesure cherchée est

$$\frac{1}{2}.\int_0^{2\pi}\frac{d\varphi}{\rho^2}.$$

Mais d'après le théorème d'Euler (§ 116), cela revient à

$$\frac{1}{2}\int_0^{2\pi}\left(\frac{\cos^4\varphi}{R_1^2}+\frac{2\cos^2\varphi\sin^2\varphi}{R_1 R_2}+\frac{\sin^4\varphi}{R_2^2}\right)d\varphi.$$

Seulement, comme nous n'avons besoin que des intégrales définies, il faut éviter le calcul des intégrales générales.

127*. Soit

$$X = \int\cos^4\varphi\,d\varphi, \quad Y = \int\sin^4\varphi\,d\varphi, \quad Z = \int 2\sin^2\varphi\cos^2\varphi\,d\varphi,$$

on observe d'abord que

$$X + Y + Z = \varphi,$$

d'où

$$\mathbf{X}_0^{2\pi} + \mathbf{Y}_0^{2\pi} + \mathbf{Z}_0^{2\pi} = 2\pi.$$

Ensuite, on reconnaît, à cause de $\cos^2\varphi + \sin^2\varphi = 1$, que

$$X - Y = \int (\cos^2\varphi - \sin^2\varphi)\,d\varphi = \frac{1}{2}\int \cos 2\varphi\,d(2\varphi) = \frac{1}{2}\sin 2\varphi = \sin\varphi\cos\varphi.$$

Par conséquent,

$$X_0^{2\pi} - Y_0^{2\pi} = 0.$$

Enfin

$$X + Y - Z = \int (\cos^2\varphi - \sin^2\varphi)^2\,d\varphi = \frac{1}{2}\int \cos^2(2\varphi)\,d(2\varphi).$$

Mais, en général, quand un angle α passe de zéro à un ou plusieurs quadrants, $\sin\alpha$ et $\cos\alpha$ passent, par un ordre direct ou inverse, par une même série de valeurs : donc

$$\int_0^{\frac{n\pi}{2}} \sin^2\alpha\,d\alpha$$

et

$$\int_0^{\frac{n\pi}{2}} \cos^2\alpha\,d\alpha$$

ont la même valeur, qui est évidemment la moitié de

$$\int_0^{\frac{n\pi}{2}} d\alpha = \int_0^{\frac{n\pi}{2}} (\sin^2\alpha + \cos^2\alpha)\,d\alpha;$$

ainsi cette valeur commune est

$$\frac{1}{2}\left(\frac{n\pi}{2}\right).$$

Il en résulte que

$$\int_0^{2\pi} \cos^2(2\varphi)\,d(2\varphi) = \frac{1}{2}\int_0^{2\pi} d(2\varphi) = \int_0^{2\pi} d\varphi = 2\pi.$$

Mais comme il ne faut prendre que la moitié de cette quantité, on a

$$X_0^{2\pi} + Y_0^{2\pi} - Z_0^{2\pi} = \pi.$$

De là on tire facilement

$$X_0^{2\pi} = Y_0^{2\pi} = \frac{3\pi}{4}, \quad Z_0^{2\pi} = \frac{\pi}{2}.$$

128*. L'intégrale définie devient donc

$$\frac{1}{2}\left(\frac{3\pi}{4R_1^2} + \frac{\pi}{2R_1R_2} + \frac{3\pi}{4R_2^2}\right) = \frac{3\pi}{8}\left(\frac{1}{R_2^2}\ \frac{2}{3R_1R_2} + \frac{1}{R_2^2}\right).$$

Ainsi la courbure est proportionnelle à

$$\frac{1}{R_1^2} + \frac{2}{3}\frac{1}{R_1R_2} + \frac{1}{R_2^2},$$

et reste toujours positive, comme doit l'être l'expression d'une superficie, même si R_1 ou R_2 est négatif.

Alors, en effet,

$$\frac{1}{R_1^2} + \frac{1}{R_2^2} + \frac{2}{3}\frac{1}{R_1R_2} > \frac{1}{R_1^2} + \frac{1}{R_2^2} + \frac{2}{R_1R_2} = \left(\frac{1}{R_1} + \frac{1}{R_2}\right)^2.$$

D'après cette méthode, le plan est la seule surface dont la courbure soit nulle pour tous les points, et la sphère est la seule où elle soit constante.

129. *Lignes de courbure* (fig. 17). — Sur une surface quelconque, on appelle *ligne de courbure* une ligne telle, que deux normales, menées à la surface par deux points consécutifs de cette courbe, soient dans un même plan et, par suite, se rencontrent.

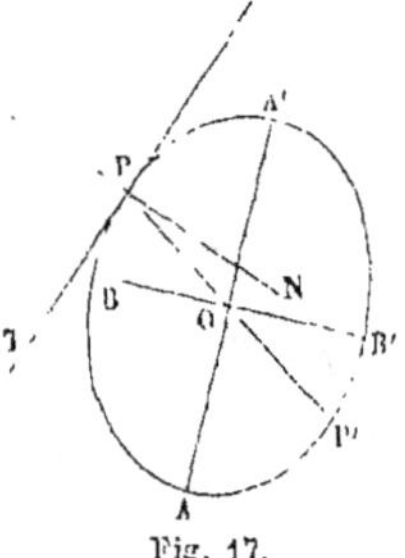

Fig. 17.

Soit ABP l'indicatrice relative à un point M de la surface et PP' la trace d'une section normale en M; on sait (§ 111) que cette trace contient le centre O de l'indicatrice. Imaginons, par le point P, la normale à la surface, cette normale sera perpendiculaire à TP, tangente à l'indicatrice, puisque TP fait partie du plan tangent en P : donc, d'après le théorème des trois perpendiculaires, la projection PN de cette normale sur le plan de l'indicatrice sera perpendiculaire à TP. Comme NP ne passe pas en O, il en résulte, en général, que la normale en P ne rencontre pas celle qui se projette en O ; pour que cette rencontre ait lieu, il faut et il suffit que le point P se confonde avec l'une des extrémités d'un axe transverse ; par exemple, il est clair que la perpendiculaire en B passera en O. Si l'indicatrice était une hyperbole, on considérerait aussi l'hyperbole conjuguée de l'autre côté du plan tangent, de sorte que l'axe non transverse d'un côté devient transverse de l'autre (§ 113).

130. On aura donc, sur une surface, une ligne de courbure à partir d'un point donné en suivant, sur un arc infiniment petit, au delà de ce point, une section principale et continuant d'après le même système. Par conséquent, il existe, pour chaque point d'une surface, deux lignes de courbure *qui se coupent à angle droit en ce point.*

131. Il y a indétermination pour les ombilics où l'ellipse indicatrice devient un cercle : ainsi par ces points il passe une infinité de lignes de courbure ; mais cela ne veut pas dire que toutes les lignes de courbure passent par un ombilic.

132. Dans les surfaces de révolution, il est facile de reconnaître, d'après la définition des lignes de courbure, que celles d'un point donné sont le méridien et le parallèle qui passent par ce point. Un méridien contient les

 GÉOMÉTRIE ANALYTIQUE.

normales à tous ses points et passe par les extrémités de l'axe qui sont les ombilics : quant au parallèle perpendiculaire à l'axe, il ne contient pas de normale, mais celles qui correspondent à tous ses points concourent en un même point de l'axe.

Ainsi, pour une surface de révolution, les lignes de courbure sont planes, mais il n'en est pas toujours ainsi.

V. CARACTÈRES DES SURFACES.

153. *Surfaces de révolution.* — On peut demander de distinguer analytiquement ce qui caractérise les familles de surfaces, telles que les cônes, les cylindres... Considérons d'abord les *surfaces de révolution*, c'est-à-dire celles qui sont engendrées par une ligne tournant autour d'un axe fixe. Soient

$$\frac{x - x'}{a} = \frac{y - y'}{b} = \frac{z - z'}{c}$$

les équations de cet axe de révolution ; d'un point pris sur cet axe nous mènerons à cet axe un plan perpendiculaire qui rencontre la génératrice dans une position donnée, où elle a les équations

$$(1) \qquad F(x, y, z) = 0,$$
$$(2) \qquad f(x, y, z) = 0.$$

Les coordonnées étant rectangulaires, ce plan aura pour équation

$$(3) \qquad ax + by + cz = d.$$

Le point commun à ce plan et à la ligne engendrera, en tournant autour de l'axe, une circonférence qui fera partie de la sphère passant par ce point et ayant pour centre le point fixe qui détermine la position de l'axe ; l'équation de cette sphère sera

$$(4) \qquad (x-x')^2 + (y-y')^2 + (z-z')^2 = r^2.$$

Entre les équations (1), (2), (3) et (4), éliminons x, y et z, il reste

$$r^2 = \varphi\,(d),$$

φ dépendant des fonctions F et f.

On a donc ainsi l'équation

$$(x-x')^2 + (y-y')^2 + (z-z')^2 = \varphi\,(ax+by+cz),$$

pour représenter une surface de révolution quelconque.

134. Par exemple, si la génératrice est droite et représentée par $x = \mu z + p$ (1), $y = \nu z + q$ (2), l'équation (3), combinée avec les équations (1) et (2), conduit à

$$z = \frac{d-pa-qb}{a\mu+b\nu+c}.$$

Substituant ces valeurs dans la relation (4), on trouve

$$(d-pa-qb)^2\,(\mu^2+\nu^2+1) + 2(a\mu+b\nu+c)\,(d-pa-qb)\,\{\mu\,(p-x')$$
$$+ \nu\,(q-y')-z'\} + \{(p-x')^2 + (q-y')^2 + z'^2 - r^2\}\,(a\mu+b\nu+c)^2 = 0,$$

où il faut poser

$$d = ax + by + cz, \quad r^2 = (x-x')^2 + (y-y')^2 + (z-z')^2,$$

ce qui donnera l'équation cherchée.

Pour simplifier, admettons que l'axe de révolution soit celui des z pour lequel $a = 0$, $b = 0$; on a aussi $x' = 0$, $y' = 0$, et il reste, en supprimant c^2 comme facteur commun :

$$z^2\,(\mu^2+\nu^2+1) + 2z\,(p\mu+q\nu-z') = x^2 + y^2 + (z-z')^2 - p^2 - q^2.$$

Supposons encore que l'axe des x soit la plus courte distance entre l'axe de révolution et la position initiale de la génératrice, celle-ci, dans cette position, est parallèle au plan des yz, ce qui donne $p = 0$ et passe en un point de Ox; donc $q = 0$.

Enfin, prenons l'origine sur cette plus courte distance des droites, c'est-à-dire sur l'axe des x, ce qui donne $z' = 0$, l'équation précédente devient

$$x^2 + y^2 = z^2 y^2 = p^2.$$

Nous reviendrons sur cette surface.

135. Réciproquement, on peut demander la condition nécessaire pour qu'une surface donnée soit engendrée par la révolution d'une certaine ligne autour d'une droite donnée qui a pour équations

$$\frac{x - x'}{a} = \frac{y - y'}{b} = \frac{z - z'}{c}.$$

D'après ce qui précède, on reconnaît que *la normale en un point d'une surface de révolution rencontre l'axe de révolution* : en effet, le plan tangent est déterminé par la tangente au parallèle et à la courbe méridienne formée par l'intersection avec la surface d'un plan passant par l'axe.

Cela posé, l'équation du plan tangent au point pris sur la surface étant

$$z - z_1 = p\,(x - x_1) + q\,(y - y_1), \quad (\S\ 101)$$

les équations de la normale en ce point seront ($\S$ 43)

$$\frac{x - x_1}{p} = \frac{y - y_1}{q} = -(z - z_1),$$

ce qui revient à

$$x - x_1 + p\,(z - z_1) = 0, \quad y - y_1 + q\,(z - z_1) = 0.$$

Éliminant x, y, z entre ces équations et celles de l'axe de révolution, puis supprimant les indices pour revenir aux coordonnées courantes de la surface, on trouve

$$p \left\{ c \left(y - y' \right) - b \left(z - z' \right) \right\} - q \left\{ c \left(x - x' \right) - a \left(z - z' \right) \right\} = b \left(x - x' \right) - a \left(y - y' \right).$$

Ici p et q représentent les différentielles ou les dérivées relatives à un point quelconque de la surface représentée par $z = \psi(x, y)$.

136. Si l'on prend pour origine le point donné sur l'axe, on a

$$x' = 0, \quad y' = 0, \quad z' = 0,$$

Si même cet axe de révolution est celui des z, il vient

$$a = 0, \quad b = 0,$$

et l'équation précédente, en supprimant le facteur commun c, se réduit à

$$py - qx = 0$$

ou

$$\frac{p}{x} = \frac{q}{y}.$$

En même temps, l'équation du § 133 se réduit à

$$x^2 + y^2 = \varphi(cz) - z^2$$

ou bien à

$$z = \psi(x^2 + y^2.)$$

Nous prendrons pour exemple le *tore*, surface engendrée par un cercle de rayon a tournant autour d'un axe situé dans son plan à une distance d de son centre.

On trouvera pour équation de la surface

$$a^2 = z^2 + \left(\sqrt{x^2 + y^2} - d \right)^2.$$

Du reste, le calcul direct est facile.

137. *Surfaces réglées.* — Nous avons vu (§§ 112 et 113) que les surfaces réglées, c'est-à-dire celles qui ont

des génératrices rectilignes, ont pour indicatrice l'ensemble de deux hyperboles conjuguées prises un peu au delà et un peu en deçà du point de contact : en même temps nous avons reconnu (§ 112) que la condition de l'existence de ces génératrices consistait dans l'inégalité

$$s^2 - rt > 0.$$

Nous savons (§ 109) ce que signifient r, s et t. L'équation de la surface étant $z = \varphi(x, y)$, si nous augmentons x et y des quantités extrêmement petites Δx, Δy, la quantité z prendra aussi un accroissement extrêmement petit Δz, et nous aurons la relation

$$\Delta z = p\,\Delta x + q\,\Delta y + \frac{r}{2}\Delta x^2 + s\,\Delta x\,\Delta y + t\,\Delta y^2 + \dots.$$

Mais, pour déterminer l'indicatrice, on n'est pas allé au delà des termes du second degré ; il suffit de considérer $\frac{r}{2}$, s et $\frac{t}{2}$ comme étant les coefficients de ces termes dans le développement de Δz.

Du reste nous avons indiqué d'une manière plus complète (§ 110) la nature des quantités r, s, t.

138. *Surfaces développables.* — Nous avons rappelé (§ 108) la définition géométrique de ces surfaces, dont nous avons aussi donné (§ 112) le caractère analytique, qui est

$$s^2 - rt = 0.$$

139. Pour nous faire une idée générale de ces surfaces, nous commencerons par considérer un polygone gauche ABCDE... (fig. 18) dont nous prolongerons tous les côtés en AA', BB', etc... ; il en résulte une série continue de plans A'AB ; B'BC, C'CD', etc... De plus, si l'on imagine

les arêtes continuées de l'autre côté du polygone, cette série de plans se prolongera suivant *une autre nappe*.

Supposons maintenant que le polygone tende vers une courbe que nous appellerons *arête de rebroussement*. On reconnaît (§ 98) que les arêtes, telles que BCC', tendent chacune vers une tangente à la courbe donnée. On comprend que l'espace infinitésimal E′DD′ pourra se rabattre sur GEE′ ; sur le même plan on pourra rabattre D′CC′, et ainsi de suite : par conséquent, la surface sera développable sur un plan, comme l'exige la définition (§ 108).

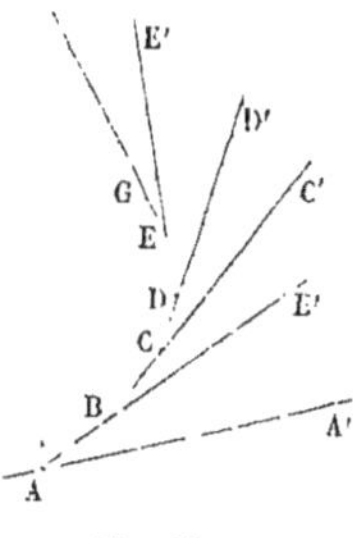

Fig. 18.

Ainsi, *une surface polyédrale développable a pour limite une surface décrite par une génératrice rectiligne qui reste constamment tangente à une courbe gauche.* Cette surface limite se nomme *surface développable.*

140. D'après cela, soient $x = \varphi(z)$, $y = \psi(z)$ les équations d'une courbe de l'espace, prise comme arête de rebroussement, *on demande la surface développable correspondante.* La courbe limite du polygone gauche se nomme *arête de rebroussement.*

Soient x_1, y_1, z_1 les coordonnées d'un point quelconque de cette arête, les projections de la tangente en ce point étant les tangentes aux projections, on aura, comme on le sait par la géométrie plane,

$$x - x_1 = \varphi'(z_1)\,(z - z_1), \quad y - y_1 = \psi'(z_1)\,(z - z_1),$$

en indiquant par φ' et ψ', comme on le fait souvent, les dérivées des fonctions données. Ce sont donc là les équations de la génératrice dans une position quelconque.

De plus, le point donné étant sur la courbe, on a

$$x_1 = \varphi(z_1), \quad y_1 = \psi(z_1).$$

Ajoutant ces équations aux précédentes, on a

$$x = \varphi(z_1) + \varphi'(z_1)(z - z_1)$$

et

$$y = \psi(z_1) + \psi'(z_1)(z - z_1).$$

Entre ces deux équations, éliminons z_1, il reste l'équation cherchée en x, y, z.

141. Si les équations de l'arête sont données sous la forme générale $f(x, y, z) = 0$, $F(x, y, z) = 0$, on obtiendra les équations de la tangente en cherchant l'intersection des plans tangents aux deux surfaces. On peut observer que ces calculs ne dépendent pas de la direction des coordonnées.

142. Par exemple, soient

$$x = \frac{z^3}{a^2}, \quad y = \frac{z^2}{b}$$

les équations de l'arête, on en conclut

$$x - x_1 = \frac{3 z_1^2}{a^2}(z - z_1), \quad z - y_1 = \frac{2 z_1}{b}(z - z_1)$$

et comme

$$x_1 = \frac{z_1^3}{a^2}, \quad y_1 = \frac{z_1^2}{b},$$

on a

$$x = \frac{3 z z_1^2 - 2 z_1^3}{a^2}, \quad y = \frac{2 z z_1 - z_1^2}{b}.$$

Il faut donc éliminer z_1 entre les équations

$$a^2 x = 3 z z_1^2 - z_1^3, \quad by = 2 z z_1 - z_1^2.$$

ce qui donne

$$(a^2 x - 2 z^3)^2 = (z^2 - by)(2z^2 + by)^2.$$

Développant et réduisant, on a l'équation cherchée

$$a^2 x (a^2 x - 4 z^3) + b^2 y^2 (3 z^2 + by) = 0,$$

qui représente une surface du quatrième degré.

143. Il pourrait arriver, sans qu'on s'en fût aperçu, que les équations données pour celles de l'arête représentassent une courbe plane ; alors la méthode précédente le ferait remarquer, puisque la surface à laquelle on serait conduit serait un plan, celui de la courbe elle-même.

On résout donc ainsi le problème suivant :

Les équations d'une courbe étant données, reconnaître si cette courbe est plane ou à double courbure.

Par exemple, soient les équations

$$x = az^2 + bz + c, \quad y = a'z^2 + b'z + c'.$$

En prenant les dérivées, on a

$$x - x_1 = (2az_1 + b)(z - z_1), \quad y - y_1 = (2a'z_1 + b')(z - z_1),$$

et comme

$$x_1 = az_1^2 + bz_1 + c, \quad y_1 = a'z_1^2 + b'z_1 + c',$$

on trouve

$$x = z(2az_1 + b) - az_1^2 + c, \quad y = z(2a'z_1 + b') - a'z_1^2 + c'.$$

Multipliant la première par a', la seconde par a et retranchant, il reste

$$a'x - ay = z(ba' - b'a) + ca' - c'a,$$

équation du plan où est contenue la courbe donnée.

144. *Cônes*. — On appelle *cône* ou *surface conique* celle qui est *engendrée par une droite passant toujours par un point fixe*. Ce point s'appelle *sommet*. On voit qu'un cône est un cas particulier des surfaces développables, puisque cette définition suppose l'arête de rebroussement réduite à un point dont les coordonnées sont x_0, y_0, z_0. Mais ce point ne suffirait plus, comme faisait une arête à double courbure, pour déterminer la surface, et il faut donner une relation entre les coefficients angulaires α et β des équations

$$x - x_0 = \alpha (z - z_0), \quad y - y_0 = \beta (z - z_0)$$

d'une génératrice quelconque.

Cette relation étant représentée par $F(\alpha, \beta) = 0$, l'équation du cône, en général, sera de la forme

$$F\left(\frac{x - x_0}{z - z_0}, \; \frac{y - y_0}{z - z_0}\right) = 0.$$

Comme le plan tangent contient le sommet, son équation peut s'écrire

$$z - z_0 = p(x - x_0) + q(y - y_0);$$

et même, comme il contient toute la génératrice, on a

$$1 = p\alpha + q\beta.$$

Du reste, x', y', z' étant les coordonnées d'un point quelconque du cône, on sait ($\S$ 101) que

$$p = -\frac{Dx'}{Dz'}, \quad q = -\frac{Dy'}{Dz'},$$

ces dérivées étant prises relativement à la fonction F.

145. La condition nécessaire pour déterminer le cône peut consister en ce que *la droite génératrice s'appuie sur une courbe directrice donnée*.

Soient $f_1(x, y, z) = 0$, $f_2(x, y, z) = 0$ les équations de la directrice : en y substituant celles de la génératrice qui sont

$$x = x_0 + \alpha(z - z_0)$$

et

$$y = y_0 + \beta(z - z_0),$$

on aura deux équations entre lesquelles on éliminera z, ce qui donnera

$$F(\alpha, \beta) = 0.$$

146. Par exemple, cherchons l'équation du cône oblique à base circulaire. Nous prendrons ce cercle dans le plan des xy et nous mettrons l'origine à son centre. Ainsi les équations de la base sont

$$z = 0 \quad \text{et} \quad x^2 + y^2 = r^2.$$

Cela suppose Ox et Oy perpendiculaires l'un à l'autre, mais observons que l'axe des z n'est pas obligé d'être perpendiculaire sur le plan de la base.

Les équations d'une génératrice étant donc

$$x = x_0 + \alpha(z - z_0), \quad y = y_0 + \beta(z - z_0),$$

on aura le point où elle rencontre la base en substituant ces valeurs de x et de y dans l'équation $x^2 + y^2 = z^2$, en faisant $z = 0$.

Alors

$$(x_0 - \alpha z_0)^2 + (y_0 - \beta z_0)^2 = r^2.$$

Ainsi, l'équation du cône sera

$$\left\{ x_0 - \frac{z_0(x - x_0)}{z - z_0} \right\}^2 + \left\{ y_0 - \frac{z_0(y - y_0)}{z - z_0} \right\}^2 = r^2,$$

ou bien, en réduisant,

$$(x_0 z - z_0 x)^2 + (y_0 z - z_0 y)^2 = r^2 (z - z_0)^2.$$

GÉOM. ANAL. B. ÉTENNE.

Si l'on prend le sommet sur l'axe des z, il reste

$$x^2 + y^2 = \frac{r^2 (z - z_0)^2}{z_0^2}.$$

147. *Trouver l'équation d'un cône de sommet donné et circonscrit à une surface donnée.* — Soit $f(x, y, z) = 0$ ou plutôt $f(x', y', z') = 0$ l'équation de cette surface, en indiquant par x', y', z' les coordonnées du point de contact d'un plan tangent passant par le sommet et qui, d'après la définition, contiendra une génératrice du cône. On sait que l'équation du plan tangent sera

$$(x - x') D_{x'} + (y - y') D_{y'} + (z - z') D_{z'} = 0 ;$$

mais comme ce plan passe au sommet, on a

$$(x_0 - x') D_{x'} + (y_0 - y') D_{y'} + (z_0 - z') D_{z'} = 0.$$

En conservant pour cette surface x', y', z' comme coordonnées courantes, *la ligne de contact a pour équations*

$$f(x', y', z') = 0$$

et

$$(x' - x_0) D_x + (y' - y_0) D_y + (z' - z_0) D_z = 0.$$

L'équation de cette seconde surface où se trouve la ligne de contact peut se mettre sous la forme

$$x' D_{x'} + y' D_{y'} + z' D_{z'} = x_0 D_{x'} + y_0 D_{y'} + z_0 D_{z'}.$$

Soit m le degré de l'équation $f(x, y, z) = 0$; il est clair que, dans celle que nous venons d'écrire, le degré du second membre est inférieur à m, puisqu'il ne contient les variables que dans les dérivées. Quant au premier membre, qui était le second au § 100, on a vu qu'il était aussi inférieur à m, au moins d'une unité. Ainsi le degré de cette seconde surface contenant aussi la courbe de contact est au plus $m-1$. Donc, si la surface donnée est du second degré, cette seconde surface est *plane*.

Mais, pour avoir l'équation du cône lui-même, il faut observer que nous venons de réduire la question à celle du § 145, puisque nous connaissons deux surfaces qui contiennent la directrice.

La seconde,

$$(x'-x_0)\, \mathrm{D}x + (y'-y_0)\, \mathrm{D} + (z'-z_0)\, \mathrm{D}z = 0$$

se réduit évidemment à

$$\alpha\, \mathrm{D}x' + \beta\, \mathrm{D}y' + \mathrm{D}z = 0\,;$$

dans cette équation et dans la première,

$$f(x,\, y,\, z) = 0,$$

substituons

$$x' = x_0 + \alpha\,(z'-z_0)$$

et

$$y' = y_0 + \beta\,(z'-z_0)\,;$$

entre les résultats de ces substitutions, éliminons z', il vient une équation entre

$$\mathrm{F}\,(\alpha,\, \beta) = 0,$$

dans laquelle on posera

$$\alpha = \frac{x-x_0}{z-z_0}, \qquad \beta = \frac{y-y_0}{z-z_0},$$

ce qui donnera l'équation du cône.

Par exemple, soit

$$(x-x_1)^2 + (y-y_1)^2 + (z-z_1)^2 = r^2,$$

avec des axes rectangulaires, une sphère à laquelle doit être circonscrit un cône dont nous supposerons le sommet à l'origine, ce qui fait que, $x_0,\, y_0,\, z_0$ étant nuls, les équations d'une génératrice sont

$$x = \alpha z, \qquad y = \beta z.$$

7

L'équation du plan de la courbe de contact sera

$$\alpha (x - x_1) + \beta (y - y_1) + z - z_1 = 0,$$

d'où l'on tire

$$z = \frac{\alpha x_1 + \beta y_1 + z_1}{\alpha^2 + \beta^2 + 1}.$$

Du reste, l'équation de la sphère donne

$$(\alpha z - x_1)^2 + (\beta z - y_1)^2 + (z - z_1)^2 = r^2,$$

ou bien

$$z^2 (\alpha^2 + \beta^2 + 1) - 2z (\alpha x_1 + \beta y_1 + z_1) + x_1^2 + y_1^2 + z_1^2 - r^2 = 0.$$

Remplaçant z par la valeur précédente et réduisant, on trouve

$$(\alpha^2 + \beta^2 + 1)(x_1^2 + y_1^2 + z_1^2 - r^2) = (\alpha x_1 + \beta y_1 + z_1)^2;$$

c'est l'équation du cône cherché.

148. *Cylindres.* — Un *cylindre* ou *surface cylindrique* est celle qui est *engendrée par une droite toujours parallèle à elle-même.* On voit que le cylindre est un cône dont le sommet est à l'infini ; ce qui exige, pour déterminer cette surface, une nouvelle condition, la direction des génératrices.

Ainsi α et β étant donnés, l'équation d'une génératrice est de la forme

$$x = \alpha z + m, \quad y = \beta z + n,$$

et la surface se détermine au moyen d'une relation entre m et n.

Cette relation étant exprimée par

$$F(m, n) = 0,$$

l'équation du cylindre sera

$$F(x - \alpha z, y - \beta z) = 0.$$

Les dérivées $D_{x'}$, $D_{y'}$, $D_{z'}$ relatives aux coordonnées d'un point du cylindre sont liées entre elles, et les coefficients α et β par la même relation

$$1 = p\alpha + q\beta$$

que nous avons déjà trouvée pour le cône ($\S$ 144). En effet, la génératrice en ce point étant contenue tout entière dans le plan tangent, on a

$$(29) \qquad p\left\{x - x' - \alpha(z - z')\right\} + q\left\{y - y' - \beta(z - z')\right\} = 0$$

ou bien

$$p(x - x') + q(y - y') = (z - z')(\alpha p + \beta q),$$

ce qui, comparé à l'équation du plan tangent ($\S$ 101), donne

$$\alpha p + \beta q = 1,$$

ou bien

$$\alpha D_{x'} + \beta D_{y'} + D_{z'} = 0.$$

149. Supposons que la condition nécessaire pour déterminer le cylindre consiste en ce que *la génératrice s'appuie sur une courbe directrice donnée.*

Soient

$$f_1(x, y, z) = 0, \qquad f_2(x, y, z) = 0$$

les équations de la directrice : en y substituant celles de la génératrice, qui sont

$$x = \alpha z + m, \qquad y = \beta z + n,$$

on aura deux équations entre lesquelles on éliminera z, ce qui donnera

$$f(m, n) = 0,$$

ou

$$f(x - \alpha z, y - \beta z) = 0.$$

150. *Trouver l'équation d'un cylindre circonscrit à une surface donnée.*

Soit, comme pour le cône,

$$f(x', y', z') = 0$$

l'équation de cette surface, x', y', z' étant les coordonnées d'un point de contact, on aura l'équation d'une autre surface contenant la *ligne de contact*, par l'expression

$$\alpha D_{x'} + \beta D_{y'} + D_{z'} = 0. \ (\S\ 148)$$

puisque α et β sont donnés.

151. Pour avoir l'équation du cylindre lui-même, dans ces relations

$$f(x', y', z') = 0$$

et

$$\alpha D_{x'} + \beta D_{y'} + D_{z'} = 0,$$

substituons

$$x' = \alpha z + m, \quad y' = \beta z + n;$$

puisque ce point de contact est sur la génératrice, on aura deux relations entre lesquelles on éliminera z, ce qui donnera l'équation cherchée

$$F(m, n) = 0.$$

En y posant

$$m = x - \alpha z, \quad n = y - \beta z,$$

on a l'équation du cylindre.

152. Nous laissons au lecteur à prendre des exemples comme nous avons fait pour le cône : du reste, l'idée géométrique du sommet d'un cône allant à l'infini peut se traduire analytiquement de la manière suivante :

Soit, relativement au cône, l'égalité

$$\frac{x - x_0}{z - z_0} = \alpha,$$

ce qui donne

$$\frac{\dfrac{x}{z_0} - \dfrac{x_0}{z_0}}{\dfrac{z}{z_0} - 1} = \alpha.$$

Si le sommet va à l'infini, $\dfrac{x}{z_0}$ et $\dfrac{z}{z_0}$ disparaissent ; mais il reste

$$\frac{x_0}{z_0} = \alpha ;$$

ainsi α est constant comme la direction des génératrices ; il en est de même pour β.

155. Conoïdes. — On appelle conoïde une *surface engendrée par une génératrice rectiligne assujettie à s'appuyer sur une directrice rectiligne et à rester parallèle à un plan donné.*

Prenons le plan directeur pour plan des xy et pour origine le point où ce plan est percé par la directrice, dont les équations sont alors

$$x = az, \quad y = bz.$$

Quant aux équations de la génératrice, elles sont

$$z = z_1 \quad \text{et} \quad x - az_1 = \alpha\,(y - bz_1),$$

puisque cette droite est parallèle au plan des xy et rencontre la directrice.

Mais il reste à déterminer la surface par une relation entre z_1 et α, c'est-à-dire une équation telle que

$$z = F\left(\frac{x - az}{y - bz}\right).$$

154. Un conoïde est une *surface gauche*, car l'arête de rebroussement de cette surface supposée développable ne serait autre chose que la directrice OA et la surface se réduirait à un plan.

Considérons maintenant un plan tangent à la surface en un point représenté par x', y', z' et coupons ce plan par une série de plans parallèles au plan directeur xy; nous obtenons ainsi sur le plan tangent toutes les droites qu'on y peut mener parallèlement au plan directeur; une de ces droites, qui est une génératrice, passe au point donné.

Or nous avons vu (§ 113) que le plan tangent en un point d'une surface gauche contient deux génératrices qui se coupent au point de contact. Nous venons d'en considérer une ; quant à l'autre, imaginons tous les points où elle coupe toutes les parallèles menées au plan directeur sur le plan tangent. Soient x'', y'', z'' les coordonnées d'un second point de cette droite qui appartient à la surface ; il en résulte, d'après la définition, que celle des parallèles en question qui passe par ce point est une génératrice. Par conséquent, *si l'on mène sur un plan tangent au conoïde une parallèle au plan directeur, cette droite rencontre la directrice.*

Cette observation fait trouver l'équation différentielle de la surface.

En effet, les équations de la parallèle au plan xy seront

$$z - z' = 0, \quad y - y' = \mu\,(x - x');$$

pour exprimer qu'elle rencontre la directrice représentée par $x = az$, $y = bz$, on reconnaît qu'il faut prendre

$$\mu = \frac{bz' - y'}{az' - x'}.$$

Mais cette parallèle devant être sur le plan tangent qui a pour équation

$$z - z' = p(x - x') + q(y - y'),$$

on posera

$$z - z' = 0;$$

ensuite $x - x'$ disparaîtra comme facteur commun, et il restera

$$p(x' - az') + q(y' - bz') = 0,$$

c'est-à-dire

$$\mathrm{D}_x(x' - az') + \mathrm{D}_y(y' - bz') = 0;$$

ou bien encore, supprimant les accents,

$$\mathrm{D}_x(x - az) + \mathrm{D}_y(y - bz) = 0.$$

155. Pour déterminer le conoïde, on l'assujettit à une nouvelle condition : d'ordinaire on exige que la génératrice s'appuie sur une seconde directrice. Soient

$$f_1(x, y, z) = 0, \quad f_2(x_2, y_2, z_2) = 0,$$

les équations de cette autre directrice, nous y poserons

$$z = z_1, \quad x = X + az_1, \quad y = Y + bz_1 \quad \text{et} \quad Y = \alpha X,$$

ce qui donnera

$$f_1(X, \alpha, z_1) = 0, \quad f_2(X, \alpha, z_1) = 0,$$

équations entre lesquelles nous éliminerons X, ce qui laissera une relation entre α et z_1.

Dans cette relation remettons, comme on le voit par les équations de la génératrice,

$$z_1 = z, \quad \alpha = \frac{y - bz}{x - az},$$

on aura l'équation du conoïde cherché.

Par exemple, si la seconde directrice est aussi une droite, nous obtiendrons une surface du second degré que nous retrouverons plus tard sous le nom de *paraboloïde hyperbolique*.

156. On dit qu'un conoïde quelconque est *droit*, quand la directrice est perpendiculaire au plan directeur. Alors, les axes étant rectangulaires, $a = 0$, $b = 0$, et il reste

$$z = \mathrm{F}\left(\frac{y}{x}\right), \quad px + qy = 0, \quad X = x \quad \text{et} \quad Y = y.$$

Par exemple, la surface connue en *stéréotomie* sous le nom de *voûte d'arête en tour ronde* est un conoïde droit pour lequel la seconde directrice, qui prend le nom de *cintre*, est ordinairement une ellipse dont le plan est vertical ainsi que l'un des axes. Les équations de cette ellipse étant sous la forme

$$x = a, \quad \frac{y^2}{b^2} + \frac{z^2}{c^2} = 1,$$

on trouve facilement, pour équation de ce conoïde,

$$\frac{a^2 y^2}{b^2 x^2} + \frac{z^2}{c^2} = 1.$$

CHAPITRE III

NOTIONS SUR LES SURFACES DU SECOND DEGRÉ

I. SECTIONS PARALLÈLES

157. Pour étudier les propriétés des surfaces que représente l'équation générale du second degré à trois variables :

$$Ax^2 + A'y^2 + A''z^2 + 2Byz + 2B'xz + 2B''xy + 2Cx + 2C'y + 2C''z + E = 0,$$

nous commencerons par considérer les sections déterminées dans ces surfaces parallèles.

D'après ce qu'on a vu (§ 97) pour les surfaces d'un degré quelconque, ces sections seront ici des lignes du second degré.

Observons avant tout que, généralement, *les projections des coniques sont de même nature que ces courbes*. En effet, il est clair qu'une ellipse étant fermée ne peut se projeter suivant une hyperbole qui est indéfinie et discontinue, et réciproquement ; même raisonnement pour les paraboles.

Nous supposerons d'abord que ces lignes aient un centre.

Cela posé, nous allons démontrer :

1° Que ces sections parallèles sont semblables et semblablement placées, ou *homothétiques;*

2° Que leurs centres sont sur une même droite.

Prenons pour plan des xy celui d'une de ces sections ; admettons que l'origine ait été transportée au centre de cette section et que les axes des x et des y soient choisis de manière que l'équation de la section dans ce plan n'ait pas de terme en xy; on sait, par la théorie des courbes du second degré, que cela est toujours possible. D'après ces suppositions, cette section sera représentée par

$$A x^2 + A' y^2 + E = 0 \quad \text{et} \quad z = 0.$$

Par conséquent, l'équation de la surface elle-même sera

$$A x^2 + A' y^2 + A'' z^2 + 2 B y z + 2 B' x z + 2 C'' z + E = 0.$$

Maintenant, si l'on donne à z une valeur particulière quelconque, cette dernière équation, au lieu de représenter la surface, ne représentera plus qu'une courbe sur le plan des xy, et cette courbe sera la projection rectangulaire ou oblique de la section faite à la distance qui correspond à z; cette projection, étant parallèle à la section elle-même, lui est évidemment égale.

Ainsi, toutes les sections parallèles seront transportées sur le plan d'une d'entre elles, et comme les termes du second degré $A x^2 + A' y^2$ sont les mêmes dans toutes les équations, ces sections sont semblables et semblablement placées.

158. Il reste à faire voir que les centres de toutes ces sections sont en ligne droite.

Puisque le terme en xy n'existe pas, les axes des x et des y sont deux diamètres conjugués de la section faite par leur plan; donc, d'après la similitude que l'on vient de démontrer, le diamètre parallèle à l'axe des x dans une section quelconque a pour cordes conjuguées des parallèles à l'axe des y.

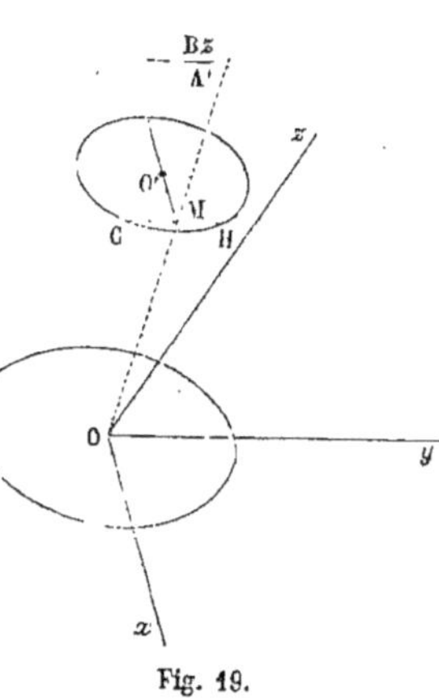

Fig. 19.

Parmi ces cordes, on remarquera la droite suivant laquelle cette section est coupée par le plan des zy; on obtiendra cette corde (fig. 19) en faisant $x = 0$ dans l'équation précédente, où z ne représente plus qu'une valeur particulière. Cette équation devient

$$A'y^2 + 2Byz + A''z^2 + 2C''z + E = 0,$$

et la demi-somme des valeurs en question, c'est-à-dire la valeur de y pour le milieu M de la corde, est

$$y = \frac{Bz}{A'}.$$

Si l'on mène par ce milieu de la corde une parallèle à l'axe des x, cette parallèle passera au centre O' de la section, puisque ces deux directions sont conjuguées.

Il en sera de même pour toutes les sections qui correspondent aux diverses valeurs de z. Donc les milieux des cordes analogues seront sur la droite OM déterminée par les équations

$$x = 0 \quad \text{et} \quad y = -\frac{Bz}{A'}.$$

Le plan qui contient cette droite et l'axe des xy contient en même temps la parallèle O'M menée à l'axe des x par le milieu de la corde; par suite, ce plan contient le centre de toutes les sections parallèles au plan des xy.

On verrait de même que le plan qui contient l'axe des y et la droite dont les équations sont

$$ y = 0 \quad \text{et} \quad x = \frac{B'z}{A}, $$

contient aussi les centres de ces mêmes sections. Par conséquent, les centres sont à l'intersection de ces deux plans qui passent à l'origine, c'est-à-dire sur *une droite*.

159. Les plans des yz et des xz ne coupent pas toujours toutes les sections; mais, quand les cordes sont imaginaires, leur milieu n'en est pas moins réel. En effet, soient

$$ y' = \alpha + \beta \sqrt{-1}, \quad y'' = \alpha - \beta \sqrt{-1} $$

deux coordonnées des extrémités d'une corde imaginaire, on a

$$ \frac{1}{2}(y' + y'') = \alpha. $$

Ainsi, la démonstration subsiste toujours.

160. Il faut rappeler ici une exception ou plutôt une modification qu'on observe dans des coniques semblables.

Supposons, pour fixer les idées, qu'on fasse varier la quantité m dans l'équation

$$ \frac{x^2}{a^2} + \frac{y^2}{b^2} = m. $$

Si $m > 0$, on a une série d'ellipses semblables qui se réduisent à un point pour $m = 0$. Si $m < 0$, ces ellipses de viennent imaginaires ; il ne s'agit plus alors, pour ainsi dire, que d'une similitude analytique.

De même, suivant que dans l'équation

$$\frac{x^2}{a^2} - \frac{y^2}{b^2} = m$$

on a

$$m \lessgtr 0,$$

il en résulte deux séries d'hyperboles qui ont les mêmes asymptotes, mais qui sont conjuguées les unes des autres. Si $m = 0$, tout se réduit à ces asymptotes elles-mêmes.

Dans l'énoncé du théorème, toutes ces lignes sont regardées comme semblables.

Enfin, et quoiqu'il ne s'agisse pas ici de courbes dépourvues de centres, soit

$$y^2 = 2mx + q^2$$

l'équation d'une série de paraboles dont la convexité est tournée d'un même côté, tant que $m > 0$. Si $m = 0$, il reste

$$y = \pm q,$$

ce qui représente deux parallèles à la direction commune des axes focaux. Enfin, si $m < 0$, les paraboles se retournent et leur convexité est dirigée en sens contraire.

Nous n'avons pas considéré de sections paraboliques, car l'on sait que toutes les paraboles sont semblables.

Du reste, nous verrons plus tard (§ 220) que toutes les surfaces représentées par l'équation générale du second degré ont des sections à centre, excepté le cylindre parabolique.

II. CENTRE

161. On appelle *centre* relativement à une surface quelconque, un point tel, que toute sécante qui y passe s'y trouve divisée en deux parties égales.

Une surface peut ne pas avoir de centre, mais nous supposerons d'abord qu'il existe; s'il en est autrement, le calcul l'indiquera.

Quand une surface est rapportée à son centre comme origine, on reconnaît par la définition précédente que si l'équation est satisfaite pour x, y, z, elle l'est aussi pour $-x$, $-y$, $-z$.

Il en résulte que l'équation n'a alors que des termes de degré pair ou bien que des termes de degré impair.

Quand l'origine n'est pas au centre, on peut l'y ramener sans changer la direction des axes, en cherchant à satisfaire la condition précédente. Si ce moyen ne réussit pas, c'est que la surface n'a pas de centre.

162. Pour appliquer cette méthode à l'équation générale du second degré, nous changerons x, y, z en $x + x'$, $y + y'$ et $z + z'$, en indiquant par x', y', z' les anciennes coordonnées du centre. On a le développement :

$$\begin{aligned}
&Ax^2 + A'y^2 + A''z^2 + 2Byz + 2B'xz + 2B''xy + 2x\left(Ax' + B'z' + B''y' + C\right) \\
&+ 2y\left(A'y' + Bz' + B''x' + C'\right) + 2z\left(A''z' + By' + B'x' + C''\right) \\
&+ Ax'^2 + A'y'^2 + A''z'^2 + 2By'z' + 2B'x'z' + 2B''x'y' \\
&+ 2Cx' + 2C'y' + 2C''z' + E = 0.
\end{aligned}$$

Les termes du premier degré devant être nuls, on a

$$Ax' + B'z' + B''y' + C = 0, \quad A'y' + Bz' + B''x + C' = 0,$$
$$A''z' + By' + B'x' + C'' = 0.$$

Mais comme chacun des trois premiers membres de ces relations est la dernière dérivée de l'équation donnée par rapport à chaque variable, ces relations s'écrivent

$$D_{x'} = 0, \quad D_{y'} = 0, \quad D_{z'} = 0.$$

L'élimination donne

$$x' = \frac{K}{m}, \quad y' = \frac{K'}{m}, \quad z' = \frac{K''}{m},$$

en posant

$$m = AB^2 + A'B'^2 + A''B''^2 - AA'A'' - 2BB'B'',$$
$$K = C(A'A'' - B^2) + C'(BB' - B''A'') + C''(BB'' - B'A'),$$
$$K' = C'(AA'' - B'^2) + C''(B'B'' - BA) + C(B'B - B''A''),$$
$$K'' = C''(AA' - B'^2) + C(B''B - B'A') + C'(P''B' - BA).$$

163. On a les identités suivantes :

$$AK + B'K'' + B''K' + Cm = 0, \quad A'K' + BK'' + B''K + C'm = 0,$$
$$A''K'' + BK' + B'K + C''m = 0,$$

qui s'obtiennent en remplaçant x', y', z' par leurs expressions dans

$$D_{x'} = 0, \quad D_{y'} = 0, \quad D_{z'} = 0.$$

On a aussi les trois identités :

$$Am = (AB - B'B'')^2 - (B''^2 - AA')(B'^2 - AA''),$$
$$A'm = (A'B' - BB'')^2 - (B''^2 - AA')(B^2 - A'A''),$$
$$A''m = (A''B'' - BB')^2 - (B'^2 - AA'')(B^2 - A'A'').$$

164. La nouvelle équation de la surface rapportée à son centre devient

$$Ax^2 + A'y^2 + A''z^2 + 2Byz + 2B'xz + 2B''xy + G = 0;$$

mais il faut calculer la quantité :

$$G = Ax'^2 + A'y'^2 + A''z'^2 + 2By'z' + 2B'x'z' + 2B''x'y' + 2Cx' + 2C'y' + 2C''z' + E$$
$$= x'(Ax' + A'z' + B''y' + C) + y'(A'y' + Bz' + B''x' + C') + z'(A''z' + By'$$
$$+ B'x' + C'') + Cx' + C'y' + C''z' + E.$$

D'après les valeurs des coordonnées, il reste

$$G = Cx' + C'y' + C''z' + E = \frac{CK + C'K' + C''K'' + Em}{m}.$$

165. On voit donc qu'il y a un centre unique et déterminé tant que l'on n'a pas $m = 0$.

Dans cette circonstance où $m = 0$, le centre est d'ordinaire *à l'infini*, puisque les coordonnées ont un dénominateur nul; mais il peut quelquefois être *indéterminé*. Du reste, nous reviendrons sur le cas où $m = 0$.

III. CONES ET CYLINDRES

166. Si le centre est sur la surface, le terme indépendant doit disparaître : donc

$$G = Cx' + C'y' + C''z' + E = 0,$$

ou bien

$$CK + C'K' + C''K'' + Em = 0.$$

Dans ce cas, je dis que *la surface est un cône dont le centre est le sommet*.

En effet, l'équation transformée se réduit alors à

$$Ax^2 + A'y^2 + A''z^2 + 2By z + B'x z + 2B''x y = 0;$$

donc la surface contiendra une infinité de génératrices représentées par $x = \mu z$, $y = \nu z$, pourvu que μ et ν satisfassent à la relation

$$A\mu^2 + A'\nu^2 + A'' + 2B\nu + 2B'\mu + 2B''\mu\nu = 0.$$

167. *Cône de révolution autour d'une droite donnée.* — L'origine étant au sommet donné, les équations de l'axe donné sont

$$\frac{x}{a} = \frac{y}{b} = \frac{z}{c};$$

on suppose d'abord les coordonnées rectangulaires.

On sait que les équations d'une génératrice dans une position quelconque sont

$$\frac{x}{a'} = \frac{y}{b'} = \frac{z}{c'} = \frac{R}{\rho'},$$

en posant

$$R = \sqrt{x^2 + y^2 + z^2}$$

et

$$\rho' = \sqrt{a'^2 + b'^2 + c'^2} :$$

de même

$$\rho = \sqrt{a^2 + b^2 + c^2},$$

et soit ω l'angle constant et connu des deux droites, on a

$$\rho\rho' \cos\omega = aa' + bb' + cc'.$$

Par conséquent, et comme

$$a' = \frac{\rho' x}{R}, \quad b' = \frac{\rho' y}{R}, \quad c' = \frac{\rho' z}{R},$$

il reste

$$R\rho \cos\omega = ax + by + cz$$

ou bien

$$\cos^2\omega \,(a^2 + b^2 + c^2)\,(x^2 + y^2 + z^2) = (ax + by + cz)^2.$$

Cette équation ne sera guère plus difficile à obtenir relativement à ses coordonnées obliques. Seulement ici

$$R^2 = x^2 + y^2 + z^2 + 2xy \cos xy + 2xz \cos xz + 2yz \cos yz \,;$$

ρ et ρ' seront modifiés de même.

Enfin on a la relation

$$\rho\rho' \cos\omega = aa' + bb' + cc' + \cos xy(ab' + a'b) + \cos xz(ac' + a'c) + \cos yz(bc' + b''c).$$

Dans cette relation substituons encore

$$a' = \frac{\rho' x}{R}, \quad b' = \frac{\rho' y}{R}, \quad c' = \frac{\rho' z}{R}$$

et élevant au carré, on a l'équation du cône :

$$\cos^2\omega \,(x^2 + y^2 + z^2 + 2xy \cos xy + 2xz \cos xz + 2yz \cos yz)$$
$$\times (a^2 + b^2 + c^2 + 2ab \cos xy + 2ac \cos xz + 2bc \cos yz)$$
$$= \{ax + by + cz + \cos xy\,(ay + bx) + \cos xz\,(az + cx) + \cos yz\,(bz + cy)\}^2.$$

168. *Cylindre engendré par une direction donnée.* — Quand le sommet du cône va à l'infini, les génératrices étant parallèles à une direction constante forment un cylindre.

Soient

$$x = \mu z + X, \quad y = \nu z + Y$$

les équations des génératrices dont la direction est donnée par les coefficients angulaires μ et ν, il est clair que X et Y seront, dans le plan des xy, les coordonnées d'un point de la trace du cylindre, puisque $z = 0$ donne $X = x$ et $Y = y$; donc l'équation du cylindre lui-même se réduira à celle de cette trace avec les seules variables

$$X = x - \mu z \quad \text{et} \quad Y = y - \nu z.$$

169. La formule connue de la distance d'un point à une droite passant par l'origine et représentée par

$$\frac{x}{a} = \frac{y}{b} = \frac{z}{c}$$

donne l'équation d'un *cylindre de révolution* autour de cette droite. En effet, le point donné peut être considéré comme appartenant à une génératrice quelconque de ce cylindre dont la droite donnée est l'axe. Soit donc R le rayon du cylindre, cette équation est, d'après la formule indiquée (§ 62),

$$(a^2 + b^2 + c^2 + 2bc \cos yz + 2ac \cos xz + 2ab \cos xy)\,R^2$$
$$= \sin^2 zy\,(bz - cy)^2 + \ldots + 2(\cos xz - \cos xy)(cx - az)(bz - cy),$$

ou bien, pour des axes rectangulaires,

$$(a^2 + b^2 + c^2)\,R^2 = (bz - cy)^2 + (cx - az)^2 + (ay - bx)^2.$$

Si l'axe du cylindre ne passe pas par l'origine, il faudra changer x et y en $x - x'$ et $y - y'$, en indiquant par x' et y' les coordonnées du point où cet axe perce le plan des xy.

IV. PLAN TANGENT

170. L'équation d'un plan tangent à une surface du second degré se trouvera par la méthode déjà appliquée aux surfaces de degré quelconque : pour faire le calcul directement, il suffira d'observer que

$$x'^2 - x''^2 = (x' - x'')(x' + x''), \text{ etc.,}$$

et que

$$x'y' - x''y'' = x'(y' - y'') + y''(x' - x''), \text{ etc...}$$

Alors l'équation du plan tangent en un point de la surface donné par ses coordonnées x', y', z', devient

$$x(Ax' + B'z' + B''y' + C) + y(A'y' + Bz' + B''x' + C') + z(A''z' + By' + B'x' + C'')$$
$$+ Cx' + C'y + C''z' + E = 0$$

171. *Coordonnées homogènes.* — On reconnaît bien que les coefficients de x, de y et de z sont les demi-dérivées de l'équation de la surface relativement à x', y', z', mais la symétrie est moins apparente dans le terme indépendant.

Elle est plus facile à saisir avec la notation qui consiste, comme procédé de calcul, à considérer les trois variables comme des rapports. Ainsi on pose

$$x = \frac{x_1}{x_4}, \quad y = \frac{x_2}{x_4}, \quad z = \frac{x_3}{x_4}.$$

Pour étendre cette symétrie aux coefficients, on écrit

$$A = a_{11}, \quad A' = a_{22}, \quad A'' = a_{33}, \quad E = a_{44}$$

pour les carrés; puis pour les rectangles

$$B = a_{23}, \quad B' = a_{13}, \quad B'' = a_{12},$$

et aussi

$$C = a_{14}, \quad C' = a_{24}, \quad C'' = a_{34}.$$

Donc l'équation de la surface s'écrit

$$a_{11}x_1^2 + a_{22}x_2^2 + a_{33}x_3^2 + a_{44}x_4^2 + 2a_{12}x_1x_2 + 2a_{13}x_1x_3 + 2a_{14}x_1x_4$$
$$+ 2a_{23}x_2x_3 + 2a_{24}x_2x_4 + 2a_{34}x_3x_4 = 0.$$

Alors l'équation du plan tangent devient

$$x_1(a_{11}x'_1 + a_{12}x'_2 + a_{13}x'_3 + a_{14}x'_4) + x_2(a_{21}x'_1 + a_{22}x_2 + a_{23}x'_3 + a_{24}x'_4)$$
$$+ x_3(a_{31}x'_1 + a_{32}x'_2 + a_{33}x'_3 + a_{34}x'_4)$$
$$+ x_4(a_{41}x'_1 + a_{42}x'_2 + a_{43}x'_3 + a_{44}x'_4) = 0.$$

Ce qui revient à

$$x_1 D_{x'_1} + x_2 D_{x'_2} + x_3 D_{x'_3} + x_4 D_{x'_4} = 0.$$

172. Mais nous tiendrons un compte suffisant de cette symétrie en posant

$$D_4 = 2(E + Cx' + C'y' + C''z'),$$

ce qui permet d'écrire ainsi l'équation du plan tangent :

$$x D_{x'} + y D_{y'} + z D_{z'} + D_4 = 0.$$

Cette équation peut s'écrire encore sous la forme suivante :

$$Axx' + A'yy' + A''zz' + B(yz' + y'z) + B'(xz' + x'z) + B''(xy' + x'y)$$
$$+ C(x + x') + C'(y + y') + C''(z + z') + E = 0,$$

qui a l'avantage d'être symétrique entre les coordonnées courantes et celles du point de contact : nous allons en tirer parti.

V. PLAN POLAIRE

173. Avant de définir le plan qu'on appelle ainsi, nous ferons remarquer, par l'exemple de la sphère, qu'il existe dans l'espace des points par lesquels on peut mener des plans tangents à une surface du second degré, mais qu'il

y a aussi quelquefois des points pour lesquels cela est impossible. Du reste, voici le premier lemme que nous allons établir. *Quand on peut mener d'un point donné une série de plans tangents à une surface du second degré, les points de contact sont sur un même plan.*

En effet, soient x', y', z' les coordonnées d'un de ces points de contact, nous venons de trouver l'équation du plan tangent correspondant sous la forme symétrique

$$\mathrm{A}xx' + \mathrm{A}'yy' + \ldots = 0,$$

et comme ce plan passe au point donné dont les coordonnées sont x_1, y_1, z_1, on a la relation

$$\mathrm{A}x_1x' + \mathrm{A}'y_1y' + \ldots = 0.$$

Pour tout autre point de contact analogue, on aurait de même.

$$\mathrm{A}x_1x'' + \mathrm{A}'y_1y'' + \ldots = 0, \quad \mathrm{A}x_1x''' + \mathrm{A}'y_1y''' + \ldots = 0.$$

On peut donc, au lieu de chaque contact en particulier, prendre les coordonnées courantes, et l'équation

$$\mathrm{A}x_1x + \mathrm{A}'y_1y + \mathrm{A}''z_1z + \mathrm{B}(y_1z + yz_1) + \mathrm{B}'(x_1z + xz_1) + \mathrm{B}''(x_1y + xy_1)$$
$$+ \mathrm{C}(x_1 + x) + \mathrm{C}'(y_1 + y) + \mathrm{C}''(z_1 + z) + \mathrm{E} = 0$$

sera celle du lieu géométrique de tous les points de contact. On voit que c'est celle d'un plan.

De plus, et à cause de la symétrie que nous avons signalée, il faut bien observer que *cette équation a la même forme que celle du plan tangent.*

174. Réciproquement, étant donnée une section plane quelconque d'une surface du second degré, on peut toujours considérer cette section comme la base d'un *cône enveloppe* dont on déterminerait le sommet en cherchant les coordonnées par le calcul suivant :

Soit

$$\alpha x + \beta y + \gamma z + 1 = 0$$

l'équation donnée du plan de la section ; il s'agit de l'identifier avec l'équation précédente, qui peut se mettre sous la forme

$$x\,\frac{A x_1 + B' z_1 + B'' y_1 + C}{E} + y\,\frac{A' y_1 + B z_1 + B'' x_1 + C'}{E}$$
$$+ z\,\frac{A'' z_1 + B y_1 + B' z_1 + C''}{E} + 1 = 0.$$

Donc

$$\alpha E = A x_1 + B' z_1 + B'' y_1 + C, \quad \beta E = A' y_1 + B z_1 + B'' x_1 + C',$$
$$\gamma E = A'' z_1 + B y_1 + B' z_1 + C''.$$

De là on tire x_1, y_1, z_1, ce qui donne le sommet cherché du cône ; mais nous laissons au lecteur à faire l'élimination, car il suffit ici de démontrer l'existence de ce cône enveloppe, c'est-à-dire dont *toutes les génératrices sont tangentes à la surface donnée.*

Nous reviendrons sur ce sujet pour chaque surface en particulier.

175. Cela posé, voici la définition du plan polaire d'un point quelconque M, avec le théorème qui sert de base à cette définition. Par le point donné, menons une série de plans qui coupent la surface, le lieu des sommets des cônes enveloppes qui correspondent à chaque section *est un plan :* ce plan se nomme le *plan polaire* du point donné, qui, réciproquement, s'appelle le *pôle* du plan en question.

176. Pour le démontrer, soient ξ, η, ζ les coordonnées du point M; et x_1, y_1, z_1, comme ci-dessus, celles du sommet d'un des cônes enveloppes correspondants. Puisque

M est sur le plan de la section, on a, d'après l'équation symétrique écrite ci-dessus,

$$A x_1 \xi + A' y_1 \eta + A'' z_1 \zeta + B (y_1 \zeta + \eta z_1) + \ldots = 0.$$

D'autres sections planes, passant par le point M, et correspondant à d'autres sommets représentés par x_2, y_2 et z_2, x_3, y_3 et z_3, etc..., donneraient des relations analogues. On peut donc y remplacer ces coordonnées particulières par les coordonnées courantes, et l'équation du lieu cherché sera

$$A x \xi + A' y \eta + A'' z \zeta + B (y \zeta + \eta z) + B' (x \zeta + z \xi) + B'' (x \eta + \xi y)$$
$$+ C (x + \xi) + C' (y + \eta) + C'' (z + \zeta) + E = 0.$$

Le lieu cherché est donc un plan : de plus, *l'équation de ce plan polaire est de même forme que celle du plan tangent*. Ainsi cette équation est

$$x D_\xi + y D_\eta + z D_\zeta + D_1 = 0.$$

177. Cette propriété a déjà été observée à la fin du § 173, dans le cas où l'on peut mener par le point donné une série de plans tangents, c'est-à-dire où ce point est le sommet d'un cône enveloppe. Alors, par l'identité des équations, on voit que *le plan polaire du sommet d'un cône enveloppe est celui de sa base de contact.*

178. Au lieu d'être intérieur ou extérieur à la surface, si le point donné M est sur la surface elle-même, *le plan polaire se réduit au plan tangent*, ainsi que le cône enveloppe.

179. *Variables implicites.* — L'équation d'une surface du second degré ne se présente pas toujours sous la forme ordinaire

$$A x^2 + A' y^2 + \ldots = 0;$$

elle présente quelquefois les carrés ou les produits de variables implicites du premier degré, dont la forme générale est

$$\alpha x + \beta y + \gamma y + \delta.$$

On en profitera pour trouver plus facilement l'équation du plan tangent ou polaire d'un point donné, sans être obligé de développer celle de la surface.

Les coordonnées du point donné étant x_1, y_1, z_1, on observe que l'équation symétrique du plan cherché,

$$A x x_1 + \dots + B(y z_1 + z y_1) + \dots + C(x + x_1) + \dots + E = 0,$$

se forme au moyen de celle de la surface quand on change un carré x^2 en un produit $x x_1$, un double rectangle $2yz$ dans la somme de produits $y z_1 + z y_1$ et une quantité du premier degré $2x$ en $x + x_1$; le terme indépendant ne change pas.

Cette même règle s'applique aux variables implicites telles que $x - \mu z$, $x - \alpha$, etc., ou, en général,

$$\alpha x + \beta y + \gamma z + \delta :$$

en effet, on peut toujours imaginer que l'on prenne pour un plan de coordonnées celui qui a pour équation

$$\alpha x + \beta y + \gamma z + \delta = 0.$$

Alors les distances parallèles à celui des trois axes qui ne sera pas dans ce plan s'exprimeront en fonction de cette variable implicite : c'est ainsi que les distances parallèles aux x s'expriment par cette lettre, parce que $x = 0$ donne l'équation du plan des zy.

180. Par exemple, l'équation générale d'une sphère étant

$$R^2 = (x - x_0)^2 + (y - y_0)^2 + (z - z_0)^2$$
$$+ 2\cos yz\,(y - y_0)\,(z - z_0)$$
$$+ 2\cos xz\,(x - x_0)\,(z - z_0) + 2\cos xy\,(x - x_0)\,(y - y_0),$$

celle du plan tangent ou polaire d'un point qui a pour coordonnées x', y', z' sera

$$R^2 = (x - x_0)(x' - x_0) + (y - y_0)(y' - y_0) + (z - z_0)(z' - z_0)$$
$$+ 2\cos yz \{(y - y_0)(z' - z_0) + (z - z_0)(y' - y_0)\}$$
$$+ 2\cos xz \{(x - x_0)(z - z_0) + (z - z_0)(x' - x_0)\}$$
$$+ 2\cos xy \{(x - x_0)(y' - y_0) + (y - y_0)(x' - x_0)\}.$$

181. *Propriétés du plan polaire.* — Le plan polaire d'un point donné M est encore *le lieu des polaires de ce point dans toutes les sections qui y passent.*

En effet, imaginons par le point M une section de la surface, et dans cette section une corde MAB qui la rencontre aux points A et B; enfin, menons à la section, en A et B, les tangentes qui se rencontrent en S dans ce même plan, où S sera le pôle de MAB : il est clair que S sera aussi le sommet d'un cône enveloppe, et sera, par conséquent, sur le plan polaire de M. Dans *la même section* menons une autre corde MA'B' qui donne deux autres tangentes dont le point de concours S' est encore sur le plan polaire de M. Il en résulte que ce plan contient la droite SS'.

Mais le point S' est le pôle de MA'B' dans le plan de la section, de même que S celui de MAB; donc SS' est la polaire de M dans cette section, et cette droite est sur le plan polaire. Il en serait de même pour toute autre section passant en M.

182. Soit N le point où MAB coupe la polaire SS' de M; on sait que M et N divisent harmoniquement AB. Comme SS' est sur le plan polaire de M, il en résulte que ce plan est encore *le lieu des points conjugués harmoniques du point donné, par rapport aux deux points où une droite, partant de ce point, perce la surface.*

183. *Si l'on mène par un point une série de plans, les pôles de ces plans sont sur le plan polaire du point donné.*

En effet soient x', y' et z', x'', y'' et z'', etc., les coordonnées des pôles de différents plans passant au point donné M qui est représenté par x_1, y_1, z_1, on a

$$\mathrm{A}x'x_1 + \mathrm{A}'y'y_1 + \ldots = 0, \quad \mathrm{A}x''x_1 + \mathrm{A}'y''y_1 + \ldots = 0, \text{ etc.}\ldots$$

En effet on sait que le plan dont le pôle a pour coordonnées x', y', z', est représenté par l'équation

$$\mathrm{A}x'x + \mathrm{A}'y'y + \ldots = 0,$$

et, par hypothèse, ce plan passe en M.

Donc tous ces pôles satisfont à l'équation

$$\mathrm{A}xx_1 + \mathrm{A}'yy_1 + \ldots = 0,$$

qui est celle du plan polaire du point M.

184. Réciproquement, *si l'on construit les plans polaires de tous les points d'un plan donné, ces plans passent par le pôle de ce plan donné.*

En effet, le plan polaire de M ayant pour équation

$$\mathrm{A}xx_1 + \mathrm{A}'yy_1 + \ldots = 0,$$

soient x', y', z' les coordonnées d'un point de ce plan, on a la relation

$$\mathrm{A}x'x_1 + \mathrm{A}'y'y_1 + \ldots = 0.$$

Donc l'équation du plan polaire de ce point, qui est

$$\mathrm{A}x'x + \mathrm{A}'y'y + \ldots = 0,$$

sera satisfaite pour les coordonnées de M.

185. Il est facile de reconnaître quand un plan polaire coupe ou ne coupe pas la surface donnée. Si

le pôle est tel, qu'on puisse y faire passer des plans tangents, le plan polaire coupe la surface, comme on le sait, suivant la base du cône enveloppe qui a pour sommet le pôle. Mais si le pôle est intérieur, c'est-à-dire s'il n'y passe pas de plans tangents, le plan polaire est extérieur à la surface, c'est-à-dire qu'il ne la rencontre pas : en effet, s'il la rencontrait, cette section serait la base d'un cône enveloppe dont le sommet serait le pôle, ce qui est contraire à l'hypothèse.

186. *Plan polaire relatif à un cône.* — Supposons que le centre ou sommet du cône soit à l'origine, on a l'équation de ce cône en faisant C, C', C'' et E nuls dans l'équation générale du second degré.

Celle du plan polaire devient

$$A x x_1 + A' y y_1 + A'' z z_1 + B (y z_1 + z y_1) + B' (x z_1 + z x_1) + B'' (x y_1 + y x_1) = 0;$$

donc *tout plan polaire au cône passe par le sommet.*

Observons que *le plan polaire d'un point de l'espace, relativement au cône, est le même pour tous les points de la droite qui joint ce point au sommet.*

En effet, cette droite ayant pour équations

$$\frac{a}{a} = \frac{y}{b} = \frac{z}{c} = \frac{r}{\rho},$$

on aura pour le pôle les relations

$$x_1 = \frac{a r_1}{\rho}, \qquad y_1 = \frac{b r_1}{\rho}, \qquad z_1 = \frac{c r_1}{\rho};$$

donc la valeur particulière r_1 disparaît de l'équation du plan polaire.

Cela démontre le théorème précédent, qu'on peut encore énoncer de la manière suivante :

Quand la surface donnée est un cône, un plan polaire ne correspond pas seulement à un point, mais à une droite passant au sommet.

Ainsi, étant donnée une droite centrale du cône, on trouve son plan polaire, et réciproquement.

187. Pour le cylindre, le plan polaire passant toujours au sommet, qui est à l'infini, sera parallèle aux génératrices; de même la droite qui sert de pôle sera aussi parallèle aux génératrices, par la même raison.

Il suffira donc d'étudier ce qui se passe dans une courbe suivant laquelle le cylindre est coupé par un plan quelconque.

D'ailleurs, pour le cône comme pour le cylindre, *le plan tangent contient la génératrice de contact*, puisqu'il en contient deux points, qui sont d'abord le point de contact lui-même, et ensuite le sommet à une distance finie ou infinie, ce qui tient à sa qualité de plan polaire.

188. *Plan polaire du centre.* — Nous avons trouvé pour équation du plan polaire

$$x\,\mathrm{D}_{x_1} + y\,\mathrm{D}_{y_1} + z\,\mathrm{D}_{z_1} + \mathrm{D}_1 = 0,$$

en indiquant par x_1, y_1, z_1 les coordonnées du pôle.

Mais si ce pôle est le centre de la surface, on sait que D_{x_1}, D_{y_1} et D_{z_1} sont nuls; il resterait donc $\mathrm{D}_1 = 0$, ou bien $\mathrm{C}x_1 + \mathrm{C}'y_1 + \mathrm{C}''z_1 + \mathrm{E} = 0$, ce qui n'est vrai que si la surface est un cône. Dans le cas général, le plan cherché n'existe pas, c'est-à-dire que *le plan polaire du centre est à l'infini.*

189. Donc, d'après un théorème précédent, *tout plan passant par le centre a son pôle à l'infini.*

Par conséquent aussi, *pour tous les points d'une section centrale, les plans tangents sont parallèles*, car leurs points de rencontre, s'ils en avaient, seraient sur le plan polaire du centre.

Cela se généralise par le théorème suivant :

Les plans polaires de tous les points d'une droite centrale sont parallèles entre eux. En effet, par cette droite menons une série de sections : dans chacune d'elles, par un théorème connu sur les coniques, les polaires de deux points A et A′, pris sur la droite donnée, sont parallèles entre elles. Donc les plans polaires de ces points seront les lieux de deux séries de droites respectivement parallèles, ce qui démontre le théorème.

Enfin, *aucun plan tangent ne passe par le centre*, puisque le point de contact, qui est à une distance finie, est le pôle de ce plan. Seulement, il y a exception pour le cône, puisque tous les plans tangents passent au contraire par le sommet, qui est le centre.

190. *Polaires conjuguées.* — Soit AB une droite par laquelle passent plusieurs plans P, P_1, P_2..., le plan polaire de A passe par les pôles de ces plans : il en sera de même pour le plan polaire de B; donc tous ces pôles sont sur une ligne droite, intersection de ces deux plans polaires.

Soit A′B′ cette droite; elle serait la même pour deux points quelconques de AB : donc les plans P′, P'_1, P'_2... qui passent en A′B′ sont les plans polaires des points de AB. Ainsi, réciproquement, les plans P, P_1, P_2... qui passaient en AB étaient les plans polaires de tous les points de A′B′ : par conséquent, AB appartient aux plans polaires de tous les points de A′B′.

On a donc ce théorème :

Les plans polaires de tous les points d'une droite AB passent par une même droite A'B', et réciproquement, les plans polaires de A'B' passent en AB.

191. On peut demander la condition nécessaire pour que deux polaires conjuguées soient dans un même plan, c'est-à-dire se rencontrent en un point M. Si cela a lieu, le plan polaire de M, considéré comme appartenant à AB, passe en A'B', d'après le théorème précédent ; alors le plan polaire de M passant en ce point même, ce plan est tangent en M.

Par conséquent, *si un plan contient deux polaires conjuguées, ce plan est tangent à leur point de rencontre :* donc aussi *la polaire conjuguée d'une tangente est une autre tangente qui a le même point de contact.*

On en conclut encore que *deux polaires conjuguées ne peuvent être parallèles,* à moins qu'elles ne se confondent en une seule.

VI. CONE ENVELOPPE DE SOMMET DONNÉ.

192. On a vu qu'on appelait ainsi l'enveloppe des plans tangents menés d'un point donné à une surface du second degré et que la courbe de contact était dans le plan polaire du point donné.

Maintenant, étant connues les coordonnées x_1, y_1, z_1 du sommet, il faut avoir l'équation du cône *enveloppe* ou *circonscrit* à une surface du second degré.

Or, si l'on pose

$$f = Ax^2 + A'y^2 + \ldots,$$

d'où

$$f_1 = Ax_1^2 + A'y_1^2 + \ldots.$$

ainsi que

$$2\mathrm{F} = x\,\mathrm{D}_{x_1} + y\,\mathrm{D}y_1 + z\,\mathrm{D}z_1 + \mathrm{D}_1$$

ou bien

$$\mathrm{F} = x\,(\mathrm{A}x_1 + \mathrm{B}'z_1 + \mathrm{B}''y_1 + \mathrm{C}) + \ldots = \mathrm{A}x\,x_1 + \mathrm{A}'y\,y_1 + \ldots,$$

je dis que l'équation cherchée est

$$\varphi = \mathrm{F}^2 - f f_1 = 0.$$

Je dis d'abord que cette équation est satisfaite pour la courbe de contact qui sert de base au cône et qui appartient à la fois à la surface et au plan polaire du sommet. En effet, si l'on a à la fois $f = 0$ et $\mathrm{F} = 0$, il est clair que $\varphi = 0$.

Ensuite, il faut prouver que le point donné est le centre de la surface représentée par $\varphi = 0$. Pour cela, on sait qu'il suffit de prouver que les trois dérivées φ'_{x_1}, φ'_{y_1}, φ'_{z_1} sont nuls sur ce point.

Or $\varphi'_{x_1} = \mathrm{F}\,\mathrm{D}_{x_1} - f_1\mathrm{D}_x$; mais, pour $x = x_1$, $y = y_1$, $z = z_1$ on a $\mathrm{D}_x = \mathrm{D}_{x_1}$ et aussi $\mathrm{F}_1 = f_1$ comme il est facile de le vérifier : donc alors $\varphi'_{x_1} = 0$ et il en serait de même pour les deux autres dérivées.

Enfin il reste à prouver que ce centre est sur la surface, qui dès lors sera le cône en question. En effet, l'équation indiquée devient pour ce point

$$\varphi_1 = f_1^2 - f_1^2 = 0.$$

193. Mais l'équation du cône doit s'écrire au moyen de droites qui passent à son sommet, c'est-à-dire qu'on peut l'amener à n'avoir d'autres variables que $\mathrm{X} = x - x_1$, $\mathrm{Y} = y - y_1$ et $\mathrm{Z} = z - z_1$. Nous allons la chercher directement sous cette forme.

Les équations d'une génératrice étant donc

$$\mathrm{X} = \mu \mathrm{Z}, \quad \mathrm{Y} = \nu \mathrm{Z},$$

nous poserons, dans l'équation $f = 0$ de la surface,

$$x = \mathrm{X} + x_1 = x_1 + \mu \mathrm{Z}, \quad y = \mathrm{Y} + y_1 = y_1 + \nu \mathrm{Z} \quad \text{et} \quad z = z_1 + \mathrm{Z}.$$

On obtient alors

$$\mathrm{Z}^2 (\mathrm{A}\mu^2 + \mathrm{A}'\nu^2 + \mathrm{A}'' + 2\mathrm{B}\nu + 2\mathrm{B}'\mu + 2\mathrm{B}''\mu\nu)$$
$$+ 2\mathrm{Z}\{\mu(\mathrm{A}x_1 + \mathrm{B}''y_1 + \mathrm{B}'z_1 + \mathrm{C}) + \nu(\mathrm{A}'y_1 + \mathrm{B}''x_1 + \mathrm{B}z_1 + \mathrm{C}')$$
$$+ \mathrm{A}''z_1 + \mathrm{B}y_1 + \mathrm{B}'x_1 + \mathrm{C}''\} + f_1 = 0.$$

Comme la génératrice du cône est tangente à la surface donnée, les racines de cette équation en Z sont égales, et il vient :

$$\{\mu(\mathrm{A}x_1 + \mathrm{B}''y_1 + \mathrm{B}'z_1 + \mathrm{C}) + \nu(\mathrm{A}'y_1 + \mathrm{B}''x_1 + \mathrm{B}z_1 + \mathrm{C}')$$
$$+ \mathrm{A}''z_1 + \mathrm{B}y_1 + \mathrm{B}'x_1 + \mathrm{C}''\}^2$$
$$= f_1(\mathrm{A}\mu^2 + \mathrm{A}'\nu^2 + \mathrm{A}'' + 2\mathrm{B}\nu + 2\mathrm{B}'\mu + 2\mathrm{B}''\mu\nu),$$

équation qui donnera celle du cône cherché en remettant les valeurs $\mu = \dfrac{\mathrm{X}}{\mathrm{Z}}$, $\nu = \dfrac{\mathrm{Y}}{\mathrm{Z}}$. On a donc

$$\tfrac{1}{4}(\mathrm{X}\mathrm{D}_{x_1} + \mathrm{Y}\mathrm{D}_{y_1} + \mathrm{Z}\mathrm{D}_{z_1})^2 = f_1(\mathrm{A}\mathrm{X}^2 + \mathrm{A}'\mathrm{Y}^2 + \mathrm{A}''\mathrm{Z}^2 + 2\mathrm{B}\mathrm{Y}\mathrm{Z} + 2\mathrm{B}'\mathrm{X}\mathrm{Z} + 2\mathrm{B}''\mathrm{X}\mathrm{Y}):$$

en remettant pour X, Y et Z leurs valeurs, et développant, on retrouverait l'équation $\mathrm{F}^2 - ff_1 = 0$, ou bien

$$\{x(\mathrm{A}x_1 + \mathrm{B}''y_1 + \mathrm{B}'z_1 + \mathrm{C}) + y(\mathrm{A}'y_1 + \mathrm{B}''x_1 + \mathrm{B}z_1 + \mathrm{C}')$$
$$+ z(\mathrm{A}''z_1 + \mathrm{B}y_1 + \mathrm{B}'z_1 + \mathrm{C}'') + \mathrm{C}x_1 + \mathrm{C}'y_1 + \mathrm{C}''z_1 + \mathrm{E}\}^2$$
$$= (\mathrm{A}x^2 + \mathrm{A}'y^2 + \mathrm{A}''z^2 + 2\mathrm{B}yz + 2\mathrm{B}'xz + 2\mathrm{B}''xy + 2\mathrm{C}x + 2\mathrm{C}'y + 2\mathrm{C}''z + \mathrm{E})$$
$$(\mathrm{A}x_1^2 + \mathrm{A}'y_1^2 + \mathrm{A}''z_1^2 + 2\mathrm{B}y_1z_1 + 2\mathrm{B}'x_1z_1 + 2\mathrm{B}''x_1y_1 + 2\mathrm{C}x_1$$
$$+ 2\mathrm{C}'y_1 + 2\mathrm{C}''z_1 + \mathrm{E}).$$

Mais le raisonnement qu'on a vu ci-dessus évite ces calculs.

194. *Cylindre enveloppe.* — Considérons maintenant le cylindre dont toutes les génératrices, que l'on suppose avoir une direction donnée, sont tangentes à la surface. Cela revient à admettre que le sommet du cône passe à l'infini. Voyons alors ce que devient l'équation $\mathrm{F}^2 - ff_1 = 0$.

En posant $\dfrac{x_1}{z_1} = \mu$, $\dfrac{y_1}{z_1} = \nu$, on peut écrire, en général :

$$F = z_1 \left\{ x \left(A\mu + B''\nu + B' + \frac{C}{z_1} \right) + y \left(A'\nu + B''\mu + B + \frac{C}{z_1} \right) \right.$$
$$\left. + z \left(A'' + B\nu + B'\mu + \frac{C''}{z_1} \right) \right\}$$

et

$$ff_1 = fz_1^2 \left(A\mu^2 + A'\nu^2 + A'' + 2B\nu + 2B'\mu + 2B''\mu\nu + \frac{C\mu + C'\nu + C''}{z_1} + \frac{E}{z_1^2} \right).$$

Donc, supprimant le facteur z_1^2 dans l'équation $F^2 - ff_1 = 0$, puis faisant $z_1 = \infty$, il reste

$$\{ x (A\mu + B''\nu + B') + y (A'\nu + B''\mu + B) + z (A'' + B\nu + B'\mu) \}^2$$
$$= (Ax^2 + A'y^2 + A''z^2 + 2Byz + 2B'xz + 2B''xy + 2Cx + 2C'y + 2C''z + E$$
$$(A\mu^2 + A'\nu^2 + A'' + 2B\nu + 2B'\mu + 2B''\mu\nu).$$

et je dis que c'est l'équation cherchée du cylindre, les limites μ et ν de $\dfrac{x_1}{z_1}$ et de $\dfrac{y_1}{z_1}$ étant les coefficients angulaires donnés des génératrices.

En effet, l'un de ces coefficients angulaires est

$$\frac{x - x_1}{z - z_1} = \frac{\dfrac{x}{z_1} - \dfrac{x_1}{z_1}}{\dfrac{z}{z_1} - 1}$$

A la limite, le second membre se réduit à $\mu = \lim \dfrac{x_1}{z_1}$; de même $\dfrac{y - y_1}{z - z_1}$ se réduit à $\nu = \lim \dfrac{y_1}{z_1}$.

195. L'équation de ce cylindre doit aussi se mettre sous une forme où il ne reste d'autres variables que les quantités $x - \mu z = X$ et $y - \nu z = Y$.

Pour y parvenir directement, nous poserons dans l'équation de la surface $x = \mu z + X$, $Y = \nu z + Y$, ce qui donne

$$z^2 (A\mu^2 + A'\nu^2 + A'' + 2B\nu + 2B'\mu + 2B''\mu\nu)$$
$$+ 2z \left\{ X (A\mu + B''\nu + B') + Y (A'\nu + B''\mu + B) + C\mu + C'\nu + C'' \right\}$$
$$+ AX^2 + AY'^2 + 2B''XY + 2CX + 2C'Y + E = 0.$$

Les génératrices étant tangentes, cette équation en z a ses racines égales, ce qui donne l'équation cherchée :

$$\left\{ X (A\mu + B''\nu + B') + Y (A'\nu + B''\mu + B) + C\mu + C'\nu + C'' \right\}^2$$
$$= (AX^2 + A'Y^2 + 2B''CY + 2CX + 2C'Y + E)$$
$$\times (A\mu^2 + A'\nu^2 + A'' + 2B\nu + 2B'\mu + 2B''\mu\nu).$$

On sait que la courbe de contact d'un cône enveloppe est sur le plan polaire du sommet. Pour le cylindre, ce sommet étant à l'infini, il faut, dans l'équation du plan polaire, $Axx' + A'yy' + \cdots = 0$, poser $\dfrac{x'}{z'} = \mu$, $\dfrac{y'}{z'} = \nu$, puis $z' = \infty$. Alors on a pour équation du plan de contact

$$A\mu x + A'\nu y + A''z + B (z\nu + y)$$
$$+ B' (z\mu + x) + B'' (\mu y + \nu x) + C\mu + C'\nu + C'' = 0,$$

plan qui passe par le centre de la surface, comme cela doit être, car, si $C = C' = C'' = 0$, on voit que l'équation est satisfaite par $x = y = z = 0$.

196. *Cône asymptote.* — Nous avons vu qu'aucun plan tangent, et par conséquent aucune tangente, ne passait au centre. Si donc on prend le centre pour sommet du cône enveloppe, *les points de contact sont à l'infini;* c'est ce qu'on appelle le *cône asymptote* de la surface.

Il faut donc voir ce que devient l'équation $F^2 - ff_1 = 0$ quand x_1, y_1, z_1 représente le centre.

Dans ce cas, comme D_{1x}, D_{1y} et D_{z_1} sont nuls, on a

$$F = Cx_1 + C'y_1 + C''z_1 + E.$$

Par la même raison

$$f_1 = Cx_1 + C'y_1 + C''z_1 + E.$$

Supprimant ce facteur, il reste

$$Cx_1 + C'y_1 + C''z_1 + E = f,$$

ou bien

$$Ax^2 + Ay'^2 A''z^2 + 2Byz + 2B'xz + 2B''xy$$
$$+ 2Cx + 2C'y + 2C''z = Cx_1 + C'y_1 + C''y_1,$$

car E disparaît de part et d'autre.

Du reste, $Cx_1 + C'y_1 + C''z_1 = \dfrac{CK + C'K' + C''K''}{m}$.

197. Si l'origine est au centre, où C, C', C'' sont nuls, il reste $Ax^2 + A'y^2 + A''z^2 + 2Byz + 2B'xz + 2B''xy = 0$.

Alors l'équation de ce cône ne diffère de celle de la surface, également rapportée au centre, qu'en ce que le terme indépendant a disparu. Dans ce cas, le calcul direct est facile.

L'équation de la surface est

$$Ax^2 + A'y^2 + \ldots + 2B''xy + E = 0 ;$$

alors soient

$$x = \mu z, \quad y = \nu z,$$

on a

$$A\mu^2 + A'\nu^2 + A'' + 2B\nu + 2B'\mu + 2B''\nu\mu + \frac{E}{z^2} = 0 :$$

pour $z = \infty$, le dernier terme disparaît; donc en remettant

$$\mu = \frac{x}{z} \quad \text{et} \quad \nu = \frac{y}{z}$$

on retrouve le résultat précédent.

198. *Cas où la surface est un cône ou un cylindre.* — Si la surface donnée est elle-même un cône, nous allons voir

que *le cône enveloppe se réduit à l'ensemble de deux plans tangents dont l'intersection est la droite qui joint le point donné au sommet du cône donné.*

Mettons l'origine au sommet du cône donné (§ 166); l'équation $F^2 - ff_1 = 0$ devient alors, x_1, y_1, z_1, représentant toujours le point donné, qui ne fait pas partie de la surface,

$$\{ Axx_1 + A'yy_1 + A''zz_1 + B(zy_1 + yz_1) + B'(xz_1 + zx_1) + B''(xy_1 + yx_1) \}^2$$
$$- (Ax^2 + A'y^2 + A''z^2 + 2Byz + 2B'xz + 2B''xy)$$
$$\times (Ax_1^2 + A'y_1^2 + A''z_1^2 + 2By_1z_1 + 2B'x_1z_1 + 2B''x_1y_1) = 0$$

et l'on reconnaît facilement qu'elle se réduit à :

$$(B^2 - A'A'')(yz_1 - zy_1)^2 + (B'^2 - AA'')(xz_1 - zx_1)^2 + (B''^2 - AA')(xy_1 - yx_1)^2$$
$$- 2AB(xy_1 - yx_1)(xz_1 - zx_1) - 2A'B'(yx_1 - xy_1)(yz_1 - zy_1)$$
$$- 2A''B''(zx_1 - xz_1)(zy_1 - yz_1) = 0.$$

Les équations de la droite en question étant $\dfrac{x}{x_1} = \dfrac{y}{y_1} = \dfrac{z}{z_1}$, on aura, pour tous les points de cette droite,

$$yz_1 - zy_1 = 0, \quad xz_1 - zx_1 = 0, \quad xy_1 - yx_1 = 0 ;$$

ainsi cette droite fera partie du lieu cherché.

Soit $xz_1 - zx_1 = \alpha$, $yz_1 - zy_1 = \beta$ on aura

$$xy_1 - yx_1 = \frac{\alpha y_1 - \beta x_1}{z_1}$$

par l'élimination de z. Divisant donc toute l'équation par β^2 et posant $\lambda = \dfrac{\alpha}{\beta}$, on aura une équation de second degré en λ et chaque racine donnera l'un des plans tangents.

199. Si le sommet du cône donné, au lieu d'être l'origine, a pour coordonnées x_0, y_0, z_0, il faudra, dans l'équation précédente, remplacer x, y et z par $x - x_0$, $y - y_0$ et $z - z_0$ et x_1, y_1, z_1 par $x_1 - x_0, y_1 - y_0, z_1 - z_0$, en in-

diquant toujours par x_1, y_1, z_1 les coordonnées du point considéré comme sommet du cône enveloppe, lequel dégénère ici en deux plans qui se coupent.

Alors

$$\alpha = (x - x_0)(z_1 - z_0) - (z - z_0)(x_1 - x_0)$$

ou bien

$$\alpha = x(z_1 - z_0) - z(x_1 - x_0) + z_0 x_1 - z_1 x_0 ;$$

de même

$$\beta = y(z_1 - z_0) - z(y_1 - y_0) + z_0 y_1 - z_1 y_0$$

et

$$xy_1 - yx_1 = x(y_1 - y_0) - y(x_1 - x_0) + x_1 y_0 - y_1 x_0.$$

200. Supposons maintenant que le cône donné dégénère en cylindre, il faut voir ce que deviennent ces quantités quand x_0, y_0, z_0 sont infinis. Avant cette supposition, on a

$$\alpha = z_0 \left\{ x\left(\frac{z_1}{z_0} - 1\right) - z\left(\frac{x_1}{z_0} - \frac{x_0}{z_0}\right) + x_1 - z_1 \frac{x_0}{z_0} \right\}.$$

De même, le facteur z_0 se trouvant aussi dans β et dans $xy_1 - yx_1$, qui est donné par l'égalité

$$xy_1 - yx_1 = z_0 \left\{ \frac{x_0}{z_0}(y - y_1) - \frac{y_0}{z_0}(x - x_1) \right\},$$

sera en évidence. Alors la limite de $-\dfrac{\alpha}{z_0}$ pour $z_0 = \infty$ sera $X = x - x_1 - \mu(z - z_1)$, en posant, comme on l'a vu ci-dessus, $\mu = \lim \dfrac{x_0}{z_0}$.

De même, soit $\nu = \lim \dfrac{y_0}{z_0}$ on aura

$$\lim -\frac{\beta}{z_0} = Y = y - y_1 - \nu(z - z_1),$$

μ et ν étant, comme on le sait, les coefficients angulaires des génératrices du cylindre donné. Enfin on aura

$$\lim \left(\frac{xy_1 - yx_1}{z_0}\right) = \mu(y - y_1) - \nu(x - x_1) = \mu Y - \nu X.$$

Par conséquent on aura l'équation de la *surface enveloppe*

au cylindre au moyen des seules variables X et Y. Il est clair que cette surface contient la droite menée du point donné par ses coordonnées x_1, y_1, z_1 parallèlement aux génératrices du cylindre, car $X = 0$ et $Y = 0$ sont les équations de cette parallèle.

Si l'on pose $\lambda = \dfrac{X}{Y}$, il reste une équation du second degré en λ, ce qui donne deux plans tangents dont l'intersection est la parallèle indiquée.

VII. PLANS DIAMÉTRAUX.

201. Étant donnée une surface quelconque et une certaine direction de cordes parallèles, on appelle *surface diamétrale* le lieu géométrique des milieux de ces cordes.

Les équations d'une de ces cordes étant $x = \mu z + \alpha$, $y = \nu z + \beta$, si l'on substitue ces valeurs dans l'équation de degré m qui représente la surface, on a une équation en z du même degré. Soit z_1 la valeur de z qui convient au milieu d'une corde, il est clair que $2z_1$ est la somme de deux racines de l'équation en z, c'est-à-dire que

$$z' + z'' = 2z_1.$$

Il suffit donc, dans cette équation, de remplacer z par $2z_1 - z$ et d'éliminer z, ce qui donnera l'équation cherchée en z_1. Comme on peut combiner chaque point d'intersection avec les $m - 1$ autres, l'équation en z_1 aura $\dfrac{m(m-1)}{2}$ racines.

Ensuite on écrira dans cette équation

$$\alpha = x_1 - \mu z_1, \quad \beta = y_1 - \nu z_1,$$

ce qui donnera l'équation de la surface diamétrale.

202. Si $m = 2$, $\dfrac{m(m-1)}{2} = 1$; ainsi, quand la surface donnée est du second degré, les surfaces diamétrales sont des plans, mais nous allons les trouver directement.

En substituant $x = \mu z + \alpha$, $y = \nu z + \beta$ dans l'équation d'une surface du second degré, on a l'équation

$$z^2 (A\mu^2 + A'\nu^2 + A'' + 2B\nu + 2B'\mu + 2B''\mu\nu)$$
$$+ 2z \left\{ \alpha (A\mu + B''\nu + B') + \beta (A'\nu + B''\mu + B) + C\mu + C'\nu + C'' \right\}$$
$$+ A\alpha^2 + A'\beta^2 + 2B''\alpha\beta + 2C\alpha + 2C'\beta + E = 0.$$

Soient x_1, y_1, z_1 les coordonnées du milieu de la corde, la théorie des équations du second degré donne

$$-z_1 = \frac{\alpha (A\mu + B''\nu + B') + \beta (A'\nu + B''\mu + B) + C\mu + C'\nu + C''}{A\mu^2 + A'\nu^2 + A'' + 2B\nu + 2B'\mu + 2B''\mu\nu}.$$

Pour avoir le lieu cherché, quels que soient α et β, il faut remplacer réciproquement ces quantités par $x_1 - \mu z_1$ $y_1 - \nu z_1$; réduisant, on a l'équation cherchée :

$$x (A\mu + B''\nu + B') + y (A'\nu + B''\mu + B)$$
$$+ z (A'' + B\nu + B'\mu) + C\mu + C'\nu + C'' = 0,$$

où nous avons supprimé les indices.

Cette équation peut encore se mettre sous la forme :

$$\mu (Ax + B''y + B'z + C) + \nu (A'y + B''x + Bz + C') + A''z + B'x + By + C'' = 0,$$

c'est-à-dire

$$\mu D_x + \nu D_y + D_z = 0.$$

Il en résulte que *tous les plans diamétraux passent par le centre*, pour lequel $D_x = 0$, $D_y = 0$, $D_z = 0$.

203. Réciproquement *tout plan passant par le centre est un plan diamétral*. Pour le démontrer, il suffit de calculer les coefficients angulaires μ et ν des cordes que ce plan partage en portions égales. Prenons le centre pour origine, l'équation de ce plan sera de la forme

$$Mx + Ny + z = 0;$$

donc, d'après ce qui précède, on a

$$M = \frac{A\mu + B''\nu + B'}{A'' + B\nu + B'\mu}, \qquad N = \frac{A'\nu + B''\mu + B}{A'' + B\nu + B'\mu},$$

ce qui donne

$$\mu = \frac{M(A'A'' - B^2) + N(BB' - A''B'') + BB'' - A'B'}{M(BB'' - A'B') + N(B'B'' - AB) + AA' - B''^2}$$

et

$$\nu = \frac{M(BB' - A''B'') + N(AA'' - B'^2) + B'B'' - AB}{M(BB'' - A'B') + N(B'i'' - AB) + AA' - B''^2}.$$

On dit donc que ce plan diamétral est *conjugué* à la direction de ces cordes, et réciproquement.

204. Cherchons si cette direction de cordes peut jamais être parallèle au plan diamétral conjugué. L'origine étant au centre, l'équation de ce plan sera

$$x(A\mu + B''\nu + B') + y(A'\nu + B''\mu + B) + z(A'' + B\nu + B'\mu) = 0.$$

Les équations de la parallèle menée du centre aux cordes conjuguées étant $x = \mu z$, $y = \nu z$, on a l'équation de condition

$$\mu(A\mu + B''\nu + B') + \nu(A'\nu + B''\mu + B) + A'' + B\nu + B'\mu = 0,$$

ou bien

$$A\mu^2 + A'\nu^2 + A'' + 2B\nu + 2B'\mu + 2B''\mu\nu = 0.$$

Ainsi cette droite sera une *génératrice du cône asymptote*, puisque l'équation de ce cône est

$$Ax^2 + A'y^2 + A''z^2 + 2Byz + 2B'xz + 2B''xy = 0. \quad (\S\ 197)$$

L'équation du plan sécant suivant cette génératrice, pour chacun des points de laquelle on a $\dfrac{x'}{z'} = \mu$, $\dfrac{y'}{z'} = \nu$, sera évidemment celle que nous venons d'écrire et qui revient à

$$x(Ax' + B''y' + B'z') + y(A'y' + B''x' + Bz') + z(A''z' + By' + B'x') = 0.$$

Ainsi *ce plan diamétral est tangent au cône asymptote suivant cette même génératrice.*

205. En dehors de ce cas exceptionnel, nous rappellerons que les coordonnées x_1, y_1, z_1 sont toujours réelles, même quand les extrémités de cette corde sont imaginaires. En effet, dans une série de cordes parallèles, les unes peuvent rencontrer la surface et les autres ne pas la rencontrer.

206. *Surfaces dépourvues de centre.* — Cherchons dans quelles circonstances un plan diamétral peut être *tout entier à l'infini.* Pour cela il faut évidemment que les coefficients de x, de y et de z, dans l'équation du § 202, soient tous nuls, c'est-à-dire que l'on ait

$$A\mu + B''\nu + B' = 0, \quad A'\nu + B''\mu + B = 0, \quad A'' + B\nu + B'\mu = 0.$$

En les combinant deux à deux, on a les valeurs

$$\mu = \frac{A'B' - BB''}{B''^2 - AA'} = \frac{A''B'' - BB'}{AB - B'B''} = \frac{B^2 - A'A''}{A'B' - BB''},$$

$$\nu = \frac{AB - B'B''}{B''^2 - AA'} = \frac{A''B'' - BB'}{A'B' - BB''} = \frac{B' - AA''}{AB - B'B''},$$

qui sont liées par l'équation de condition

$$m = AB^2 + A'B'^2 + A''B''^2 - AA'A'' - 2BB'B'' = 0,$$

ce qui, comme on l'a vu, indique l'absence d'un centre unique.

Seulement cela ne veut pas dire que tous les plans diamétraux d'une telle surface soient à l'infini : au contraire, cela n'arrive que pour les valeurs particulières données à μ et à ν dans les relations précédentes.

207. Cependant on peut observer alors que tout autre plan diamétral situé à une distance finie est *parallèle à cette direction particulière.*

En effet, soit

$$x (A \mu' + B'' \nu' + B') + y (A' \nu' + B'' \mu' + B)$$
$$+ z (A'' + B \nu' + B' \mu') + C \mu' + C' \nu' + C'' = 0$$

l'équation d'un plan diamétral conjugué à une direction dont μ', ν' sont les coefficients angulaires et cherchons l'intersection de ce plan avec une parallèle à la direction représentée par μ et ν.

Il faut substituer $x = \mu z + \alpha$, $y = \nu z + \beta$ et le coefficient de z sera

$$\mu (A \mu' + B'' \nu' + B') + \nu (A' \nu' + B'' \mu' + B) + A'' + B \nu' + B' \mu'$$
$$= \mu' (A \mu + B'' \nu + B') + \nu' (A' \nu + B'' \mu + B) + A'' + B' \mu + B \nu = 0.$$

Donc, d'après les relations précédentes, le coefficient de z étant nul, la rencontre n'a lieu qu'à l'infini.

VIII. DIAMÈTRES.

208. On appelle *diamètre* l'intersection de deux surfaces diamétrales; c'est donc toujours *une droite* dans les surfaces du second degré, où ces surfaces sont des plans.

Si la surface donnée a un centre, il est clair (§ 203) que *tous les diamètres passent par le centre.*

On dit qu'un diamètre est *transverse* quand il rencontre la surface, et *non-transverse*, dans le cas contraire.

209. Nous avons vu (§ 158) que *les centres d'une série de sections parallèles sont sur une droite :* nous avons même reconnu, dans le courant de la démonstration, que cette droite était l'intersection de deux plans diamétraux, correspondants à deux directions conjuguées entre elles dans ces sections : donc *cette droite est un diamètre de la surface.*

Du reste, le centre d'une section ne varie pas avec la direction des cordes qui s'y trouvent divisées en parties égales; il en sera donc de même pour la ligne des centres dans les sections parallèles : ainsi, deux autres directions, même non conjuguées, parallèles aux sections, donneraient le même diamètre. On dit alors que les plans parallèles à ces sections et le diamètre correspondant sont *conjugués* ensemble ; cherchons donc la relation entre la direction de ces plans et celle de leur diamètre conjugué.

Considérons les plans diamétraux des directions suivant lesquelles le plan donné des sections est coupé par deux plans arbitraires que nous supposerons, pour plus de simplicité, être ceux des xz et des yz; nous savons que l'intersection de ces plans diamétraux sera le diamètre cherché.

Soit $z + Mx + Ny + P = 0$ l'équation d'un de ces plans dont la direction est déterminée par les coefficients connus M et N; le plan des xz ayant pour équation $y = 0$, l'autre équation de son intersection avec le plan donné sera $x = \dfrac{-(z+P)}{M}$, et l'on aura l'équation du plan diamétral correspondant (§ 202) en donnant aux coefficients angulaires les valeurs $-\dfrac{1}{M}$ et 0.

Cette équation est donc

$$x\left(B' - \frac{A}{M}\right) + y\left(B - \frac{B''}{M}\right) + z\left(A'' - \frac{B'}{M}\right) + C'' - \frac{C}{M} =),$$

ou bien

$$x\,(B'M - A) + y\,(BM - B'') + z\,(A''M - B') + C''M - C = 0.$$

Ce plan devant contenir le diamètre cherché dont nous

représenterons les équations par $x = \mu z$, $y = \nu z$, en mettant l'origine au centre et posant $C = 0$, $C' = 0$, $C'' = 0$, on aura la relation

$$\mu\,(B'M - A) + \nu\,(BM - B'') + A''M - B' = 0,$$

d'où l'on tire

$$M = \frac{A\,\mu + B''\,\nu + B'}{B'\,\mu + B\,\nu + A''}.$$

En considérant la section par le plan des yz, on aura symétriquement

$$M = \frac{A'\,\nu + B''\,\mu + B}{B'\,\mu + B\,\nu + A''}.$$

Ce sont les valeurs déjà obtenues au § 203.

Par conséquent *le diamètre, lieu des centres des sections parallèles à un plan diamétral, est parallèle aux cordes que ce plan divise en parties égales.*

210. Il en résulte encore que *toute droite passant par le centre est un diamètre*, puisque l'on peut toujours en conclure la direction des plans conjugués.

211. *Diamètres conjugués* (fig. 20). — Soit OA le diamètre conjugué avec les sections parallèles CBC', $C_1B_1C'_1$ et admettons, comme aux §§ 157 et 158, que OC, OB soient deux diamètres conjugués d'une de ces sections.

Supposons de plus que O soit le centre de la surface : alors COB sera un plan diamétral qui, d'après ce que l'on vient de voir, divise en parties égales les cordes parallèles à OA. Du reste, on sait déjà (§§ 157 et 158) que le plan AOB divise également les cordes parallèles à OC, et AOC les cordes parallèles à OB. Alors les trois droites OA, OB, OC forment un système de *dia-*

mètres conjugués, c'est-à-dire que *le plan de deux d'entre eux divise en parties égales les cordes parallèles au troisième.*

212. Il est clair qu'un diamètre ne peut faire partie d'un système de diamètres conjugués quand il se trouve dans le plan des deux autres; c'est ce qui n'arrive que pour l'exception du § 42. Ainsi une génératrice du cône asymptote ne peut faire partie d'un système de diamètres conjugués.

213. Le centre de la surface étant pris pour origine, nous représenterons les équations de trois diamètres conjugués par

$$\frac{x}{a} = \frac{y}{b} = \frac{z}{c}, \qquad \frac{x}{a'} = \frac{y}{b'} = \frac{z}{c'}, \qquad \frac{x}{a''} = \frac{y}{b''} = \frac{z}{c''}.$$

Nous avons vu que le plan mené par le centre parallèlement aux conjugués du diamètre représenté par

$$\frac{x}{a} = \frac{y}{b} = \frac{z}{c}$$

avait pour équation (§ 202)

$$x\,(Aa + B''b + B'c) + y\,(A'b + B''a + Bc) + z\,(A''c + B'a + Bb) = 0,$$

puisque C, C', C'' deviennent nuls.

Or, ce plan devant contenir le second diamètre qui a pour équations

$$x = \frac{a'}{c'}z, \qquad y = \frac{b'}{c'}z,$$

on a

$$a'\,(Aa + B''b + B'c) + b'\,(A'b + B''a + Bc) + c''\,(A''c + B'a + Bb) = 0,$$

ce qui revient à la relation symétrique

$$Aa\,x' + A'bb' + A''cc' + B\,(bc' + b'c) + B'\,(ac' + a'c) + B''\,(ab' + a'b) = 0.$$

On a par analogie

$$Aaa'' + A'bb'' + A''cc'' + B(bc'' + b''c)$$
$$+ B'(ac'' + a''c) + B''(ab'' + a''b) = 0,$$

et

$$Aa'a'' + A'b'b'' + A''c'c'' + B(b'c'' + b''c')$$
$$+ B'(a'c'' + a''c') + B(a'b'' + a''b') = 0.$$

Telles sont les trois équations nécessaires et suffisantes pour établir un système de diamètres conjugués.

On comprend que chacune d'elles signifie que deux de ces diamètres sont conjugués entre eux dans leur plan.

Comme ces relations n'existent qu'entre les directions des diamètres conjugués, elles sont toujours vraies, même quand C, C', C'' ne sont pas nuls, c'est-à-dire quand le centre n'est pas pris comme origine.

214. Diamètre passant par un point donné. — Soient x_1, y_1, z_1 les coordonnées d'un point quelconque, même n'appartenant pas à la surface; comme ce diamètre passe aussi au centre dont les coordonnées sont $\dfrac{K}{m}$, $\dfrac{K'}{m}$, $\dfrac{K''}{m}$ (§ 162), les équations du diamètre cherché sont

$$x - x_1 = \frac{K - mx_1}{K'' - mz_1}(z - z_1)$$

et

$$y - y_1 = \frac{K' - my_1}{K'' - mz_1}(z - z_1).$$

215. Surfaces dépourvues de centre unique. — Si $m = 0$, il reste

$$x - x_1 = \frac{K}{K''}(z - z_1). \qquad y - y_1 = \frac{K'}{K''}(z - z_1):$$

donc, *dans une surface privée de centre, les diamètres sont parallèles entre eux.* C'est ce qu'il était facile de prévoir, d'après leur définition, car l'intersection de deux plans diamétraux doit être parallèle à la direction qui est commune à tous ces plans (§ 207). Seulement il faut que l'on ait $\frac{K}{K''} = \mu$, et $\frac{K'}{K''} = \nu$; en effet, dans les premières relations du § 163, posons $m = 0$, on retrouve les équations en μ et ν du § 206.

216. De plus, *chaque diamètre ne rencontre la surface qu'en un point.*

En effet, dans le développement du § 202, obtenu en substituant $x = \mu z + \alpha$, $y = \nu z + \beta$ dans l'équation de la surface, le coefficient de z^2 sera

$$\mu\,(A\mu + B''\nu + B') + \nu\,(A'\nu + B''\mu + B) + A'' + B\nu + B'\mu.$$

et deviendra nul pour les valeurs de μ et de ν qui conviennent aux diamètres (§ 206). Alors, pour obtenir la valeur unique de z, il reste

$$2z\,(C\mu + C'\nu + C'')\,A\alpha^2 + A'\beta^2 + 2B''\alpha\beta + 2C\alpha + 2C'\beta + E = 0.$$

217. Il faut aussi *trouver la position du diamètre conjugué avec une série de plans parallèles, et réciproquement.*

Soit, comme au § 208, $z + Mx + Ny + P = 0$ l'équation d'un de ces plans; le plan diamétral des parallèles à la droite suivant laquelle ce plan est coupé par celui des xz, aura encore pour équation

$$x\,(B'M - A) + y\,(BM - B'') + z\,(A''M - B') + C''M - C = 0.$$

Pour résoudre d'abord le problème réciproque, soient $x = \mu z + \alpha$, $y = \nu z + \beta$ les équations d'un diamètre donné; comme il doit faire partie du plan diamétral dont nous venons d'écrire l'équation, il faut remplacer, dans cette équation, x et y par ces valeurs. Alors il reste

$$z \left\{ M (B'\mu + B\nu + A'') - (A\mu + B''\nu + B') \right\}$$
$$+ \alpha (B'M - A) + \beta (BM - B'') + C''M - C = 0.$$

Les relations qui donnent μ et ν font voir que le coefficient de z est nul; on obtiendra donc

$$M = \frac{A\alpha + B''\beta + C}{B'\alpha + B\beta + C''},$$

et par symétrie

$$N = \frac{A'B + B''\alpha + C'}{B'\alpha + B\beta + C''}.$$

On trouve ainsi la direction des plans conjugués avec un diamètre de position donnée.

Pour résoudre le premier problème, reprenons la relation précédente où z a disparu

$$\alpha (B'M - A) + \beta (BM - B'') + C''M - C = 0,$$

et qui donne par symétrie

$$\beta (BN - A') + \alpha (B'N - B'') + C''N - C' = 0.$$

En éliminant, on trouve

$$\alpha = \frac{M (BC' - A'C'') + N (B''C'' - CB) + A'C - C'B''}{M (A'B' - BB'') + N (AB - B'B'') + B''^2 - AA'},$$
$$\beta = \frac{N (B'C - AC'') + M (B''C'' - C'B') + AC' - CB''}{M (A'B' - BB'') + N (AB - B'B'') + B''^2 - AA'};$$

ce qui fait connaître la position du diamètre conjugué avec une série donnée de plans parallèles.

IX. PLANS POLAIRES ET DIAMÈTRES.

218. Les droites centrales que nous avons considérées § 189 ne sont autre chose que des diamètres, comme

nous l'avons reconnu (§ 210). Ainsi le théorème indiqué (§ 189) revient à dire que *les plans polaires de tous les points d'un diamètre sont parallèles*, ce diamètre contenant les centres des sections parallèles à ces plans.

En d'autres termes, *un plan polaire est conjugué du diamètre qui passe par son pôle.*

Si le pôle donné est sur la surface, on sait que le plan polaire est tangent en ce point. Donc *un diamètre est le lieu des centres des sections parallèles au plan tangent à un point où ce diamètre rencontre la surface.*

Comme un diamètre perce généralement la surface en deux points, puisque le centre où il passe est le milieu des cordes qui le contiennent, on voit aussi que *deux plans tangents aux extrémités d'un même diamètre sont parallèles entre eux.*

219. *Surfaces dépourvues de centre unique.* — Le paragraphe précédent s'appliquera, excepté le corollaire qui le termine, aux surfaces où le centre est à l'infini, et que chaque diamètre, comme nous l'avons vu (§ 216), ne rencontre la surface qu'en un point.

Du reste, le plan tangent en ce point sera toujours conjugué du diamètre qui passe en ce même point.

On voit qu'une surface de cette nature ne peut pas avoir, à proprement parler, de système de trois diamètres conjugués, comme dans les surfaces où ces diamètres concourent au centre unique : ici, en effet, tous les diamètres sont parallèles, comme se réunissant à un centre placé à l'infini.

X. GÉNÉRATION DES SURFACES DU SECOND DEGRÉ.

220. On peut résumer ce chapitre en disant qu'*une*

surface du second degré est engendrée en faisant mouvoir, sur une conique fixe, une conique mobile, parallèle et semblable à elle-même et de manière que son centre soit toujours sur un même diamètre de la conique fixe.

La seule condition est que la section mobile ait un centre unique (§ 160).

Or, dans l'équation générale, posons successivement $x = 0$, $y = 0$, $z = 0$ et exprimons la condition que les sections n'aient pas de centre, on a

$$B^2 - A'A'' = 0, \quad B'^2 - AA'' = 0, \quad B''^2 - AA' = 0.$$

La surface n'ayant pas, par hypothèse, de sections centrales, à plus forte raison n'a pas de centre; donc $m = 0$ (§ 165).

Par conséquent les identités du § 163 deviennent

$$AC - B'B'' = 0, \quad A'B' - BB'' = 0, \quad A''B'' - BB' = 0.$$

De là tirant A, A′, A″, l'équation générale s'écrit ainsi :

$$BB'B'' \left(\frac{x}{B} + \frac{y}{B'} + \frac{z}{B''} \right)^2 + 2Cx + 2C'y + 2C''z + E = 0.$$

On peut indiquer par $Y = 0$ l'équation

$$\frac{x}{B} + \frac{y}{B'} + \frac{z}{B''} = 0,$$

c'est-à-dire prendre pour plan des XZ le plan représenté par cette équation (§ 181). De même en indiquant par $X = 0$ l'équation

$$Cx + C'y + C''z + \frac{E}{2} = 0$$

du plan des YZ, la surface est représentée par $Y^2 = 2PX$; ici P est un coefficient constant.

On voit alors que la surface est un *cylindre parabo-*

lique dont la base est dans le plan des XY et dont les génératrices sont parallèles à l'axe des Z, intersection des deux plans indiqués.

Alors, en effet, cette surface n'a pas de sections à centre, mais il est clair qu'elle est engendrée par une parabole qui se meut égale et parallèle à elle-même, son sommet s'appuyant sur une droite fixe.

Mais, en général, soient (fig. 20) CBC′, $C_1 B_1 C'_1,\dots$ des coniques à centre, semblables et parallèles, on voit que ces centres $O, O_1,\dots$ s'appliquent sur le diamètre OA de la conique fixe CAC′, qui peut n'avoir pas de centre, car rien n'exige ici que O soit celui de la surface.

Les sections $O, O_1,\dots$ se rapprochent de l'extrémité A du diamètre et, à cette limite, on sait que la section parallèle se réduit au plan tangent en A.

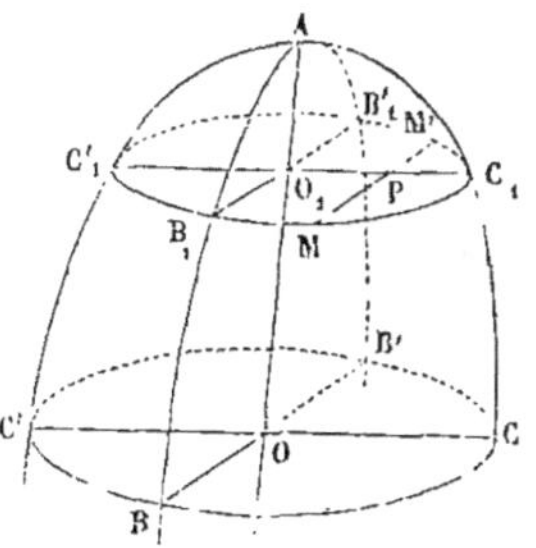

Fig. 20.

XI. INTERSECTION DES SURFACES DU SECOND DEGRÉ.

221. En général, ces surfaces se coupent suivant une courbe à double courbure, mais *si deux surfaces du second degré ont une première section commune plane, elles en ont une seconde.*

Soit $M = 0$, $N = 0$ les équations des surfaces, et λ un facteur arbitraire; $M + \lambda N = 0$ représentera, en faisant varier λ, toutes les surfaces du second degré qui passeront par les points communs aux deux surfaces.

Par hypothèse, il y a une valeur de λ telle, que $M + \lambda N$ soit divisible par un facteur du premier degré en x, y, z, ce facteur, égalé à zéro, donnant le plan de la première section plane. Le quotient donnera un autre facteur du premier degré qui, étant égalé à zéro, représentera le plan de la seconde section. Ainsi, pour cette valeur particulière de λ, l'équation $M + \lambda N = 0$ se décomposera dans celle de deux plans qui auront chacun une intersection commune avec les surfaces données. Ces deux courbes d'intersection se couperont sur l'intersection des deux plans.

Un de ces plans, ou tous les deux, peuvent ne pas rencontrer les surfaces; de même que deux coniques ont souvent des points communs imaginaires. En outre, l'un des plans peut être à l'infini.

Ainsi soient

$$M = x^2 + y^2 + (z - z')^2 - R'^2 = 0,$$
$$N = x^2 + y^2 + z^2 - R^2 = 0,$$

les équations de deux sphères concentriques obtenues par la révolution de deux circonférences; si l'on pose

$$z = \frac{R^2 - R'^2 + z'^2}{2 z'} = 2\alpha,$$

il est facile de voir que le plan qui a pour équation $z - 2\alpha$ sera commun aux deux sphères qu'il coupera suivant un cercle.

Pour avoir l'autre plan, il faut diviser $M + \lambda N$ ou

$$z^2 (1 + \lambda) - 2zz' + (1 + \lambda)(x^2 + y^2) - \lambda R^2 - R'^2 + z'^2$$

par $z - 2\alpha$. Le quotient sera

$$z(1 + \lambda) + 2\left\{\alpha(1 + \lambda) - z'\right\},$$

et le reste, qui devra être nul pour que la division réus-
sisse, donne alors l'égalité

$$(1 + \lambda)\{4\alpha^2 + x^2 + y^2 - R^2\} = R'^2 - R^2 - z'^2 + 4\alpha z' = 0,$$

à cause de la valeur de α.

Donc $1 + \lambda = 0$ et $\lambda = -1$. Le quotient se réduirait
à l'égalité impossible $z' = 0$, ce qui exige $z = \infty$. Du
reste, $\lambda = -1$ donne $M - N = 0$, ce qui fait évidemment
retomber sur le premier plan.

Cet exemple montre, d'une manière générale, le calcul qu'il faut faire pour trouver l'un des plans quand
on connaît l'autre. On divise le polynôme $M + \lambda N$ par
le facteur du premier degré qui correspond au plan
donné, et l'on obtient, en établissant la condition que
la division se fasse exactement, la valeur du facteur λ;
d'après cela, le quotient donne l'équation de l'autre
plan.

222. Comme cas particuliers, voici quelques théorèmes :

1° Si un cône et un cylindre ont un plan tangent commun, leur courbe d'intersection est plane.

2° Si deux cônes sont tangents le long d'une génératrice, leur intersection est plane.

3° Si deux cylindres ont deux plans tangents communs, leur intersection est plane.

223. *Quand deux surfaces du second degré ont un plan
diamétral commun, la projection de leur intersection sur ce
plan, parallèlement aux cordes conjuguées, est une courbe
du second degré.*

En effet, prenons ce plan diamétral pour celui des xy,

et pour l'axe des z le diamètre conjugué. On reconnaît facilement que les équations des surfaces sont

$$z^2 = ax^2 + 2bxy + cy^2 + 2dx + 2ey + f = 0$$

et

$$z^2 = a'x^2 + 2b'xy + c'y^2 + 2d'x + 2e'y + f' = 0.$$

Donc la projection de l'intersection a pour équation

$$(a - a')\,x^2 + 2\,(b - b')\,xy + (c - c')\,y^2$$
$$+ 2\,(d - d')\,x + 2\,(e - e')\,y + f - f' = 0.$$

Il peut arriver qu'une partie seulement de cette projection corresponde à l'intersection de l'espace. Ainsi l'intersection de deux ellipsoïdes (surfaces limitées que nous allons considérer) peut se projeter suivant une partie d'hyperbole.

CHAPITRE IV

ELLIPSOÏDES

I. NATURE ET VARIÉTÉS DE LA SURFACE.

224. *Génération de l'ellipsoïde.* — Pour appliquer les principes de la génération des surfaces du second degré, considérons le lieu géométrique engendré par l'ellipse mobile A'O'B' qui reste parallèle et semblable à elle-même, en s'appuyant constamment sur l'ellipse fixe CB'B, de manière que le centre O' de l'ellipse mobile soit toujours sur le diamètre CO de l'ellipse fixe : cette surface s'appelle *ellipsoïde*.

225. *Équation de l'ellipsoïde.* — Soit $\frac{y^2}{b^2} + \frac{z^2}{c^2} = 1$ l'équation de l'ellipse fixe dans le plan des yz, et $\frac{x^2}{a^2} + \frac{y^2}{b^2} = 1$, celle de l'ellipse mobile quand elle est arrivée en AOB, où elle a le même centre O que dans l'ellipse mobile : dans une position quelconque A'O'B', à la hauteur $OO' = z$, son équation dans ce plan A'O'B' sera $\dfrac{x^2}{a'^2} + \dfrac{y^2}{b'^2} = 1$, avec la

relation $\dfrac{a'}{a} = \dfrac{b'}{b}$, ou $\dfrac{b'}{a'} = \dfrac{b}{a}$.

Pour établir, en outre, que l'ellipse mobile s'appuie

sur l'ellipse fixe, on a la relation $\dfrac{b'^2}{b^2} + \dfrac{z^2}{c^2} = 1$, les coor-

données du point B' sur cette ellipse fixe étant OB' $= b'$ et
B'D $= z =$ MP, car le point M de la courbe A'MB' est le
point de la surface que l'on considère.

On a donc

$$\frac{b'^2}{a'^2}\,x^2 + y^2 = b'^2;$$

ce qui, d'après ce qui précède, revient à

$$\frac{b^2}{a^2}x^2 + y^2 = b^2 - \frac{b^2 z^2}{c^2},$$

ou bien

$$\frac{x^2}{a^2} + \frac{y^2}{b^2} + \frac{z^2}{c^2} = 1 :$$

c'est l'équation de l'ellipsoïde, rapporté, comme on le
voit, à un système de trois diamètres conjugués.

226. En général, si une équation du second ordre à
trois variables se compose d'une *somme de trois carrés
positifs égale à une constante*, cette équation représente un
ellipsoïde.

D'abord on divisera tout par cette constante, afin de
réduire le terme indépendant à l'unité. Un des carrés

pourra s'écrire $\dfrac{X^2}{A^2}$. Ici X $= 0$, étant de la forme

$$\alpha x + \beta y + \gamma z + \delta = 0,$$

sera l'équation d'un certain plan ; de même Y $= 0$, Z $= 0$

étant celles de deux autres plans, l'équation donnée sera

$$\frac{X^2}{A^2} + \frac{Y^2}{B^2} + \frac{Z^2}{C^2} = 1.$$

Alors, imaginons que l'on prenne pour plans coordonnés ceux qui sont représentés par $X = 0$, $Y = 0$, $Z = 0$, on voit que leurs intersections mutuelles donnent un système de diamètres conjugués qui permet d'identifier cette équation avec celle d'un ellipsoïde.

Pour un point quelconque de la surface, on peut poser

$$\frac{X}{A} = \sin\gamma \sin\alpha, \qquad \frac{Y}{B} = \sin\gamma \cos\alpha, \qquad \frac{Z}{C} = \cos\gamma \,;$$

ici α et γ sont des angles quelconques.

227. *Sections planes.* — L'équation $\dfrac{x^2}{a^2} + \dfrac{y^2}{b^2} + \dfrac{z^2}{c^2} = 1$ montre qu'il est impossible de donner à aucune des variables une valeur infinie. Donc cette surface du second degré est *limitée*, et *toutes les sections planes de l'ellipsoïde sont des ellipses.*

On comprend que tous les plans et toutes les droites ne rencontrent pas l'ellipsoïde, mais il est facile de reconnaître que toute droite passant par le centre perce cette surface ; donc aussi *un plan passant par le centre coupe l'ellipsoïde.*

228. *Axes principaux.* — Il faut maintenant démontrer l'existence d'un système de *diamètres conjugués rectangulaires*, qu'on appellera les *axes principaux*. (Il est évident que l'on peut construire un ellipsoïde en prenant l'ellipse mobile perpendiculaire au diamètre sur lequel reste son centre ; mais il s'agit d'établir l'existence de ce système rectangulaire dans un ellipsoïde déjà construit sur un système donné de diamètres conjugués obliques.)

Soit OC la plus courte distance du centre à la surface ; d'après cette supposition, OC sera la moitié du petit axe

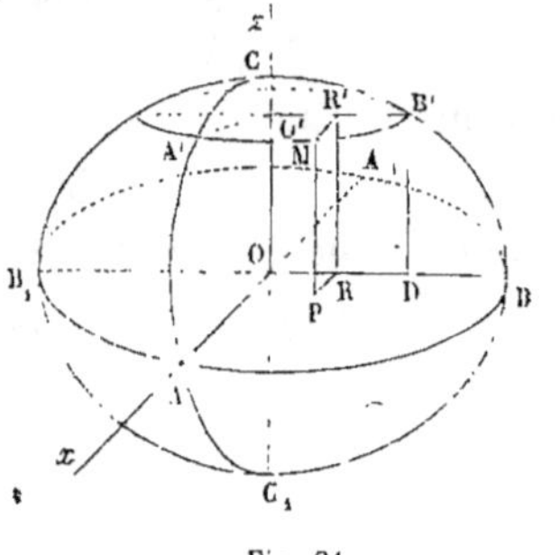

de toutes les sections passant par cette ligne ; donc, dans toutes ces ellipses, les grands axes conjugués avec OC lui seront perpendiculaires, c'est-à-dire sont dans un plan AOB perpendiculaire à OC. Soient OA, OB les axes rectangulaires de l'ellipse AOB déterminée par ce plan, il est clair que chacune des lignes OA, OB, OC est perpendiculaire aux deux autres, ce qui démontre l'énoncé.

Fig. 21.

Enfin cette ellipse AOB contient la plus grande distance du centre à la surface ; en effet, quelle que soit cette distance maximum, imaginons le plan qui la contient avec la distance minimum OC. Dans l'ellipse ainsi déterminée, cette ligne maximum étant évidemment le grand axe conjugué avec le petit axe OC, lui sera perpendiculaire et fera ainsi partie de l'ellipse AOB ; ce sera la distance OA.

229. Il faut encore prouver que ce système d'axes conjugués rectangulaire est *unique*.

En effet, la surface étant rapportée à ce premier système rectangulaire, considérons trois diamètres représentés par $x = \mu z$ et $y = \nu z$, $x = \mu' z$ et $y = \nu' z$, $x = \mu'' z$ et $y = \nu'' z$. Si l'on suppose ces droites perpendiculaires deux à deux, on a les relations

$$\mu\mu' + \nu\nu' + 1 = 0, \text{ etc...};$$

de plus, puisqu'elles forment aussi un système de diamètres conjugués, on a aussi, d'après ce qu'on a trouvé au chapitre précédent (§ 213),

$$\frac{\mu\mu'}{a^2} + \frac{\nu\nu'}{b^2} + \frac{1}{c^2} = 0, \text{ etc...}$$

De là on tire μ' et ν' en fonction de μ, ν, a^2, b^2, c^2. Comme μ'' et ν'' satisfont aux mêmes relations que μ' et ν', on aura

$$\mu'' = \mu' \text{ et } \nu'' = \nu',$$

ce qui donnera, dans l'égalité

$$\mu'\mu'' + \nu'\nu'' + 1 = 0,$$

le résultat

$$\mu'^2 + \nu'^2 + 1 = 0;$$

c'est-à-dire que la somme de trois carrés positifs serait nulle, ce qui est impossible.

230. *Ellipsoïde de révolution.* — Si deux axes sont égaux, leur plan détermine un cercle; donc la surface est engendrée par la révolution d'une section passant par le troisième axe, autour duquel elle tourne.

Ici encore il faut distinguer le cas où l'axe immobile est plus grand que l'axe tournant, ce qui donne l'ellipsoïde *allongé*, et le cas où l'axe immobile est plus petit, ce qui donne l'ellipsoïde *aplati*.

Nous reviendrons sur ces circonstances.

231. *Sphère.* — Si $a = b = c$, il reste $x^2 + y^2 + z^2 = a^2$ qui représente, avec des coordonnées rectangulaires, une sphère de rayon a rapportée à son centre.

Du reste, il est clair que l'équation de la sphère avec des coordonnées quelconques s'obtient par la distance de deux points pris en général. Soient x', y', z' les coordonnées du centre et a le rayon de la sphère, on a obtenu

$$a^2 = (x-x')^2 + (y-y')^2 + (z-z')^2$$
$$+ 2(y-y')(z-z')\cos yz$$
$$+ 2(x-x')(z-z')\cos xz$$
$$+ 2(x-x')(y-y')\cos xy.$$

232. *Point.* — Si le rayon a de la sphère est nul, elle se réduit à un point pour lequel $x^2 + y^2 + z^2 = 0$ et qui est l'origine.

233. *Surface imaginaire.* — Au point de vue analytique, une équation telle que

$$\frac{x^2}{a^2} + \frac{y^2}{b^2} + \frac{z^2}{c^2} + 1 = 0$$

est considérée comme celle d'une variété de l'ellipsoïde, quoiqu'elle représente une surface imaginaire.

II. PLAN TANGENT ET PLAN POLAIRE.

234. La méthode générale qui donne l'équation du plan tangent ou du plan polaire à une surface du second degré étant appliquée à l'équation

$$\frac{x^2}{a^2} + \frac{y^2}{b^2} + \frac{z^2}{c^2} = 1$$

d'un ellipsoïde rapporté à un système quelconque de diamètres conjugués, on voit que l'équation du plan polaire relatif à un point qui a pour coordonnées x', y', z' sera

$$\frac{xx'}{a^2} + \frac{yy'}{b^2} + \frac{zz'}{c^2} = 1.$$

Identifiant cette équation avec $Ax + By + Cz = D$ qui représente un plan quelconque, on aura

$$A = \frac{Dx'}{a^2}, \quad B = \frac{Dy'}{b^2}, \quad C = \frac{Dz'}{c^2}.$$

235. Si le plan est tangent, élevons au carré les quantités

$$\frac{x'}{a} = \frac{aA}{D}, \quad \frac{y'}{b} = \frac{bB}{D}, \quad \frac{z'}{c} = \frac{cC}{D},$$

et ajoutons; il en résulte

$$D^2 = a^2A^2 + b^2B^2 + c^2C^2,$$

condition de contact.

Ainsi l'équation

$$Ax + By + Cz = \sqrt{A^2a^2 + B^2b^2 + C^2c^2}$$

représente toujours un plan tangent.

Comme on a $A^2a^2 + B^2b^2 + C^2c^2 > 0$, *un plan tangent peut avoir une direction quelconque.* Du reste cela est évident, puisque tous les diamètres sont *transverses*, c'est-à-dire rencontrent la surface.

236. Les valeurs générales $A = \dfrac{Dx'}{a^2}$, etc... où x', y', z' ne sont plus les coordonnées d'un point de la surface, étant transportées dans cette équation des plans tangents, donnent

$$\frac{xx'}{a^2} + \frac{yy'}{b^2} + \frac{zz'}{c^2} = \sqrt{\frac{x'^2}{a^2} + \frac{y'^2}{b^2} + \frac{z'^2}{c^2}}.$$

C'est l'équation des plans tangents |*parallèles au plan polaire du point donné*, car

$$\frac{xx'}{a^2} + \frac{yy'}{b^2} + \frac{zz'}{c^2} = 1$$

est l'équation de ce plan polaire.

237. *Points intérieurs et extérieurs*. — On dit qu'un point est *extérieur* à l'ellipsoïde lorsqu'on peut de ce point mener des plans tangents à l'ellipsoïde ; on dit qu'il est *intérieur* quand il n'y passe pas de plans tangents.

Le point quelconque dont les coordonnées sont x', y', z' étant le sommet du cône enveloppe, on sait (§ 173) que le plan polaire de ce point contient la courbe de contact, et il serait facile de répéter ici le raisonnement. Il s'agit donc de savoir si cette courbe est réelle ou imaginaire.

L'équation du plan polaire étant

$$\frac{x\,x'}{a^2} + \frac{yy'}{b^2} + \frac{zz'}{c^2} = 1 ,$$

doublons les termes de cette égalité, retranchons-les terme à terme de l'équation

$$\frac{x^2}{a^2} + \frac{y^2}{b^2} + \frac{z^2}{c^2} = 1$$

qui convient aux points de la courbe de contact, et ajoutons de part et d'autre

$$\frac{x'^2}{a^2} + \frac{y'^2}{b^2} + \frac{z'^2}{c^2},$$

il vient

$$\frac{(x-x')^2}{a^2} + \frac{(y-y')^2}{b^2} + \frac{(z-z')^2}{c^2} = \frac{x'^2}{a^2} + \frac{y'^2}{b^2} + \frac{z'^2}{c^2} - 1.$$

Comme le premier nombre est positif quand le point de la surface est réel, on voit que le point donné est extérieur si

$$\frac{x'^2}{a^2} + \frac{y'^2}{b^2} + \frac{z'^2}{c^2} - 1 > 0.$$

Au contraire, si le point est intérieur, on a

$$\frac{x'^2}{a^2} + \frac{y'^2}{b^2} + \frac{z'^2}{c^2} - 1 < 0.$$

Enfin, si

$$\frac{x'^2}{a^2} + \frac{y'^2}{b^2} + \frac{z'^2}{c^2} - 1 = 0,$$

on sait que le point est sur la surface, et que le cône enveloppe se réduit au plan tangent.

238. *Cône enveloppe.* — On peut demander d'obtenir directement l'équation du cône enveloppe.

Soient $x - x' = \alpha(z - z')$, $y - y' = \beta(z - z')$ les équations d'une des génératrices de ce cône; comme cette droite ne rencontre la surface qu'en un point, nous allons, dans l'équation

$$\frac{x^2}{a^2} + \frac{y^2}{b^2} + \frac{z^2}{c^2} = 1,$$

poser

$$x = x' + \alpha(z - z'), \quad y = y' + \beta(z - z') \quad \text{et} \quad z = z' + (z - z'),$$

puis faire en sorte que l'équation en $z - z'$ ait ses racines égales.

L'égalité

$$\frac{\{x' + \alpha(z - z')\}^2}{a^2} + \frac{\{y' + \beta(z - z')\}^2}{b^2} + \frac{\{z' + (z - z')\}^2}{c^2} = 1$$

donne

$$(z - z')^2 \left(\frac{\alpha^2}{a^2} + \frac{\beta^2}{b^2} + \frac{1}{c^2} \right) + 2(z - z') \left(\frac{\alpha x'}{a^2} + \frac{\beta y'}{b^2} + \frac{z'}{c^2} \right) = 1 - \frac{x'^2}{a^2} - \frac{y'^2}{b^2} - \frac{z'^2}{c^2}.$$

La condition de contact est donc

$$\left(\frac{\alpha x'}{a^2} + \frac{\beta y'}{b^2} + \frac{z'}{c^2} \right)^2 + \left(\frac{\alpha^2}{a^2} + \frac{\beta^2}{b^2} + \frac{1}{c^2} \right) \left(1 - \frac{x'^2}{a^2} - \frac{y'^2}{b^2} - \frac{z'^2}{c^2} \right) = 0.$$

Réduisant, on trouve

$$\frac{\alpha^2}{a^2} + \frac{\beta^2}{b^2} + \frac{1}{c^2} = \frac{(\alpha y' - \beta x')^2}{a^2 b^2} + \frac{(\alpha z' - x')^2}{a^2 c^2} + \frac{(\beta z' - y')^2}{b^2 c^2}.$$

Maintenant, posant

$$\alpha = \frac{x - x'}{z - z'}, \qquad \beta = \frac{y - y'}{z - z'},$$

et réduisant encore, on a l'équation du cône enveloppe

$$\frac{(x - x')^2}{a^2} + \frac{(y - y')^2}{b^2} + \frac{(z - z')^2}{c^2} = \frac{(yz' - zy')^2}{b^2 c^2} + \frac{(zx' - xz')^2}{a^2 c^2} + \frac{(xy' - yx')^2}{a^2 b^2}.$$

239. *Cylindre enveloppe.* — La droite qui joint le centre au sommet du cône a pour équations $x = \mu z$, $y = \nu z$, en posant $\mu = \dfrac{x'}{z'}$, $\nu = \dfrac{y'}{z'}$.

Si le sommet va à l'infini, μ et ν restent constants et indiquent la direction des génératrices du cylindre dans lequel dégénère le cône.

Pour avoir l'équation du plan de contact, il suffira donc de diviser par z' l'équation du plan polaire et de faire ensuire $z' = \infty$. Il en résulte

$$\frac{\mu x}{a^2} + \frac{\nu y}{b^2} + \frac{z}{c^2} = 0,$$

ce qui montre que *le plan de la base passe par le centre.*

240. Quant à l'équation du cylindre, on l'obtiendra comme celle du cône.

Les équations d'une génératrice étant $x = \mu z + m$, $y = \nu z + n$, substituons ces expressions dans l'équation

$$\frac{x^2}{a^2} + \frac{y^2}{b^2} + \frac{z^2}{c^2} = 1,$$

pour établir que cette droite n'a qu'un point commun avec la surface. On aura

$$z^2\left(\frac{\mu^2}{a^2} + \frac{\nu^2}{b^2} + \frac{1}{c^2}\right) + 2z\left(\frac{m\mu}{a^2} + \frac{n\nu}{b^2}\right) = 1 - \frac{m^2}{a^2} - \frac{n^2}{b^2}.$$

Pour que les racines soient égales, on doit avoir

$$\left(\frac{m\mu}{a^2}+\frac{n\nu}{b^2}\right)^2 + \left(\frac{\nu^2}{a^2}+\frac{\nu^2}{b^2}+\frac{1}{c^2}\right)\left(1-\frac{m^2}{a^2}-\frac{n^2}{b^2}\right)=0,$$

ou bien, en réduisant,

$$\frac{\mu^2}{a^2}+\frac{\nu^2}{b^2}+\frac{1}{c^2}=\frac{(\mu n-\nu m)^2}{a^2 b^2}+\frac{m^2}{a^2 c^2}+\frac{n^2}{b^2 c^2}.$$

Mais $m=x-\mu z$, $n=y-\nu z$, ce qui donne

$$\mu n-\nu m = \mu y-\nu x;$$

alors l'équation du cylindre est

$$\frac{\mu^2}{a^2}+\frac{\nu^2}{b^2}+\frac{1}{c^2}=\frac{(y-\nu z)^2}{b^2 c^2}+\frac{(x-\mu z)^2}{a^2 c^2}+\frac{(\mu y-\nu x)^2}{a^2 b^2}.$$

On y parviendrait aussi par l'équation du cône enveloppe, en prenant la limite.

III. SECTIONS CIRCULAIRES.

241. Cherchons les directions dans lesquelles un plan peut couper un ellipsoïde suivant un cercle. Comme les sections parallèles sont semblables, celles des sections faites dans cette direction qui passeront par le centre seront aussi des cercles.

Nous pouvons donc imaginer que chacun de ces cercles fait partie d'une sphère concentrique à l'ellipsoïde, qui est ici rapporté à ses *axes principaux* : nous supposons $a > b > c$.

Pour trouver cette sphère, mettons l'équation de l'ellipsoïde sous la forme

$$z^2\left(\frac{1}{c^2}-\frac{1}{b^2}\right)-x^2\left(\frac{1}{b^2}-\frac{1}{a^2}\right)=1-\frac{x^2+y^2+z^2}{b^2}.$$

Alors les sections circulaires centrales sont données par
la rencontre de la sphère qui a pour équation

$$x^2 + y^2 + z^2 = b^2,$$

avec l'un des plans représentés par

$$\frac{x}{z} = \pm \sqrt{\frac{\frac{1}{c^2} - \frac{1}{b^2}}{\frac{1}{b^2} - \frac{1}{a^2}}}.$$

Ces plans contiennent l'axe des y, puisque leur équation est satisfaite par $x = 0$, $z = 0$. Ils sont réels, à
condition que b soit l'axe *moyen*, c'est-à-dire compris
entre a et c; c'est ce que nous avons admis.

242. Il faut maintenant faire voir que ces directions sont les seules possibles; pour cela nous ferons
en sorte que la section plane indiquée au § 92
soit un cercle, mais le calcul va présenter une difficulté.

Les axes étant rectangulaires et la section étant centrale, on a

$$x = -\frac{X\gamma}{\sqrt{\alpha^2 + \gamma^2}}, \quad y = \frac{Y\gamma}{\sqrt{\beta^2 + \gamma^2}}, \quad \beta = \frac{X\alpha}{\sqrt{\alpha^2 + \gamma^2}} + \frac{Y\beta}{\sqrt{\beta^2 + \gamma^2}},$$

d'où

$$\frac{X^2}{\alpha^2 + \gamma^2}\left(\frac{\gamma^2}{\alpha^2} + \frac{\alpha^2}{c^2}\right) + \frac{Y^2}{\beta^2 + \gamma^2}\left(\frac{\gamma^2}{b^2} + \frac{\beta^2}{c^2}\right) + \frac{2\alpha\beta XY}{c^2\sqrt{(\alpha^2 + \gamma^2)(\beta^2 + \gamma^2)}} = 1.$$

Si la section est un cercle, les coefficients de X^2 et
de Y^2 sont égaux et, de plus, en divisant par ce coefficient commun le coefficient de XY, on doit avoir pour
quotient $2\cos XY$. On a donc

$$\frac{2\alpha\beta}{c^2\sqrt{(\alpha^2 + \gamma^2)(\beta^2 + \gamma^2)}} \cdot \frac{a^2 c^2 (\alpha^2 + \gamma^2)}{(c^2\gamma^2 + a^2\alpha^2)} = 2\cos XY.$$

Mais la méthode indiquée donne

$$\cos XY = \frac{\alpha\beta}{\sqrt{(\alpha^2 + \gamma^2)(\beta^2 + \gamma^2)}};$$

donc

$$\frac{\alpha\beta \cdot a^2 (\alpha^2 + \gamma^2)}{c^2\gamma^2 + a^2\alpha^2} = \alpha\beta.$$

De même que nous avons supprimé $\sqrt{(\alpha^2 + \gamma^2)(\beta^2 + \gamma^2)}$ aux deux dénominateurs, il paraît naturel de supprimer $\alpha\beta$ aux deux numérateurs, mais alors il resterait

$$a^2\alpha^2 + a^2\gamma^2 = c^2\gamma^2 + a^2\alpha^2,$$

d'où $a^2 = c^2$; il n'y aurait donc qu'un ellipsoïde de révolution capable d'avoir des sections circulaires.

Cela tient à ce que l'une des quantités α et β doit être nulle, ce qui ne permettrait pas de supprimer ce facteur $\alpha\beta$. Soit donc $\beta = 0$; les coefficients de X^2 et de Y^2 devant être égaux, on a

$$\frac{c^2\gamma^2 + a^2\alpha^2}{a^2 c^2 (\alpha^2 + \gamma^2)} = \frac{1}{b^2},$$

d'où l'on tire

$$\frac{\gamma^2}{\alpha^2} = \frac{a^2 (b^2 - c^2)}{c^2 (a^2 - b^2)} = \frac{\dfrac{1}{c^2} - \dfrac{1}{b^2}}{\dfrac{1}{b^2} - \dfrac{1}{a^2}}.$$

Comme l'équation du plan sécant est

$$\alpha x + \gamma z = 0,$$

d'où

$$\frac{\gamma}{\alpha} = -\frac{x}{z},$$

on voit que ce résultat revient à celui du paragraphe précédent.

Posons maintenant $\alpha = 0$: il en résulte

$$\frac{1}{a^2} = \frac{c^2\gamma^2 + b^2\beta^2}{b^2 c^2 (\beta^2 + \gamma^2)},$$

d'où l'on tire

$$c^2 \gamma^2 (a^2 - b^2) = b^2 \beta^2 (c^2 - a^2);$$

or cette égalité est impossible, car $a > b$ et $c < a$.

Par conséquent, les deux directions déjà trouvées sont les seules possibles.

243. Si l'ellipsoïde est de révolution, on reconnaît facilement que ces deux directions se réduisent à une seule, perpendiculaire à l'axe de révolution.

Enfin, pour une sphère, les directions sont indéterminées, puisque tout plan sécant donne un cercle.

244. *Ombilics.* — On appelle ainsi les *points de contact des plans tangents parallèles aux sections circulaires.* Or nous avons obtenu (§ 241) pour équation d'une section circulaire centrale

$$x + Rz = 0,$$

en posant

$$R = \pm \frac{\sqrt{\dfrac{1}{c^2} - \dfrac{1}{b^2}}}{\sqrt{\dfrac{1}{b^2} - \dfrac{1}{a^2}}}.$$

Soient x', y', z' les coordonnées d'un ombilic ; l'équation du plan tangent en ce point étant

$$\frac{xx'}{a^2} + \frac{yy'}{b^2} + \frac{zz'}{c^2} = 1,$$

on voit d'abord que $y' = 0$, puisque ce plan tangent est parallèle au plan indiqué. Ainsi les ombilics sont dans le plan xOz, *perpendiculaire à l'axe moyen.*

L'équation du plan tangent étant donc

$$x + \frac{a^2 z'}{c^2 x'} z = \frac{a^2}{x'},$$

on a

$$R = \frac{a^2 z'}{c^2 x'}$$

ou

$$R^2 = \frac{a^4 z'^2}{c^4 x'^2}.$$

Mais

$$\frac{x'^2}{a^2} + \frac{z'^2}{c^2} = 1,$$

d'où

$$R^2 = \frac{a^4}{c^2 x'^2}\left(1 - \frac{x'^2}{a^2}\right) = \frac{a^4}{c^2 x'^2} - \frac{a^2}{c^2}.$$

Par conséquent

$$\frac{a^4}{c^2 x'^2} = \frac{a^2}{c^2} + R^2 = \frac{a^2}{b^2} + \frac{a^2 b^2 - a^2 c^2}{a^2 c^2 - b^2 c^2},$$

ou bien

$$\frac{a^2}{x'^2} = 1 + \frac{b^2 - c^2}{a^2 - b^2} = \frac{a^2 - c^2}{a^2 - b^2}$$

et

$$\frac{x'^2}{a^2} = \frac{a^2 - b^2}{a^2 - c^2}.$$

Ensuite

$$\frac{z'^2}{c^2} = 1 - \frac{(a^2 - b^2)}{a^2 - c^2},$$

ou

$$\frac{z'^2}{c^2} = \frac{b^2 - c^2}{a^2 - c^2}.$$

En combinant les deux valeurs de x' et celles de z', on a quatre ombilics.

Si l'ellipsoïde est *de révolution*, il n'y a plus que deux ombilics, qui sont les extrémités de l'axe de révolution.

Dans une *sphère*, tous les points peuvent être considérés comme des ombilics.

245. *Sphères tangentes concentriques.* — La sphère qui a pour diamètre l'axe maximum $2a$ est évidemment tan-

gente en A et A_1 à l'ellipsoïde qu'elle contient tout entier; de même celle qui a pour diamètre l'axe minimum $2c$ est tangente en C et C_1, et est tout entière à l'intérieur de la surface.

Mais quant à la sphère qui a le diamètre moyen $2b$, nous venons de voir (§ 240) que ce diamètre est l'intersection des sections circulaires centrales : donc ces deux sections sont sur la sphère dont il s'agit. Ainsi cette troisième sphère n'aura pas seulement, comme les deux autres, deux points communs avec l'ellipsoïde, mais deux circonférences. Cependant elle n'aura avec cette surface que deux plans tangents communs, en B et en B_1; de même que les deux autres avaient, avec l'ellipsoïde, des plans tangents communs en A, A_1 et en C, C_1,

246. Néanmoins, si l'ellipsoïde est *de révolution*, c'est-à-dire si cet axe moyen est égal à l'un des deux autres, la sphère dont il est le diamètre est tangente à l'ellipsoïde, à *tous les points de la circonférence commune*.

IV. THÉORÈME DE MONGE.

247. *Le lieu géométrique du sommet d'un angle tri-rectangle circonscrit à l'ellipsoïde est une sphère concentrique.*

Les coordonnées étant rectangulaires, nous avons trouvé la relation

$$AA' + BB' + CC' = 0$$

entre les coefficients des équations de deux plans perpendiculaires. Soit

$$\frac{A}{C} = \alpha, \qquad \frac{B}{C} = \beta, \text{ etc.,}$$

il reste

$$\alpha \alpha' + \beta \beta' + 1 = 0;$$

de même les deux autres plans donneront

$$\alpha \alpha'' + \beta \beta'' + 1 = 0 \quad \text{et} \quad \alpha' \alpha'' + \beta' \beta'' + 1 = 0. \tag{I}$$

En identifiant l'équation du plan qui passe par un
point donné avec celle d'un plan tangent à l'ellipsoïde (§ 235), on posera

$$A x' + B y' + C z' = \sqrt{a^2 A^2 + b^2 B^2 + c^2 C^2}.$$

Élevant au carré, divisant par C^2, et supprimant les
accents, puisqu'il s'agit d'un point du lieu cherché,
il reste

$$(\alpha x + \beta y + z)^2 = a^2 \alpha^2 + b^2 \beta^2 + c^2.$$

On a de même

$$(\alpha' x + \beta' y + z)^2 = a^2 \alpha'^2 + b^2 \beta'^2 + c^2$$

et

$$(\alpha'' x + \beta'' y + z)^2 = a^2 \alpha''^2 + b^2 \beta''^2 + c^2. \tag{II}$$

Nous allons ajouter les égalités (II) après les avoir respectivement multipliées par les indéterminées m, m', m'',
dont nous disposerons de manière à faire disparaître les
rectangles des variables. Il en résultera

$$(x^2 - a^2)(m \alpha^2 + m' \alpha'^2 + m'' \alpha''^2) + (y^2 - b^2)(m \beta^2 + m' \beta'^2 + m'' \beta''^2)$$
$$+ (z^2 - c^2)(m + m' + m'') = 0,$$

équation qui conviendra au sommet de l'angle tri-rectangle circonscrit.

En même temps, il faut|y joindre les équations de
condition

$$m \alpha + m' \alpha' + m'' \alpha'' = 0, \quad m \beta + m' \beta' + m'' \beta'' = 0,$$
$$m \alpha \beta + m' \alpha' \beta' + m'' \alpha'' \beta'' = 0. \tag{III}$$

Il n'est pas évident que la dernière des équations (III) soit compatible avec les deux premières : en effet, soit

$$\frac{m}{m''} = \mathrm{N}, \quad \frac{m'}{m''} = \mathrm{M}',$$

les deux premières équations suffisent pour trouver M et M'. On pourra même écrire alors

$$m = \alpha'\beta'' - \alpha''\beta', \quad m' = \alpha''\beta - \alpha\beta'', \quad m'' = \alpha\beta' - \alpha'\beta.$$

Cependant la troisième des égalités (III) se vérifiera, car

$$m\alpha\beta + m'\alpha'\beta' + m''\alpha''\beta''$$

deviendra

$$\alpha\beta\,(\alpha'\beta'' - \alpha''\beta') + \alpha'\beta'\,(\alpha''\beta - \alpha\beta'') + \alpha''\beta''\,(\alpha\beta' - \alpha'\beta)$$
$$= \alpha\alpha'\,(\beta\beta'' - \beta'\beta'') + \alpha\alpha''\,(\beta'\beta'' - \beta'\beta) + \alpha'\alpha''\,(\beta'\beta - \beta\beta'').$$

Mais, d'après les équations (I),

$$\beta\beta'' = 1 - \alpha\alpha'', \quad \beta'\beta'' = 1 - \alpha'\alpha'',$$

d'où

$$\beta\beta'' - \beta'\beta'' = \alpha''\,(\alpha' - \alpha).$$

De même

$$\beta'\beta'' - \beta'\beta = \alpha'\,(\alpha - \alpha'') \quad \text{et} \quad \beta'\beta - \beta\beta'' = \alpha\,(\alpha'' - \alpha').$$

On en conclut

$$m\alpha\beta + m'\alpha'\beta' + m''\alpha''\beta'' = \alpha\alpha'\alpha''\,\{(\alpha' - \alpha) + (\alpha - \alpha'') + (\alpha'' - \alpha')\} = 0.$$

Ainsi la dernière des équations (III) est satisfaite en même temps que les deux premières.

Cela posé, il faut obtenir les coefficients de la somme des équations (II).

Pour cela, observons que

$$m + m' + m'' = \alpha\,(\beta' - \beta'') + \alpha'\,(\beta'' - \beta) + \alpha''\,(\beta - \beta'),$$

comme on le voit en ajoutant les valeurs précédentes de m, m' et m''.

Afin de calculer

$$m\alpha^2 + m'\alpha'^2 + m''\alpha''^2,$$

nous observerons que

$$m \alpha^2 = \alpha \left(\alpha \alpha' \beta'' - \alpha \alpha'' \beta' \right);$$

mais, d'après les équations (I), on a

$$\alpha \alpha' \beta'' = - \beta'' - \beta \beta' \beta'' \quad \text{et} \quad - \alpha \alpha'' \beta' = \beta' + \beta \beta' \beta'',$$

donc

$$m \alpha^2 = \alpha \left(\beta' - \beta'' \right);$$

on a de même

$$m' \alpha'^2 = \alpha' \left(\beta'' - \beta \right) \quad \text{et} \quad m'' \alpha''^2 = \alpha'' \left(\beta - \beta' \right),$$

ce qui donne

$$m \alpha^2 + m' \alpha'^2 + m'' \alpha''^2 = m + m' + m''.$$

La symétrie de toutes les équations entre α, α', α'' et β, β', β'' montre que l'on aura aussi

$$m \beta^2 + m' \beta'^2 + m'' \beta''^2 = m + m' + m''.$$

Divisant donc l'équation par ce facteur commun, il reste

$$x^2 - a^2 + y^2 - b^2 + z^2 - c^2 = 0$$

ou bien

$$x^2 + y^2 + z^2 = a^2 + b^2 + c^2,$$

équation de la sphère indiquée, qui a ainsi pour rayon $\sqrt{a^2 + b^2 + c^2}$.

(Voir, *Nouvelles Annales*, 1853, p. 402 et 403, une démonstration géométrique de M. Haillecourt.)

V. VOLUME DE L'ELLIPSOÏDE.

248. Considérons d'abord l'ellipsoïde de révolution dont l'ellipse génératrice a pour demi-axes $OA = a$, $OC = c$ et qui tourne autour de OC (fig. 22).

Pour avoir la portion de surface comprise entre l'équateur AO et un parallèle quelconque MP, nous comparerons cet ellipsoïde à la sphère concentrique de rayon OC.

Soit N le point de la circonférence génératrice placé à la hauteur de MP; on peut regarder NP comme le rayon de la base d'un cylindre infiniment petit ayant pour hauteur l'élément $P = dz$: ce cylindre étant lui-même l'élément de volume d'un segment sphérique compris entre deux plans parallèles à l'équateur. De même MP sera le rayon de la base du cylindre de même hauteur dz, qui sera l'élément du segment d'ellipsoïde compris entre les mêmes plans.

Ces cylindres élémentaires sont donc entre eux comme les carrés de leurs bases, c'est-à-dire dans le rapport $\dfrac{\overline{MP}^2}{\overline{NP}^2}$, qui sera égal à $\dfrac{a^2}{c^2}$, d'après un théorème connu sur l'ellipse.

Il en sera de même pour deux segments de grandeur finie, l'un sphérique, l'autre elliptique et compris

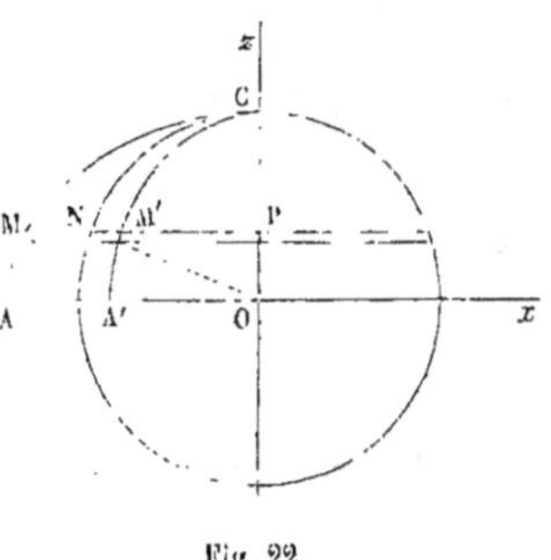

Fig. 22.

entre deux mêmes plans parallèles à l'équateur : par conséquent, après avoir obtenu le segment sphérique, il suffira de le multiplier par $\dfrac{a^2}{c^2}$ pour avoir le segment elliptique.

(La position du point A indique un ellipsoïde aplati où $a > c$, mais le raisonnement serait le même pour le point A', qui donnerait un ellipsoïde allongé où $a < c$.)

249. Pour calculer le segment sphérique compris entre l'équateur et la distance $OP = z$, nous retrancherons de la demi-sphère $\frac{2}{3} \pi c^3$, le segment à une base engendré par la surface CNP. Ce segment est égal au secteur qui a pour base la zone engendrée par l'arc CN, diminué du cône engendré par le triangle ONP. Le secteur a pour mesure $\frac{c}{3} \cdot 2\pi c (c - z)$, et le cône $\frac{z}{3} \cdot \pi (c^2 - z^2)$; ainsi le segment sphérique en question sera $\frac{\pi}{3}(2 c^3 - 3 c^2 z + z^3)$ qu'il faut retrancher de $\frac{2}{3} \pi c^3$, ce qui donne $\pi \left(c^2 z - \frac{z^3}{3} \right)$.

Par conséquent, le volume du segment elliptique compris entre l'équateur et le parallèle MNP a pour mesure $\frac{\pi a^2}{c^2} \left(c^2 z - \frac{z^3}{3} \right)$.

250. Ce résultat va nous permettre de calculer le segment de l'ellipsoïde quelconque. A côté de cet ellipsoïde (fig. 22), imaginons un ellipsoïde de révolution ayant, dans la direction des z, le même demi-axe c; le rayon du cercle équateur étant $a_1 = \sqrt{ab}$. Les deux plans principaux des xy étant amenés à coïncider, les sections parallèles à ce plan commun détermineront donc, dans les deux surfaces, des ellipses équivalentes; ainsi les segments élémentaires seront aussi équivalents : il en sera donc de même pour les segments déterminés de part et d'autre par un plan parallèle à celui des xy, et mené à une distance z de ce plan.

Le segment de l'ellipsoïde de révolution étant

$\dfrac{\pi a_1^2}{c^2}\left(c^2 z - \dfrac{z^3}{3}\right)$, le segment cherché de l'ellipsoïde quelconque a pour mesure $\dfrac{\pi ab}{c^2}\left(c^2 z - \dfrac{z^3}{3}\right)$.

Si $z = c$, on a le demi-ellipsoïde; ainsi l'ellipsoïde total sera $\dfrac{4}{3}\pi abc$.

251. Cela suppose l'ellipsoïde quelconque rapporté à ses axes principaux : il faut aussi trouver son volume quand $2a$, $2b$, $2c$ sont des diamètres conjugués.

Nous y parviendrons d'une manière générale, d'après ce que nous avons vu pour la mesure du tétraèdre et du parallélipipède rectangle, en observant que l'élément du volume d'un corps rapporté à des coordonnées rectangulaires doit être considéré comme un cube infinitésimal h^3. Au contraire, s'il s'agit d'un corps rapporté à des coordonnées qui font entre elles les angles yz, xz, xy, nous avons vu que cet élément était un parallélipipède qui avait encore pour arêtes cette quantité h infiniment petite, mais dont le volume se mesurait par $h^3 \varepsilon$, en posant

$$\varepsilon = \sqrt{1 - \cos^2 yz - \cos^2 xz - \cos^2 xy + 2\cos yz \cos xz \cos xy}.$$

Ainsi, pour passer d'un corps à un autre qui a les mêmes dimensions et en diffère uniquement par les angles que ces dimensions font entre elles, il suffira toujours de multiplier par ε le résultat relatif aux dimensions perpendiculaires.

Ici donc le segment de l'ellipsoïde oblique a pour mesure $\dfrac{\pi ab}{c^2}\varepsilon\left(c^2 z - \dfrac{z^3}{3}\right)$, et l'ellipsoïde total a pour volume $\dfrac{4}{3}\pi.\varepsilon.abc$.

CHAPITRE V

HYPERBOLOÏDES A UNE NAPPE

I. NATURE ET VARIÉTÉS DE LA SURFACE.

252. *Génération de la surface.* — On appelle *hyperbo-loïde à une nappe* la surface engendrée par une *ellipse qui s'appuie constamment sur les deux parties* d'une hyperbole fixe, en restant toujours pa-rallèle et semblable à elle-même, tandis que son cen-tre est toujours sur un diamètre *non transverse* de cette hyperbole (fig. 23).

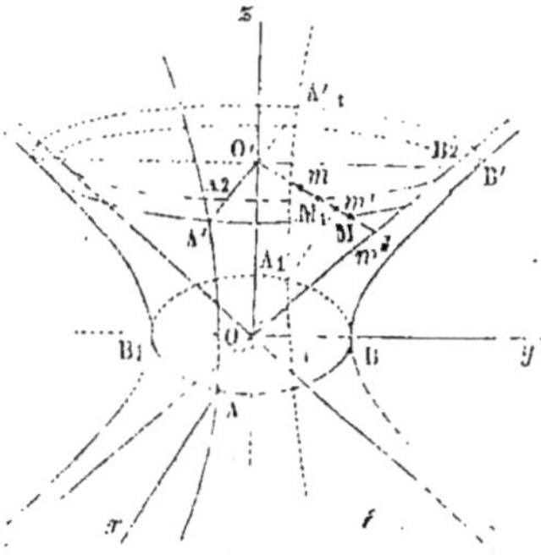

Soit $\dfrac{x^2}{a^2} - \dfrac{z^2}{c^2} = 1$ l'équa-tion de cette hyperbole fixe $AA'A_1$; soit $\dfrac{x^2}{a^2} + \dfrac{y^2}{b^2} = 1$ l'équation de l'ellipse mo-bile lorsqu'elle est dans le plan des xy, qu'elle a le même

Fig. 23.

centre O que l'hyperbole fixe et le demi-axe OA $= a$.

Considérons une position quelconque A'O'B' de cette courbe mobile ; l'équation de sa projection sur le plan des xy sera

$$\frac{x^2}{a'^2} + \frac{y^2}{b'^2} = 1,$$

en posant OA' $= a'$, OB' $= b'$, avec la relation de similitude $\frac{b'}{a'} = \frac{b}{a}$ ou $b' = b\,\frac{a'}{a}$. Par conséquent, multiplions par b'^2 l'équation précédente, on a

$$\frac{b^2 x^2}{a^2} + y^2 = b^2\,\frac{a'^2}{a^2},$$

ou bien

$$\frac{x^2}{a^2} + \frac{y^2}{b^2} = \frac{a'^2}{a^2}.$$

Mais le point A' étant sur l'hyperbole fixe, on a

$$\frac{a'^2}{a^2} - \frac{z^2}{c^2} = 1 ;$$

donc l'équation cherchée devient

$$\frac{x^2}{a^2} + \frac{y^2}{b^2} - \frac{z^2}{c^2} = 1 .$$

255. *Autre mode de génération.* — Nous allons encore trouver l'équation de cette surface en faisant mouvoir une *hyperbole variable sur une ellipse fixe*.

Cette directrice, dans le plan des xy, a pour équation $\frac{x^2}{a^2} + \frac{y^2}{b^2} = 1$; quant à l'hyperbole mobile parallèlement au plan des zx, elle est représentée en AA'A$_1$, lorsqu'elle se trouve dans ce plan, par $\frac{x^2}{a^2} - \frac{z^2}{c^2} = 1$.

Dans une position quelconque, que l'on s'imaginera facilement, cette génératrice sera représentée par la distance y au plan des zx et par $\dfrac{x^2}{a'^2} - \dfrac{z^2}{c'^2} = 1$. Mais ces deux

hyperboles étant semblables, on a $\dfrac{c'}{a'} = \dfrac{c}{a}$; de plus, comme

la courbe mobile s'appuie sur l'ellipse, on a

$$\frac{a'^2}{a^2} + \frac{y^2}{b^2} = 1,$$

ce qui donne

$$x^2 - \frac{a^2 z^2}{c^2} = a'^2 = a^2 - \frac{a^2 y^2}{b^2};$$

par conséquent on retrouve

$$\frac{x^2}{a^2} + \frac{y^2}{b^2} - \frac{z^2}{c^2} = 1.$$

254. Mais il se présente ici une particularité remarquable, c'est que l'hyperbole mobile, partant de sa position centrale AA′A, pour aller vers B, la surface, définie géométriquement comme nous venons de le faire, s'arrêterait à ce point où se termine l'ellipse.

Cependant, d'après sa première définition, la surface représentée par l'équation précédente s'étendait au delà de $y = b$; il faut donc trouver une autre manière d'engendrer le reste de cet hyperboloïde. C'est ce que nous allons faire en prenant pour *directrice l'hyperbole fixe* dans le plan des zy.

Voyons d'abord ce qui arrive pour ce point B, commun

aux deux directrices. Posant $y = b$, on a $\dfrac{x^2}{a^2} - \dfrac{z^2}{c^2} = 1$,

c'est-à-dire l'ensemble de deux droites qui se coupent en B. Donc au delà, comme on le sait par la théorie des coniques homothétiques, les hyperboles génératrices sont conjuguées de celles qui précédaient ce point B; celle que nous imaginerons dans cette position sera représentée par y correspondant au point de la surface et par

$$\frac{z^2}{c'^2} - \frac{x^2}{a'^2} = 1, \quad \text{ou} \quad \frac{c'}{a'} = \frac{c}{a}.$$

Donc $z^2 - \dfrac{c^2 x^2}{a^2} = c'^2$; mais comme l'hyperbole mobile s'appuie sur l'hyperbole fixe, pour laquelle $\dfrac{y^2}{b^2} - \dfrac{z^2}{c^2} = 1$,

on a $\dfrac{y^2}{b^2} - \dfrac{c'^2}{c^2} = 1$, ce qui donne $c'^2 = \dfrac{c^2 y^2}{b^2} - c^2$ et par suite $\dfrac{z^2}{c^2} - \dfrac{x^2}{a^2} = \dfrac{y^2}{b^2} - 1$, ou bien $\dfrac{x^2}{a^2} + \dfrac{y^2}{b^2} - \dfrac{z^2}{c^2} = 1$, comme ci-dessus.

Ainsi, pour compléter le mouvement d'une hyperbole sur une ellipse, il faut considérer celui *d'une hyperbole sur une autre hyperbole*, avec cette condition que, dans chaque position, *les deux moitiés de la génératrice ne s'appuient que sur une moitié de la directrice* (1).

255. *Forme de l'équation.* — On obtient donc l'équation de l'hyperboloïde à une nappe en égalant à l'unité la somme de trois carrés dont deux positifs et l'autre négatif.

Ainsi, X, Y, Z représentant des polynômes du premier degré en x, y, z, on verra, comme au § 226 relatif à l'ellipsoïde, que toute équation de la forme

$$\frac{X^2}{A^2} + \frac{Y^2}{B^2} - \frac{Z^2}{C^2} = 1$$

représente un hyperboloïde à une nappe.

------

(1) Le *calcul directif* considère le symbole $\sqrt{-1}$ comme indiquant une direction perpendiculaire. Alors, en effet, l'ellipse dans le plan des xy et l'hyperbole dans celui des zy se complètent comme directrices.

Pour un point quelconque de la surface, on peut poser $\dfrac{X}{A} = \dfrac{\cos \alpha}{\sin \gamma}$, $\dfrac{Y}{B} = \dfrac{\sin \alpha}{\sin \gamma}$ et $\dfrac{Z}{C} = \cot \gamma$; les angles α et γ étant arbitraires.

256. *Variétés de la surface.* — On appelle *hyperboloïde de révolution à une nappe* la surface engendrée par une hyperbole $AA'A_1$ qui tourne autour de son axe principal non transverse OZ. Alors *les axes sont rectangulaires* et l'ellipse mobile devient un cercle toujours perpendiculaire à l'axe de révolution OZ. Donc $OB = OA$ ou $b = a$.

257. Revenons aux axes quelconques et posons

$$\frac{c}{a} = \mu, \quad \frac{c}{b} = \nu;$$

l'équation $\dfrac{x^2}{a^2} + \dfrac{y^2}{b^2} - \dfrac{z^2}{c^2} = 1$ devient $\mu^2 x^2 + \nu^2 y^2 - z^2 = c^2$.
A la limite les rapports μ et ν étant toujours finis quand a, b et c deviennent nuls, on a $\mu^2 x^2 + \nu^2 y^2 - z^2 = 0$, équation d'un *cône*, car on y satisfait en posant $x = \mu z$, $y = \nu z$ avec l'équation de condition $\mu^2 + \nu^2 = 1$.

L'équation du cône s'écrit aussi

$$\frac{x^2}{a^2} + \frac{y^2}{b^2} - \frac{z^2}{c^2} = 1.$$

Si $a = b$, ou bien si $\mu = \nu$ pour des axes rectangulaires, le cône est *de révolution.*

II. FORME DE LA SURFACE.

258. *Cône asymptote.* — Cherchons la limite entre les diamètres transverses tels que Ox et Oy, et les diamètres non transverses tels que Oz.

Soient $x = \mu z$, $y = \nu z$ les équations d'un diamètre, on aura les points où il perce la surface en écrivant

$$\frac{\mu^2 z^2}{a^2} + \frac{\nu^2 z^2}{b^2} - \frac{z^2}{c^2} = 1,$$

d'où

$$z = \sqrt{\frac{\mu^2}{a^2} + \frac{\nu^2}{b^2} - \frac{1}{b^2}}.$$

Ainsi les points d'intersection sont réels si

$$\frac{\mu^2}{a^2} + \frac{\nu^2}{b^2} - \frac{1}{c^2} > 0$$

et imaginaires si

$$\frac{\mu^2}{a^2} + \frac{\nu^2}{b^2} - \frac{1}{c^2} < 0.$$

A la limite on a z infini pour

$$\frac{\mu^2}{a^2} + \frac{\nu^2}{b^2} - \frac{1}{c^2} = 0;$$

remplaçons réciproquement μ et ν par $\frac{x}{z}$ et $\frac{y}{z}$, il vient

$$\frac{x^2}{a^2} + \frac{y^2}{b^2} - \frac{z^2}{c^2} = 0,$$

équation du *cône asymptote*, dont nous avons parlé en général (§ 192) et que nous retrouvons directement.

259. Ainsi les génératrices de ce cône rencontrent la surface à l'infini. Les diamètres contenus, comme l'axe des z, dans l'intérieur, c'est-à-dire dans la *concavité* du cône, ne rencontrent pas la surface ; tandis que les diamètres extérieurs au cône, dont ils regardent la *convexité*, percent la surface en deux points symétriques : tels sont les axes des x et des y. On voit que *l'intérieur du cône ne contient aucun point de l'hyperboloïde à une nappe.*

260. *Sections centrales.* — Parmi les plans qui passent au centre, il faut donc distinguer ceux dont tous les

points sont extérieurs au cône asymptote, c'est-à-dire regardent sa convexité. D'après ce que nous venons de voir, tous les diamètres contenus dans un plan ainsi dirigé rencontrent la surface : donc la section ainsi obtenue est une ellipse : tel est le plan xOy.

Au contraire, considérons un plan central qui pénètre dans l'intérieur du cône ; les diamètres qui se trouvent dans cette concavité ne rencontrent pas la surface ; mais ceux qui, étant aussi contenus dans le même plan, regardant la convexité du cône, rencontrent la surface. Par conséquent, les sections correspondantes sont des hyperboles.

Nous avons vu (§ 259) qu'un point quelconque M de la surface est *extérieur* au cône. Donc, en faisant tourner un plan autour du diamètre transverse OM, ce plan sera extérieur au cône dans une infinité de positions ; mais on voit qu'il le coupera dans une infinité d'autres. Ainsi par un diamètre transverse il passe une infinité d'ellipses et aussi une infinité d'hyperboles.

A la limite de ces deux systèmes, le plan mobile autour de OM sera tangent au cône asymptote. Nous reviendrons sur ce sujet (§ 262).

261. *Sections planes en général.* — D'après ce que nous venons de voir sur les sections centrales, il sera facile de reconnaître la nature des sections parallèles faites à une distance quelconque. Les ellipses ne deviendront jamais imaginaires en s'approchant ou en s'éloignant du centre ; mais nous avons vu (§ 160) que des sections hyperboliques parallèles donnent deux séries d'hyperboles conjuguées, séparées par une limite de deux droites qui se coupent. Cela revient à un système quelconque de diamètres conjugués.

262. Mais il reste à discuter le cas particulier que nous avons laissé de côté (§ 260) sur les sections tangentes au cône asymptote ou parallèles à ces sections tangentes.

Considérons d'abord le plan tangent au cône suivant une génératrice donnée OB_2. Nous pouvons toujours, pour abréger les calculs, imaginer que la surface ait été rapportée à un système de diamètres conjugués tels, que OB_2 soit contenu dans le plan des zOy. Alors l'équation du cône étant, comme on l'a vu,

$$\frac{x^2}{a^2}+\frac{y^2}{b^2}-\frac{z^2}{c^2}=0,$$

celles de OB_2 seront

$$x=0, \quad \frac{y}{b}=\frac{z}{c};$$

en même temps il est clair que l'équation $\frac{y}{b}=\frac{z}{c}$ est celle du plan tangent au cône suivant OB_2, puisque cette équation, substituée dans celle du cône, ne donne que $x=0$.

Par conséquent, substituons dans l'équation de la surface l'équation $\frac{y}{b}=\frac{z}{c}$ de ce plan tangent au cône, il reste

$$\frac{x^2}{a^2}=1 \quad \text{ou} \quad x=\pm a.$$

Ainsi ce plan B_2OA coupe l'hyperboloïde à une nappe suivant deux parallèles à OB_2, passant par A et A_1.

263. Cherchons maintenant quelle sera la section de la surface par un *plan parallèle au plan tangent au cône*. Ce plan, mené à une distance $y=\beta$, a pour équation

$$\frac{y-\beta}{b}=\frac{z}{c};$$

substituant dans

$$\frac{x^2}{a^2} + \frac{y^2}{b^2} - \frac{z^2}{c^2} = 1,$$

on trouve

$$\frac{x^2}{a^2} + \frac{2\beta y}{b^2} = 1 + \frac{\beta^2}{b^2},$$

équation d'une parabole qui sera, sur le plan des xy, la projection de l'intersection ; donc cette intersection sera aussi une *parabole*, variable avec la distance β.

264. Ce résultat pouvait être prévu en observant qu'*un même plan ou des plans parallèles déterminent, dans la surface et dans le cône asymptote, des sections semblables;* cela se reconnaît immédiatement par leurs équations

$$\frac{x^2}{a^2} + \frac{y^2}{b^2} - \frac{z^2}{c^2} = 1 \quad \text{et} \quad \frac{x^2}{a^2} + \frac{y^2}{b^2} - \frac{z^2}{c^2} = 0.$$

265. *Axes principaux.* — Jusqu'à présent la surface a été rapportée à un système donné de diamètres conjugués ; il faut maintenant, comme au § 228, prouver qu'il existe un système d'axes principaux, c'est-à-dire de diamètres conjugués rectangulaires.

Soit OB la plus courte distance du centre à la surface ; par OB menons, ce qui est toujours possible (§ 260), une section elliptique et une section hyperbolique. Dans la première le diamètre OR, conjugué de OB, sera transverse; dans la seconde le diamètre OS, conjugué de OB, ne sera pas transverse ; mais tous deux sont perpendiculaires à OB. En effet, dans l'ellipse, OB étant le plus petit axe, son conjugué lui est perpendiculaire; le même raisonnement s'étend à l'hyperbole, où l'on sait que l'axe principal transverse est la distance minimum du centre à la courbe.

Ainsi le plan ROS est perpendiculaire à OB ; du reste, ce plan détermine une hyperbole, puisque OR est transverse et que OS ne l'est pas. Maintenant construisons l'axe principal transverse OA et l'axe principal non transverse OC de cette hyperbole ; on voit que les trois droites OA, OB, OC sont perpendiculaires deux à deux, ce qui résout la question.

On démontrera, comme au § 229, que ce système rectangulaire est unique.

266. Nous allons ici reprendre la figure 23, en admettant que ces trois axes conjugués rectangulaires OA, OB, OO' sont les axes des x, des y et des z.

Alors l'ellipse AB, qui contient le diamètre minimum OB, s'appelle le *collier*, ou bien encore l'ellipse de *gorge* ou de *striction*. A partir de cette limite toutes les ellipses parallèles vont en s'élargissant de part et d'autre ; comme cette série d'ellipses mobiles n'éprouve pas d'interruption, on voit que la surface est *continue*, parce que l'on peut passer d'un point à un autre sans quitter la surface.

De plus elle est *illimitée*, puisqu'elle a des sections hyperboliques. Nous avons vu aussi que le cône asymptote, concentrique à l'hyperboloïde, se trouvait dans un *espace vide* et indéfini, entouré de tous côtés par la surface.

Enfin il est clair que cette surface est symétrique relativement à chacun des trois plans rectangulaires conjugués.

III. PLAN TANGENT ET PLAN POLAIRE.

267. L'équation de l'hyperboloïde à une nappe ne diffère de l'ellipsoïde que par le changement de c^2 en $-c^2$;

donc l'équation du plan tangent en un point donné de cet hyperboloïde sera

$$\frac{xx'}{a^2} + \frac{yy'}{b^2} - \frac{zz'}{c^2} = 1 \, ;$$

d'ailleurs on la trouverait directement.

Un plan tangent rencontre la surface suivant deux droites qui se coupent au point de contact. Par ce point B faisons passer l'axe des y ; on remarque que l'équation du plan tangent en B devient $y = b$; donc le théorème est démontré au § 254.

En identifiant l'équation générale du plan tangent avec l'équation $Ax + By + Cz = D$ d'un plan quelconque, on a

$$A = \frac{Dx'}{a^2}, \quad B = \frac{Dy'}{b^2}, \quad C = \frac{Dz'}{c^2},$$

d'où l'on tire

$$D^2 = a^2A^2 + b^2B^2 - c^2C^2,$$

condition de contact, et l'équation d'un plan tangent est toujours de la forme

$$Ax + By + Cz = \sqrt{A^2a^2 + B^2b^2 - C^2c^2}.$$

Ici on voit que les plans tangents ne peuvent pas avoir toutes les directions possibles, puisque la quantité soumise au radical peut devenir négative. La limite existe pour

$$A^2a^2 + B^2b^2 - C^2c^2 = 0.$$

Il en résulte qu'un plan tangent ne sera jamais parallèle à un plan central extérieur au cône asymptote.

268. Admettons maintenant que, dans les valeurs précédentes de A, B, C, les coordonnées x', y', z' soient celles d'un point quelconque, on aura

$$\frac{xx'}{a^2} + \frac{yy'}{b^2} - \frac{zz'}{c^2} = \pm \sqrt{\frac{x'^2}{a^2} + \frac{y'^2}{b^2} - \frac{z'^2}{c^2}}$$

pour équations de deux plans tangents, qui ne passent pas par le point donné.

Or, comme l'équation du plan polaire de ce point est

$$\frac{xx'}{a^2} + \frac{yy'}{b^2} - \frac{zz'}{c^2} = 1,$$

on voit que les deux plans tangents dont nous venons de trouver l'équation sont *parallèles au plan polaire du point donné*.

Mais la quantité soumise au radical est positive ou négative, suivant que le point donné regarde la *convexité* ou la *concavité* du cône asymptote, ou lui est soit *extérieur*, soit *intérieur* ; alors ces plans sont *réels* dans le premier cas, et *imaginaires* dans le second.

Cela tient à ce que l'on a

$$\frac{x'^2}{a^2} + \frac{y'^2}{b^2} - \frac{z'^2}{c^2} \gtrless 0,$$

comme on va le voir, suivant qu'il s'agit d'un point m' extérieur au cône, ou d'un point m intérieur.

269. *Position des points relativement au cône et à la surface.* — En effet, examinons ce qui se passe quand un point, s'éloignant constamment d'un diamètre non transverse, est d'abord à l'intérieur du cône asymptote, puis entre ce cône et l'hyperboloïde, et enfin de l'autre côté de l'hyperboloïde.

Il suffit de mener, d'un point O' du diamètre non transverse, pris pour axe des z, et parallèlement au plan des xy, une droite pour tous les points de laquelle il est clair que z sera constant, mais x^2 et y^2 augmenteront à partir de O'. Cette droite rencontre le cône en un point M_1 pour lequel

$$\frac{x^2}{a^2} + \frac{y^2}{b^2} - \frac{z^2}{c^2} = 0,$$

et la surface au point M où

$$\frac{x^2}{a^2} + \frac{y^2}{b^2} - \frac{z^2}{c^2} = 1.$$

Donc, pour le point m, intérieur au cône, on aura

$$\frac{x^2}{a^2} + \frac{y^2}{b^2} - \frac{z^2}{c^2} < 0.$$

Pour le point m', entre les deux surfaces, on a

$$0 < \frac{x^2}{a^2} + \frac{y^2}{b^2} - \frac{z^2}{c^2} < 1.$$

Enfin, pour le point m'', situé de l'autre côté de la surface, on a

$$\frac{x^2}{a^2} + \frac{y^2}{b^2} - \frac{z^2}{c^2} > 1.$$

270. *Cône enveloppe.* — On trouverait directement l'équation du cône enveloppe dont le sommet est représenté par x', y', z'; mais, pour passer de l'ellipsoïde (§ 238) à l'hyperboloïde à une nappe, il suffit de changer c^2 en $- c^2$, ce qui donne

$$\frac{(x - x')^2}{a^2} + \frac{(y - y')^2}{b^2} - \frac{(z - z')^2}{c^2}$$

$$= \frac{(xy' - yx')^2}{a^2 b^2} - \frac{(zx' - z'y)^2}{a^2 c^2} - \frac{(yz' - y'z)^2}{b^2 c^2}.$$

271. Les mots *intérieur* ou *extérieur* ne peuvent plus avoir pour l'hyperboloïde à une nappe le même sens que pour l'ellipsoïde, et il faut s'en tenir aux indications du § 269; en effet, *de tous les points de l'espace, on peut mener des plans tangents à l'hyperboloïde à une nappe.* Pour le voir, cherchons le plan polaire du point donné; on sait (§ 264) que *tout plan coupe la surface :* l'intersection de ce plan polaire sera donc la courbe de contact;

c'est-à-dire que les plans tangents aux points de cette courbe passent au point donné.

272. Ce qui nous intéresse ici, c'est de trouver la nature de la *courbe de contact* qui sert de base au cône enveloppe d'un point donné, cette courbe étant toujours réelle, comme on vient de le voir.

Pour cela, le plan polaire du point donné ayant pour équation

$$\frac{xx'}{a^2} + \frac{yy'}{b^2} - \frac{zz'}{c^2} = 1,$$

considérons l'équation

$$\frac{xx'}{a^2} + \frac{yy'}{b^2} - \frac{zz'}{c^2} = 0$$

du plan central parallèle à ce plan polaire : il s'agit de savoir si ce plan central coupera la surface suivant une ellipse ou une hyperbole ; or cela se réduit ($\S\,260$) à voir si ce plan rencontre ou ne rencontre pas le cône asymptote en d'autres points que le centre.

Dans l'équation du cône asymptote, posons, pour abréger,

$$\frac{c}{a}\cdot\frac{x}{z} = \alpha, \quad \frac{c}{b}\,\frac{y}{z} = \beta,$$

cette équation deviendra

$$\alpha^2 + \beta^2 = 1.$$

De même la quantité

$$\frac{x'^2}{a^2} + \frac{y'^2}{b^2} - \frac{z'^2}{c^2}$$

devient

$$\frac{z'^2}{c^2}\,(\alpha'^2 + \beta'^2 - 1)$$

et nous poserons

$$\alpha'^2 + \beta'^2 = 1 + h.$$

Ajoutons cette égalité à la première et retranchons-en le double de l'égalité

$$\frac{\alpha \alpha'}{a^2} + \frac{\beta \beta'}{b^2} = 1,$$

à laquelle se réduit l'équation

$$\frac{xx'}{a^2} + \frac{yy'}{b^2} - \frac{zz'}{c^2} = 0;$$

on a

$$(\alpha - \alpha')^2 + (\beta - \beta')^2 = h,$$

relation où

$$h = \frac{c^2}{z'^2}\left(\frac{x'^2}{a^2} + \frac{y'^2}{b^2} - \frac{z'^2}{c^2}\right).$$

Il en résulte que l'intersection du plan central avec le cône asymptote sera réelle si $h > 0$, et imaginaire si $h < 0$.

Par conséquent la courbe de contact est *elliptique* pour $h < 0$, ce qui ramène à

$$\frac{x'^2}{a^2} + \frac{y'^2}{b^2} - \frac{z'^2}{c^2} < 0,$$

c'est-à-dire au cas où le point donné comme pôle est *intérieur* au cône asymptote.

Au contraire, si $h > 0$, ou bien

$$\frac{x'^2}{a^2} + \frac{y'^2}{b^2} - \frac{z'^2}{c^2} > 0,$$

la relation précédente, comme on le voit, en remplaçant par leurs valeurs α, α', β, β' et h, donne les équations réelles de deux génératrices du cône asymptote : alors la courbe de contact est une *hyperbole*.

273. On peut s'étonner de voir que les points voisins de part et d'autre de l'hyperboloïde donnent éga-

lement des hyperboles; mais l'on sait (§ 254) que ces hyperboles sont *conjuguées* les unes des autres, et que pour un point de la surface même où le plan polaire se réduit au plan tangent, la courbe de contact se réduit à *deux droites qui se coupent.*

274. Enfin, si le point donné comme pôle est sur le cône asymptote, $h = 0$, c'est-à-dire

$$\frac{x'^2}{a^2} + \frac{y'^2}{b^2} = \frac{z'^2}{c^2}.$$

Donc le plan central parallèle au plan polaire et représenté par

$$\frac{xx'}{a^2} + \frac{yy'}{b^2} - \frac{zz'}{c^2} = 0$$

est tangent au cône asymptote sur lequel se trouve le point (x', y', z'). Or on a vu (§ 254) que ce plan tangent au cône asymptote coupe l'hyperboloïde suivant deux parallèles; on a démontré aussi (§ 265) que les plans parallèles à ce plan tangent coupaient l'hyperboloïde suivant des *paraboles.*

275. *Cylindre enveloppe.* — Soient $x = \mu z$, $y = \nu z$ les équations de la parallèle menée par le centre aux génératrices d'un cylindre enveloppe à la surface, on verra, comme aux §§ 239 et 240, que l'équation du cylindre sera, en changeant c^2 en $- c^2$,

$$\frac{\mu^2}{a^2} + \frac{\nu^2}{b^2} - \frac{1}{c^2} = \frac{(\mu y - \nu x)^2}{a^2 b^2} - \frac{(x - \mu z)^2}{a^2 c^2} - \frac{(y - \nu z)^2}{b^2 c^2}.$$

276. Du reste l'équation du plan de la courbe de contact est

$$\frac{\mu x}{a^2} + \frac{\nu x}{b^2} - \frac{z}{c^2} = 0,$$

ce qui représente une section centrale.

IV. SECTIONS CIRCULAIRES.

277. Concevons maintenant la surface rapportée aux axes principaux.

Supposons $a > b$, l'équation

$$\frac{x^2}{a^2} + \frac{y^2}{b^2} - \frac{z^2}{c^2} = 1$$

se met sous la forme

$$y^2\left(\frac{1}{b^2} - \frac{1}{a^2}\right) - z^2\left(\frac{1}{c^2} + \frac{1}{a^2}\right) = 1 - \frac{(x^2 + y^2 + z^2)}{a^2}.$$

Cette équation sera satisfaite pour les points communs à la sphère représentée par

$$x^2 + y^2 + z^2 = a^2$$

et aux plans que donne l'équation

$$y^2\left(\frac{1}{b^2} - \frac{1}{a^2}\right) = z^2\left(\frac{1}{c^2} - \frac{1}{a^2}\right);$$

ou bien

$$\frac{y}{z} = \pm\sqrt{\frac{\dfrac{1}{c^2} + \dfrac{1}{a^2}}{\dfrac{1}{b^2} - \dfrac{1}{a^2}}};$$

ainsi la sphère en question a pour diamètre le plus grand des axes principaux transverses.

On aura donc deux séries de sections circulaires parallèles à ces deux plans centraux qui se coupent évidemment suivant l'axe des x. Ainsi deux sections circulaires se coupent suivant une parallèle à OX : par là on reconnaît qu'une section circulaire est perpendiculaire au plan des zy.

On reconnaîtra, comme au § 242, que ces deux

directions sont les seules : du reste, il est clair qu'elles sont parallèles aux sections antiparallèles du cône asymptote.

Si $a = b$, il est évident que les deux séries se réduisent alors à une seule pour la surface comme pour le cône, qui sont alors de révolution.

278. *Sphères tangentes concentriques.* — Puisque $CB = b < a$, la sphère de centre O et de rayon $OB = b$ sera tangente à la surface, mais les points de contact B et B_1 sont les seuls points communs à la sphère et à la surface.

Au contraire, la sphère de rayon $OA = a$ aura de commun avec la surface les deux circonférences centrales, mais A et A_1 seront sur ces circonférences les seuls *points de contact*, c'est-à-dire les points où la sphère et l'hyperboloïde auront un plan tangent commun.

Cependant, si la surface est de révolution, le contact aura lieu sur toute la circonférence de rayon $a = b$.

279. Enfin, les diamètres conjugués avec les directions des sections circulaires n'étant pas transverses, la surface n'a pas d'*ombilics*. (Voir § 244.)

V. THÉORÈME DE MONGE.

280. Pour appliquer la démonstration du § 247, il suffit encore de changer c^2 en $- c^2$.

On reconnaît alors que *le lieu géométrique des sommets des angles tri-rectangles circonscrits à l'hyperbo-*

loïde à une nappe, est une sphère concentrique de rayon $\sqrt{a^2 + b^2 - c^2}$.

Tant que $a^2 + b^2 - c^2 > 0$, tout se passe comme pour l'ellipsoïde.

Si $a^2 + b^2 - c^2 = 0$, la sphère se réduit au centre : les trois faces sont tangentes au cône asymptote suivant une génératrice, et tangentes à l'infini à l'hyperboloïde.

Enfin, si $a^2 + b^2 - c^2 < 0$, la sphère est imaginaire, c'est-à-dire que les trièdres en question n'existent pas.

VI. GÉNÉRATIONS RECTILIGNES

281. Nous avons vu (§ 267) qu'un plan tangent à l'hyperboloïde à une nappe avait, avec la surface, deux droites communes qui se coupaient au point de contact.

Ainsi l'hyperboloïde à une nappe rentre dans la classe des surfaces *réglées*; nous allons chercher directement les *génératrices rectilignes*.

L'équation

$$\frac{x^2}{a^2} + \frac{y^2}{b^2} - \frac{z^2}{c^2} = 1$$

de cette surface, rapportée à un système quelconque de diamètres conjugués, peut se décomposer, comme le fait M. Catalan, de la manière suivante

$$\frac{x}{a} = \frac{z}{c} \cos\varphi + \sin\varphi, \qquad \frac{y}{b} = \frac{z}{c} \sin\varphi - \cos\varphi,$$

φ étant arbitraire; c'est-à-dire que la droite dont nous venons d'écrire les équations est tout entière sur la surface, comme on le voit en ajoutant les carrés de ces équations.

On peut écrire aussi

$$\frac{x}{a} = \frac{z}{c}\cos\varphi' - \sin\varphi', \qquad \frac{y}{b} = \frac{z}{c}\sin\varphi' + \cos\varphi'.$$

(Ici on pourrait encore indiquer par φ l'angle arbitraire, mais nous l'avons accentué, pour montrer qu'il n'a pas besoin d'être égal au premier.)

Puisque ces angles sont arbitraires, peu importe que l'on parte d'un sinus ou d'un cosinus : il n'y a donc pas d'autres combinaisons analogues, c'est-à-dire qu'*il n'existe, pour chaque point de la surface, que deux génératrices rectilignes.*

Ces génératrices constituent deux *systèmes* distincts, car on reconnaît qu'aucune valeur de φ' ne peut donner une droite obtenue pour une valeur de φ.

282. *Deux génératrices d'un même système ne se rencontrent pas.* — Si les droites représentées par les équations

$$\frac{x}{a} = \frac{z}{c}\cos\varphi + \sin\varphi, \qquad \frac{y}{b} = \frac{z}{c}\sin\varphi - \cos\varphi,$$

et

$$\frac{x}{a} = \frac{z}{c}\cos\varphi_1 + \sin\varphi_1, \qquad \frac{y}{b} = \frac{z}{c}\sin\varphi_1 - \cos\varphi_1,$$

ont un point commun, on trouve pour ce point

$$\frac{z}{c}(\cos\varphi - \cos\varphi_1) + \sin\varphi - \sin\varphi_1 = 0,$$

d'où

$$\frac{z}{c} = \cot\tfrac{1}{2}(\varphi + \varphi_1).$$

De même, en comparant les valeurs de $\dfrac{y}{b}$ on obtient

$$\frac{z}{c} = \tan\tfrac{1}{2}(\varphi + \varphi_1);$$

donc

$$\tan\tfrac{1}{2}(\varphi + \varphi_1) = \cot\tfrac{1}{2}(\varphi + \varphi_1),$$

ce qui donne

$$\tfrac{1}{2}(\varphi + \varphi_1) = 45°,$$

d'où

$$z = c.$$

Alors, comme

$$\varphi_1 = 90° - \varphi,$$

les valeurs de $\dfrac{y}{b}$ deviennent

$$\sin\varphi - \cos\varphi = \cos\varphi - \sin\varphi,$$

d'où

$$\sin\varphi = \cos\varphi \quad \text{et} \quad \varphi = 45°;$$

par conséquent

$$\varphi_1 = 90° - 45° = 45° = \varphi$$

et les deux génératrices coïncident.

On calculerait de même pour deux droites de l'autre système, où les angles seraient indiqués par φ' et φ'_1.

283. Deux génératrices de système différent se rencontrent. — En effet, en éliminant entre les deux systèmes du § 28, on obtient

$$\frac{z}{c} = \cot\tfrac{1}{2}(\varphi - \varphi'), \quad \frac{y}{b} = \frac{\sin\tfrac{1}{2}(\varphi + \varphi')}{\sin\tfrac{1}{2}(\varphi - \varphi')}, \quad \frac{x}{a} = \frac{\cos\tfrac{1}{2}(\varphi + \varphi')}{\sin\tfrac{1}{2}(\varphi - \varphi')},$$

ce qui vérifie l'équation

$$\frac{x^2}{a^2} + \frac{y^2}{b^2} - \frac{z^2}{c^2} = 1.$$

284. Forme de l'équation du plan tangent. — Indiquons par x', y', z' les coordonnées que nous venons de trouver ; l'équation du plan tangent en ce point sera (§ 267)

$$\frac{x}{a}\cos\tfrac{1}{2}(\varphi + \varphi') + \frac{y}{b}\sin\tfrac{1}{2}(\varphi + \varphi') - \frac{z}{c}\cos\tfrac{1}{2}(\varphi - \varphi') = \sin\tfrac{1}{2}(\varphi - \varphi');$$

φ et φ' sont arbitraires et n'entraînent pas d'équation de condition.

285. *Cas particulier du cône*. — Dans un cône il est clair qu'il n'y a qu'un seul système et que les équations d'une génératrice sont de la forme

$$\frac{x}{a} = \frac{z}{c}\cos\varphi, \quad \frac{y}{b} = \frac{z}{c}\sin\varphi.$$

Par conséquent l'équation du plan tangent suivant cette génératrice sera

$$\frac{x}{a}\cos\varphi + \frac{y}{b}\sin\varphi - \frac{z}{c} = 0.$$

286. *Une génératrice quelconque de l'hyperboloïde est parallèle à une de celles du cône asymptote*. — En effet, une parallèle menée du centre à cette génératrice a pour équations

$$\frac{x}{a} = \frac{z}{c}\cos\varphi, \quad \frac{y}{b} = \frac{z}{c}\sin\varphi.$$

On en conclut que *trois génératrices de l'hyperboloïde à une nappe ne sont jamais parallèles à un même plan*. En effet, si cela arrivait, il faudrait que trois génératrices du cône asymptote fussent dans un même plan.

287. *Génération par une droite mobile* (fig. 24). — D'après cela, nous allons chercher la *surface engendrée par une droite qui se meut en s'appuyant constamment sur trois droites non parallèles à un même plan.*

Soient AD, BE, CF les trois directrices et EDF la génératrice ; par chaque directrice menons deux plans respectivement parallèles aux deux autres ; nous formerons ainsi un parallélipipède dont le centre sera pris pour origine. Les axes des coordonnées sont parallèles aux arêtes du parallélipipède, c'est-à-dire aux directrices.

Soient 2α, 2β, 2γ les longueurs de ces arêtes ; on re-

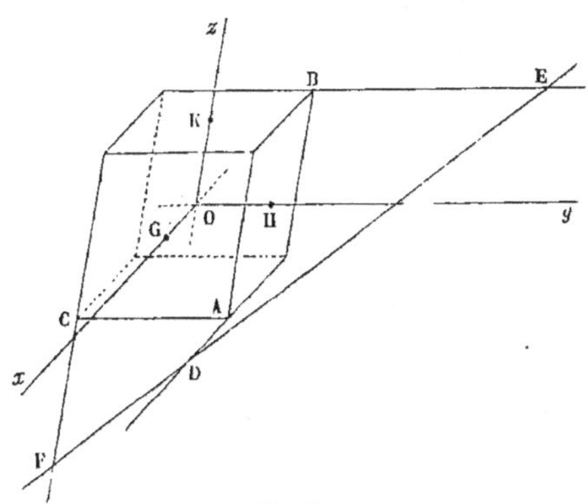

Fig. 24.

connaît que les équations des directrices sont respectivement

$$y = \beta \text{ et } z = -\gamma; \quad z = \gamma \text{ et } x = -\alpha; \quad x = \alpha \text{ et } y = -\beta.$$

Celles de la génératrice étant

$$x = mz + p, \quad y = nz + q,$$

on a, par suite,

$$nx - my = np - mq.$$

Cette droite s'appuyant sur les génératrices, on a les
équations de condition

$$\beta = -n\gamma + q, \quad -\alpha = m\gamma + p, \quad n\alpha + m\beta = np - mq.$$

Dans ces équations, posons $p = x - mz$ et $q = y - nz$;
il vient

$$n(z + \gamma) = y - \beta, \quad m(z - \gamma) = x + \alpha, \quad \text{et} \quad n(x - \alpha) = m(y + \beta).$$

Dans cette dernière, posons, d'après les deux précédentes,

$$m = \frac{x + \alpha}{z - \gamma}, \quad n = \frac{y - \beta}{z + \gamma},$$

on obtient

$$(x + \alpha)(y + \beta)(z + \gamma) = (x - \alpha)(y - \beta)(z - \gamma),$$

et, en observant que tous les termes de degré impair se détruisent,

$$\alpha yz + \beta xz + \gamma xy + \alpha\beta\gamma = 0$$

ou bien

$$\frac{y}{\beta}\cdot\frac{z}{\gamma} + \frac{x}{\alpha}\cdot\frac{z}{\gamma} + \frac{x}{\alpha}\cdot\frac{y}{\beta} + 1 = 0.$$

288. Les longueurs α, β, γ étant essentiellement positives, on voit qu'*il n'existe pas de points de la surface dans le trièdre des directions positives ni dans son inverse des directions négatives.*

Du reste, en faisant $x = 0$, il reste

$$yz + \beta\gamma = 0,$$

équation d'une hyperbole où y et z ne peuvent avoir le même signe. On remarque en même temps que *les plans coordonnés coupent la surface suivant des hyperboles dont les axes sont les asymptotes.*

289. On voit que les droites AD, BE, CF sont les trois droites non dans un même plan dont nous avons parlé au § 286, et que la ligne DEF est une génératrice de l'autre système ; ainsi la surface est un hyperboloïde à une nappe.

Cela peut se voir aussi d'après le § 255. En effet, on a identiquement

$$\frac{y}{\beta}\cdot\frac{z}{\gamma} + \frac{x}{\alpha}\cdot\frac{z}{\gamma} + \frac{x}{\alpha}\cdot\frac{y}{\beta} = \left(\frac{y}{\beta} + \frac{x}{\alpha}\right)\left(\frac{z}{\gamma} + \frac{x}{\alpha}\right) - \frac{x^2}{\alpha^2}.$$

Mais, comme la formule

$$AB = \tfrac{1}{4}(A + B)^2 - \tfrac{1}{4}(A - B)^2$$

est vraie pour des quantités quelconques, on aura

$$\left(\frac{x}{\alpha} + \frac{y}{\beta}\right)\left(\frac{x}{\alpha} + \frac{z}{\gamma}\right) = \frac{1}{4}\left(\frac{2x}{\alpha} + \frac{y}{\beta} + \frac{z}{\gamma}\right)^2 - \frac{1}{4}\left(\frac{y}{\beta} - \frac{z}{\gamma}\right)^2.$$

Par conséquent l'équation asymptotique de la surface devient

$$\frac{1}{4}\left(\frac{y}{\beta}-\frac{z}{\gamma}\right)^2+\frac{x^2}{\alpha^2}-\frac{1}{4}\left(\frac{2x}{\alpha}+\frac{y}{\beta}+\frac{z}{\gamma}\right)^2=1,$$

ce qui rentre dans la forme connue de l'équation (§ 255).

Réciproquement, dans un hyperboloïde donné par son équation

$$\frac{x^2}{a^2}+\frac{y^2}{b^2}-\frac{z^2}{c^2}=1$$

prenons trois directrices d'un système et une génératrice de l'autre ; comme elle rencontre toujours les droites de l'autre système, on a la surface indiquée.

290. *Surface gauche de révolution* (fig. 25). — Soit MD une droite tournant autour d'un axe OO′ qui sera celui des z ; soit aussi OD la plus courte distance des deux droites dans une position quelconque de MD : on voit que, dans la rotation, OD décrit une circonférence dans le plan xy perpendiculaire à OO′.

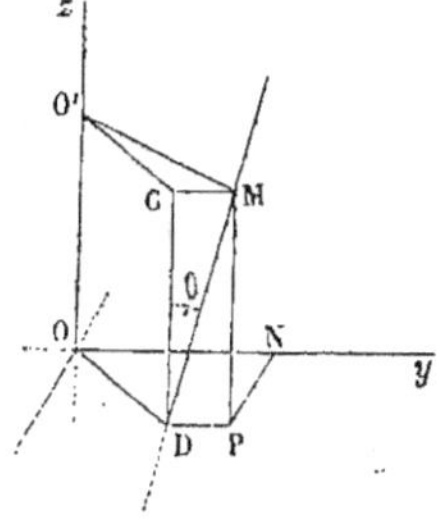

Fig. 25.

Il s'agit de trouver, relativement à ces axes rectangulaires, l'équation de la surface engendrée par MD.

Soit M un point quelconque de la surface et MD la position correspondante de la génératrice ; soit aussi DG parallèle à OO′ : l'angle MDG $= 0$ est l'angle constant que fait la génératrice avec l'axe de révolution. On donne aussi la valeur OD $= a$ de la plus courte distance.

Soient MP $= z$, PN $= x$, ON $= y$ les coordonnées du point M ; par ce point menons un plan parallèle à xy et qui coupe DG en G et Oz en O'. La plus courte distance OD est perpendiculaire à DM et à DG, donc elle est perpendiculaire au plan MDG ; il en est de même pour O'G parallèle à OD ; donc le triangle O'GM est rectangle en G, et

$$\overline{O'M}^2 = \overline{O'G}^2 + \overline{GM}^2.$$

Mais

$$\overline{O'M}^2 = \overline{OP}^2 = x^2 + y^2;$$

de plus

$$\overline{O'G}^2 = a^2 \quad \text{et} \quad \overline{GM}^2 = z^2\tan^2\theta = \frac{z^2}{\cos^2\theta};$$

on a donc l'équation

$$\frac{x^2}{a^2} + \frac{y^2}{a^2} - \frac{z^2}{a^2\cos\theta} = 1.$$

Ainsi la surface gauche de révolution n'est autre chose qu'un *hyperboloïde de révolution à une nappe*.

291. Voici, d'après cela, une méthode simple pour construire cette surface. Découpez en carton deux cercles égaux, divisez-les en un même nombre de parties égales et numérotez dans chacun les points de division ; fixez les cercles de manière que leurs plans soient parallèles et que la ligne qui joint les centres soit perpendiculaire à ces plans ; maintenant joignez par des fils les points des deux circonférences qui portent les mêmes numéros en haut et en bas.

Si les éléments de ces fils sont perpendiculaires aux plans de ces cercles, ils seront les éléments d'un *cylindre* ; s'ils passent par le milieu de la ligne des centres, ils forment un *cône*. Mais si aucun de ces cas particuliers n'arrive, on a un *hyperboloïde de révolution à une nappe*.

VII. VOLUME DE L'HYPERBOLOÏDE A UNE NAPPE.

292. Considérons d'abord (fig. 25) l'hyperboloïde de révolution engendré par l'hyperbole BB' tournant autour de l'axe OO' ; l'élément de ce volume sera un cylindre qui aura pour base O'B' $=$ O'A' et pour hauteur un élément infiniment petit ζ de OO' ; cet élément de volume est donc $\pi\zeta.\overline{O'A'}^2$.

Mais l'équation de l'hyperbole donne

$$\frac{\overline{OA'}^2}{a^2} - \frac{z^2}{c^2} = 1 ;$$

on a donc

$$\pi\zeta\overline{OA'}^2 = \pi\zeta a^2\left(1 + \frac{z^2}{c^2}\right).$$

Comparons cet élément à celui de l'ellipsoïde de révolution (fig. 24). Comme l'ellipse donnait

$$\frac{\overline{OA'}^2}{a^2} = 1 - \frac{z^2}{c^2},$$

le cylindre élémentaire de cet ellipsoïde était

$$\pi\zeta a^2\left(1 - \frac{z^2}{c}\right).$$

On voit donc que l'on passe de l'un à l'autre en changeant c^2 en $-c^2$; il en sera donc de même pour le volume lui-même, et la portion de cet hyperboloïde comprise entre l'équateur et un parallèle quelconque sera

$$V = \pi\frac{a^2}{c^2}\left(c^2 z + \frac{z^3}{3}\right),$$

d'après l'expression du § 250.

293. Les raisonnements appliqués à un ellipsoïde quelconque nous donneront pour le volume correspondant d'un hyperboloïde à une nappe quelconque, rapporté à ses axes principaux, le volume

$$V = \pi ab \left(c^2 z + \frac{z^3}{3} \right).$$

294. Enfin, s'il s'agit de diamètres conjugués obliques, il suffira, comme nous l'avons vu (§ 251), de multiplier le résultat précédent par le facteur constant ε.

CHAPITRE VI

HYPERBOLOÏDES A DEUX NAPPES

I. NATURE ET VARIÉTÉS DE LA SURFACE.

295. *Génération de la surface* (fig. 26). — On appelle *hyperboloïde à deux nappes* la surface engendrée par une *ellipse qui se meut* toujours parallèle et semblable à elle-même en s'appuyant sur une *hyperbole fixe*, de manière que le centre de l'ellipse reste sur un diamètre *transverse* de l'hyperbole. Alors cette ellipse s'appuiera d'abord sur une partie de l'hyperbole, puis sur l'autre partie; ainsi la surface aura, vers son centre, une *solution de continuité*, comme l'hyperbole directrice.

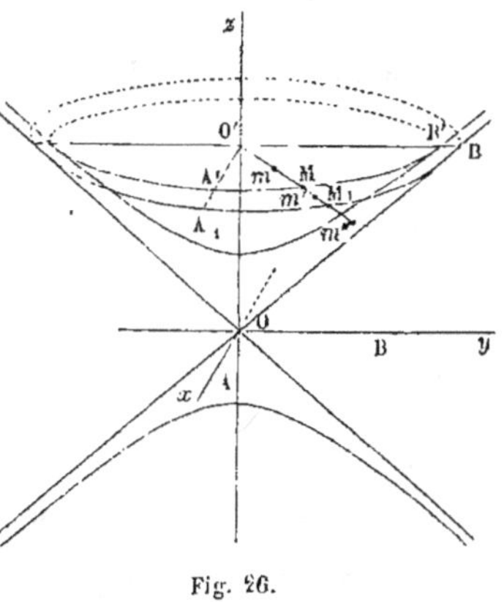

Fig. 26.

L'hyperbole fixe CB′ a pour équations

$$x = 0 \quad \text{et} \quad \frac{z^2}{c^2} - \frac{y^2}{b^2} = 1.$$

L'ellipse mobile, dans une position quelconque A′OB′ de son plan parallèle à celui des yx, a une projection égale à elle-même et représentée par

$$\frac{x^2}{a'^2} + \frac{y^2}{b'^2} = 1,$$

avec la relation $\dfrac{a'}{b'} = \dfrac{a}{b}$; ici a et b sont deux quantités données, dont l'une, b, figure déjà dans l'équation de l'hyperbole. On aura donc pour l'ellipse

$$\frac{b^2 x^2}{a^2 b'^2} + \frac{y^2}{b'^2} = 1$$

ou bien

$$\frac{x^2}{a^2} + \frac{y^2}{b^2} = \frac{b'^2}{b^2}.$$

Mais le sommet B′ de l'ellipse étant sur l'hyperbole, on a

$$\frac{z^2}{c^2} - \frac{b'^2}{b^2} = 1$$

donc

$$\frac{b'^2}{b^2} = \frac{z^2}{c^2} - 1.$$

Donc

$$\frac{z^2}{c^2} - \frac{x^2}{a^2} - \frac{y^2}{b^2} = 1,$$

c'est l'équation de la surface, rapportée à un système quelconque d'axes conjugués.

296. *Autre mode de génération.* — On peut encore engendrer l'hyperboloïde à deux nappes en faisant mouvoir

sur la même hyperbole fixe CB' une hyperbole mobile représentée, quand elle est dans le plan des zx, par

$$\frac{z^2}{c^2} - \frac{x^2}{a^2} = 1,$$

la quantité a étant donnée. Dans une position quelconque,
cette hyperbole donnera sur le plan des zx une projection représentée par

$$\frac{z^2}{c'^2} - \frac{x^2}{a'^2} = 1$$

avec la relation $\dfrac{a'}{c} = \dfrac{a}{c}$; l'hyperbole mobile donne alors,

à cause de $a' = \dfrac{c'a}{c}$,

$$\frac{z^2}{c'^2} - \frac{c^2 x^2}{c'^2 a^2} = 1 \quad \text{et} \quad \frac{z^2}{c^2} - \frac{x^2}{a^2} = \frac{c'^2}{c^2}.$$

Mais, comme elle s'applique sur l'hyperbole fixe, on a

$$\frac{c'^2}{c^2} - \frac{y^2}{b^2} = 1,$$

ce qui ramène à l'équation

$$\frac{z^2}{c^2} - \frac{x^2}{a^2} - \frac{y^2}{b^2} = 1.$$

Déjà, au § 254, nous avons fait mouvoir une hyperbole sur une hyperbole, ce qui a donné une portion de
l'hyperboloïde à une nappe : mais alors les deux moitiés
de la génératrice ne s'appuyaient à la fois que sur une
même moitié de la directrice. Ici chaque moitié de l'hyperbole mobile s'appuie sur *une moitié différente* de l'hyperbole fixe.

297. *Forme de l'équation.* — On obtient donc l'équation de l'hyperboloïde à deux nappes au moyen d'un

carré positif et de deux carrés négatifs, égalés à l'unité. On verra donc, comme aux §§ 255 et 226, que, X, Y, Z représentant des polynômes du premier degré en x, y, z, toute équation de la forme

$$\frac{Z^2}{C^2} - \frac{X^2}{A^2} - \frac{Y^2}{B^2} = 1$$

représente un hyperboloïde à deux nappes.

Pour un point quelconque de cette surface, on peut écrire

$$\frac{X}{A} = \tang\alpha \sin\gamma, \qquad \frac{Y}{B} = \tang\alpha \cos\gamma ; \qquad \text{et} \qquad \frac{Z}{C} = \frac{1}{\cos\alpha},$$

les angles α et γ étant arbitraires.

298. *Variétés de la surface.* — On appelle *hyperboloïde de révolution à deux nappes* la surface engendrée par une hyperbole CB' tournant autour d'un axe transverse OCO'. Ici les coordonnées sont *rectangulaires* et l'ellipse mobile est un *cercle* dont le centre est sur l'axe OCO' de révolution. Alors O'A' $=$ O'B', c'est-à-dire $a' = b'$; donc aussi $b = a$, et l'équation est

$$\frac{z^2}{c^2} - \frac{(x^2+y^2)}{a^2} = 1$$

299. Revenons aux axes quelconques : en répétant le calcul du § 257, nous poserons $\dfrac{c}{a} = \mu$ et $\dfrac{c}{b} = \nu$ et nous trouverons, à la limite où ces quantités sont nulles, l'équation $z^2 - \mu^2 x^2 - \nu^2 y^2 = 0$ d'un cône ; on écrit encore :

$$\frac{z^2}{c^2} = \frac{x^2}{a^2} + \frac{y^2}{b^2}.$$

Si $b = a$, le cône est *de révolution*.

II. FORME DE LA SURFACE.

300. *Cône asymptote.* — Le calcul du § 258 donnera encore

$$\frac{x^2}{a^2} + \frac{y^2}{b^2} = \frac{z^2}{c^2}$$

pour équation du *cône asymptote* rapporté au même système de diamètres conjugués que la surface elle-même.

Les génératrices du cône sont encore les limites des diamètres transverses et des diamètres non transverses, c'est-à-dire qu'elles rencontrent la surface à l'infini.

Seulement ici ce cône est *extérieur* à la surface, et *l'hyperboloïde à deux nappes est contenu dans son cône asymptote.* Il sera facile de constater, en effet, que tout diamètre extérieur au cône ne rencontre pas cet hyperboloïde.

Les termes du second degré étant les mêmes dans les équations du cône et de la surface, il en sera de même pour les équations des sections de ces deux corps par des plans parallèles.

Donc *un même plan ou des plans parallèles déterminent des sections semblables dans l'hyperboloïde et son cône asymptote.*

301. *Sections centrales.* — Ainsi, parmi les plans qui passent au centre, les uns, n'ayant avec le cône que le sommet comme point commun, ne rencontrent pas l'hyperboloïde à deux nappes; les autres, qui rencontrent le cône suivant deux génératrices, coupent au contraire la surface.

Mais les génératrices suivant lesquelles un de ces derniers plans coupe le cône, rencontrent la surface à l'infini ; elles sont donc les asymptotes de la section ainsi déterminée dans la surface : par conséquent cette section est une *hyperbole*.

Il en résulte que les sections centrales sont des hyperboles ou des lignes imaginaires.

302. *Sections planes quelconques*. — Pour connaître la nature de l'intersection de la surface par un plan quelconque, nous mènerons donc, par le centre, un plan parallèle au plan donné.

Si ce plan est extérieur au cône asymptote, nous le prendrons pour plan des xy. Ici, comme pour tous les cônes, un plan parallèle à ce plan extérieur coupe le cône suivant une ellipse, et nous prendrons pour directions des x et des y celles d'un système de diamètres conjugués de cette ellipse.

Le diamètre qui contient les centres de toutes les ellipses parallèles obtenues dans le cône sera, relativement à ce cône, conjugué avec les axes des x et des y : de plus, comme cette ligne des centres est intérieure au cône, elle perce l'hyperboloïde à deux nappes à une distance $OC = c$. Considérons, pour fixer les idées, l'ellipse menée dans le cône à cette distance, et soit $2a$ et $2b$ les diamètres conjugués parallèles à Ox et à Oy, on voit que a et b sont connus.

Si donc nous prenons OC pour axe des z, les équations de cette base sont

$$\frac{x^2}{a^2} + \frac{y^2}{b^2} = 1 \quad \text{et} \quad z = c.$$

Celles d'une génératrice sont

$$x = \mu z, \quad y = \nu z,$$

et pour qu'elle s'appuie sur la base, on doit avoir

$$\frac{\mu^2}{a^2} + \frac{\nu^2}{b^2} = \frac{1}{c^2}.$$

Comme $\mu = \dfrac{x}{z}$, $\nu = \dfrac{y}{z}$, on a l'équation du cône

$$\frac{x^2}{a^2} + \frac{y^2}{b^2} = \frac{1}{c^2}.$$

Par conséquent, l'équation de l'hyperboloïde à deux nappes correspondant, rapporté aux mêmes diamètres conjugués (§ 300), est

$$\frac{z^2}{c^2} - \frac{x^2}{a^2} - \frac{y^2}{b^2} = 1.$$

Maintenant, il sera facile de reconnaître la nature de la section faite dans la surface par le plan donné, c'est-à-dire par un plan parallèle à celui des xy. Si $z^2 < c^2$, la section est *imaginaire*, puisqu'on aurait alors

$$\frac{x^2}{a^2} + \frac{y^2}{b^2} < 0;$$

si $z^2 > c^2$, on obtient une *ellipse réelle* dont la projection sur le plan des xy est représentée par

$$\frac{x^2}{a^2} + \frac{y^2}{b^2},$$

égalé à une quantité positive : quant à la limite de $z = \pm c$, elle donne

$$\frac{x^2}{a^2} + \frac{y^2}{b^2} = 0,$$

d'où

$$x = 0, \quad y = 0.$$

On obtient ainsi les points où l'axe des z rencontre la surface.

303. Comme chacun de ces plans $z = \pm c$ n'a qu'un point commun avec la surface, on voit qu'ils lui sont *tangents*. Donc le plan tangent à l'extrémité d'un diamètre est parallèle aux plans conjugués (§ 209).

Si le plan central parallèle au plan donné coupe le cône suivant deux génératrices, nous savons qu'il coupera la surface suivant une *hyperbole*; il en sera donc de même pour les plans parallèles.

304. Cette méthode serait en défaut pour les *plans parallèles à une génératrice du cône asymptote* : alors, en effet, le plan central serait tangent à ce cône et ne pourrait servir à établir son équation ni celle de la surface; du reste, ce plan ne rencontrerait pas l'hyperboloïde, qui est intérieur au cône.

Mais les plans parallèles aux plans tangents au cône le coupent suivant des paraboles; ils couperont donc aussi (§ 300) l'hyperboloïde suivant des *paraboles*.

305. *Axes principaux.* — Soit OC la plus courte distance du centre à la surface; par le diamètre transverse OC concevons un plan qui coupera l'hyperboloïde à deux nappes suivant une hyperbole. La distance OC étant minimum sera l'axe transverse principal de cette hyperbole : donc l'axe principal non transverse OR sera perpendiculaire à OC. Imaginons par OC une seconde section hyperbolique; son axe principal non transverse OS sera encore perpendiculaire à OC; donc le plan ROS sera perpendiculaire à OCO'.

Par le point C, qui sera ainsi un sommet de ces hyperboles, soit C*r* parallèle à OR et C*s* parallèle à CS : on sait que C*r* est tangent à la première hyperbole et C*s* à la seconde; donc, d'après la définition du plan tangent, le plan C*sr* est *tangent* en C, et comme il est parallèle à OSR, il est *perpendiculaire* à OC. Du reste, le diamètre OC, transverse de toutes les hyperboles qui y passent, étant *conjugué* avec OSR, puisque OSR est parallèle au plan tangent en C, tous les diamètres contenus dans ce plan OSR sont non transverses : il en résulte que, si d'un point O' pris sur OC prolongé on mène un plan parallèle à OSR, ce plan coupera la surface suivant une ellipse réelle (§ 302). Soient O'A', O'B' les axes principaux de cette ellipse, et menons OA, OB parallèles à ces lignes; on voit que OA, OB, OC sont trois *diamètres conjugués principaux*, c'est-à-dire perpendiculaires, dont OC est seul réel.

On démontrera, comme pour les deux surfaces précédentes, que ce système de diamètres perpendiculaires est unique.

306. Ainsi nous supposons, pour le moment, que les axes Ox, Oy, Oz, au lieu de représenter un système quelconque de diamètres conjugués, soient ici les axes rectangulaires. On avait déjà vu que la surface était illimitée et discontinue : ici on observe de plus qu'elle est symétrique relativement à ces axes et à ces plans principaux.

III. PLAN TANGENT ET PLAN POLAIRE.

307. Revenons au cas général des diamètres conjugués quelconques. L'équation du plan tangent en un

point de l'hyperboloïde à deux nappes représenté par x', y', z', sera

$$\frac{zz'}{c^2} - \frac{xx'}{a^2} - \frac{yy'}{b^2} = 1,$$

puisque l'on passe de l'équation de l'ellipsoïde à celle de l'hyperboloïde en changeant a^2 et b^2 en $-a^2$ et $-b^2$: d'ailleurs on y arriverait directement.

En identifiant cette équation générale du plan tangent avec l'équation

$$A x + B y + C z = D$$

d'un plan quelconque, on a

$$A = - \frac{D x'}{a^2}, \quad B = - \frac{D y'}{b^2}, \quad C = \frac{D z'}{c^2},$$

ce qui donne

$$D^2 = C^2 c^2 - A^2 a^2 - B^2 b^2,$$

condition de contact ; l'équation d'un plan tangent quelconque est donc de la forme

$$A x + B y + C z = \sqrt{C^2 c^2 - A^2 a^2 - B^2 b^2}.$$

Il en résulte qu'*un plan tangent ne sera jamais parallèle à un plan intérieur au cône asymptote.*

308. L'équation du plan polaire d'un point de l'espace qui a pour coordonnées x', y', z', sera de même

$$\frac{zz'}{c^2} - \frac{xx'}{a^2} - \frac{zz'}{c^2} = 1.$$

Donc les deux plans tangents qui sont représentés, d'après ce qui précède, et en donnant à A, B, C les valeurs écrites ci-dessus, par

$$\frac{zz'}{c^2} - \frac{xx'}{a^2} - \frac{yy'}{b^2} = \pm \sqrt{-\frac{x'^2}{a^2} - \frac{y'^2}{b^2} + \frac{z'^2}{c^2}},$$

seront *parallèles au plan polaire du point donné.*

Mais la quantité soumise au radical est positive ou négative suivant que le point donné est *intérieur* ou *extérieur* au cône asymptote : alors ces plans sont *réels* dans le premier cas et *imaginaires* dans le second.

309. *Position des points relativement au cône et à la surface.* — Cela tient à ce que l'on a

$$\frac{z'^2}{c^2} - \frac{x'^2}{a^2} - \frac{y'^2}{b^2} \gtrless 0,$$

suivant qu'il s'agit du point intérieur m ou du point extérieur m'' qui sont à la même hauteur z', mais x et y sont plus grands pour le second que pour le premier.

Pour le point m' intérieur au cône, mais extérieur à la face, on a la double inégalité

$$1 > \frac{z'^2}{c^2} - \frac{x'^2}{a^2} - \frac{y'^2}{b^2} > 0.$$

310. *Cône enveloppe.* — L'équation du cône enveloppe correspondant à un point donné se trouve en changeant, dans le § 238, a^2 et b^2 en $-a^2$ et $-b^2$, ce qui donne, en changeant tous les signes,

$$\frac{(x-x')^2}{a^2} + \frac{(y-y')^2}{b^2} - \frac{(z-z')^2}{c^2}$$

$$= \frac{(yz'-zy')^2}{b^2c^2} + \frac{(zx'-xz')^2}{a^2c^2} - \frac{(xy'-yx')^2}{a^2b^2}.$$

311. *Points extérieurs et intérieurs.* — Ces mots reprennent pour l'hyperboloïde à deux nappes le sens qu'ils n'avaient plus à propos de l'hyperboloïde à une nappe (§ 271), et indiquent, comme pour l'ellipsoïde, des *points par lesquels on peut ou on ne peut pas mener de plans tangents à la surface.*

En effet, on a vu (§§ 301 et 302) qu'il y avait des plans qui ne rencontraient pas l'hyperboloïde à deux nappes. Si donc le plan polaire du point donné coupe la surface, on pourra mener par ce point une infinité de plans tangents, l'intersection de ce plan polaire avec la surface étant la base du cône enveloppe dont ce point sera le sommet. Dans le cas contraire, il n'y aura pas de contact et le cône enveloppe sera imaginaire ou, du moins, réduit à son sommet.

312. Soient donc x', y', z' les coordonnées du point en question : l'équation de son plan polaire étant

$$\frac{zz'}{c^2} - \frac{xx'}{a^2} - \frac{yy'}{b^2} = 1,$$

on peut imaginer que x, y, z représente un point de contact, ce qui donne

$$\frac{z^2}{c^2} - \frac{x^2}{a^2} - \frac{y^2}{b^2} = 1.$$

Ajoutons cette égalité avec

$$\frac{z'^2}{c^2} - \frac{x'^2}{a^2} - \frac{y'^2}{b^2} = 1 + \mathrm{H},$$

et retranchons le double de l'équation du plan polaire, il reste

$$\frac{(z' - z)^2}{c^2} - \frac{(x' - x)^2}{a^2} - \frac{(y' - y)^2}{b^2} = \mathrm{H}.$$

Du reste, l'équation du plan polaire peut se mettre sous la forme

$$\frac{z(z' - z)}{c^2} - \frac{x(x' - x)}{a^2} - \frac{y(y' - y)}{b^2} = 1 - \frac{z^2}{c^2} + \frac{x^2}{a^2} + \frac{y^2}{b^2} = 0.$$

Donc

$$\frac{z' - z}{c} = \frac{cx(x' - x)}{a^2 z} + \frac{cy(y' - y)}{b^2 z}.$$

Élevant au carré, on aura, par conséquent, en remplaçant, dans l'expression de H, $\dfrac{z-z'}{c}$ par sa valeur

$$H = \frac{(x'-x)^2}{a^2}\left(\frac{c^2 x^2}{a^2 z^2}-1\right) + \frac{(y'-y)^2}{b^2}\left(\frac{c^2 y^2}{b^2 z^2}-1\right) + \frac{2\,c^2 xy\,(x'-x)\,(y'-y)}{a^2 b^2 c^2}.$$

Mais, d'après l'équation de la surface, on a

$$\frac{x^2}{a^2}-\frac{z^2}{c^2}=-1-\frac{y^2}{b^2},$$

d'où

$$\frac{c^2 x^2}{a^2 z^2}-1=-\frac{c^2}{z^2}\left(1+\frac{y^2}{b^2}\right)=\frac{-c^2\,(b^2+y^2)}{b^2 z^2}.$$

De même

$$\frac{c^2 y^2}{b^2 z^2}-1=\frac{-c^2\,(a^2+y^2)}{a^2 z^2}.$$

De là résulte

$$\frac{a^2 b^2 z^2\,H}{c^2}=2xy\,(x'-x)\,(y'-y)-(x'-x)^2\,(b^2+y^2)-(y'-y)^2\,(a^2+x^2)$$

$$=-b^2\,(x'-x)^2-a^2\,(y'-y)^2-\{x\,(y'-y)-y\,(x'-x)\}^2,$$

ou enfin

$$\frac{a^2 b^2 z^2.H}{c^2}=-b^2\,(x'-x)^2-a^2\,(y'-y)^2-(xy'-x'y)^2.$$

Sous cette forme, on reconnaît que les coordonnées x, y, z d'un point de contact ne sont réelles que si $H<0$, c'est-à-dire si l'on a pour le point donné

$$\frac{z'^2}{c^2}-\frac{x'^2}{a^2}-\frac{y'^2}{b^2}>1.$$

Ainsi, pour l'hyperboloïde à deux nappes, les points indiqués par l'inégalité

$$\frac{z'^2}{c^2}-\frac{x'^2}{a^2}-\frac{y'^2}{b^2}>1$$

sont réellement *extérieurs*, c'est-à-dire que l'on peut, par ces points, mener des plans tangents.

Au contraire, il sera impossible de mener des plans tangents d'un point pour lequel on aurait

$$\frac{z'^2}{c^2} - \frac{x'^2}{a^2} - \frac{y'^2}{b^2} < 1,$$

et qui serait véritablement *intérieur*.

313. *Courbe de contact du cône enveloppe.* — D'abord, si le plan polaire se réduit à un plan tangent, la limite de la ligne de contact n'est plus un système de deux droites, comme pour l'hyperboloïde à une nappe, mais un point comme pour l'ellipsoïde. C'est ce qu'on a vu aux §§ 302 et 303; ainsi la surface n'est pas *réglée*.

314. Supposons maintenant que le point donné soit le sommet d'un cône enveloppe réel, c'est-à-dire que l'on ait

$$\frac{z'^2}{c^2} - \frac{x'^2}{a^2} - \frac{y'^2}{b^2} > 1, \qquad \text{(§ 312)}$$

il s'agit encore de connaître la nature de la base de ce cône.

Le plan polaire qui contient cette base ayant pour équation

$$\frac{zz'}{c^2} - \frac{xx'}{a^2} - \frac{yy'}{b^2} = 1,$$

celle du plan central parallèle sera

$$\frac{zz'}{c^2} - \frac{xx'}{a^2} - \frac{yy'}{b^2} = 0;$$

si ce plan ne rencontre le cône asymptote qu'à son sommet, les sections des plans parallèles, dans le cône et la surface, seront de la nature des ellipses réelles ou imaginaires.

La question étant donc ramenée au cône asymptote qui

a la même équation que pour l'autre hyperboloïde, les calculs du § 272 s'appliquent ici, et l'on verra encore que la courbe de contact est une *ellipse* pour

$$\frac{x'^2}{a^2} + \frac{y'^2}{b^2} - \frac{z'^2}{c^2} < 0,$$

c'est-à-dire pour un point *intérieur* au cône asymptote. C'est ce qui arrive pour un point compris entre le cône et l'hyperboloïde à deux nappes.

Au contraire, cette courbe sera une *hyperbole*, si le point donné est *extérieur* au cône, ce qui se reconnaît à ce que

$$\frac{x'^2}{a^2} + \frac{y'^2}{b^2} - \frac{z'^2}{c^2} > 0.$$

315. Enfin, si

$$\frac{x'^2}{a^2} + \frac{y'^2}{b^2} - \frac{z'^2}{c^2} = 0,$$

auquel cas le point donné est sur le cône lui-même, on reconnaîtra comme au § 274 que la courbe de contact est une *parabole*.

316. *Cylindre enveloppe.* — On verra, comme aux numéros correspondants relatifs à l'ellipsoïde ainsi qu'à l'hyperboloïde à une nappe, que le cylindre enveloppe dont les génératrices ont pour coefficients angulaires μ et ν, a pour équation

$$\frac{\mu x}{a^2} + \frac{\nu y}{b^2} - \frac{z}{c^2} = \frac{(x - \mu z)^2}{a^2} + \frac{(y - \nu y)^2}{b^2} - \frac{(\mu y - \nu x)^2}{c^2},$$

et que l'équation de la section centrale de contact est

$$\frac{\mu x}{a^2} + \frac{\nu y}{b^2} - \frac{z}{c^2} = 0,$$

comme pour l'hyperboloïde à une nappe.

IV. SECTIONS CIRCULAIRES.

317. Il s'agit encore de combiner l'équation de la surface avec celle d'une sphère qui doit ici avoir un rayon suffisant.

Les axes étant rectangulaires, soit

$$x^2 + y^2 + z^2 = a^2 + b^2 + c^2$$

l'équation d'une sphère concentrique à la surface représentée par

$$\frac{b^2 z^2}{c^2} - \frac{b^2 x^2}{a^2} - y^2 = b^2.$$

Ajoutant, on a

$$z^2 \left(1 + \frac{b^2}{c^2} \right) - x^2 \left(\frac{b^2}{a^2} - 1 \right) = a^2 + c^2 + 2 b^2.$$

En admettant, comme on peut toujours le faire, que l'on ait $a > b$, cette équation est l'ensemble de celles de deux plans

$$z \sqrt{1 + \frac{b^2}{c^2}} \pm x \sqrt{\frac{b^2}{a^2} - 1} = \sqrt{a^2 + c^2 + 2 b^2},$$

et les points communs à ces plans et à la sphère seront sur l'hyperboloïde à deux nappes.

On a ainsi les directions des deux séries de sections circulaires, et l'on reconnaîtrait, comme pour les deux surfaces précédentes, qu'il n'y en a pas d'autres.

Enfin elles se réduisent à une seule série si $b = a$, c'est-à-dire si la surface est de révolution.

318. *Sphère tangente concentrique.* — Il est clair qu'il n'y en a qu'une seule, dont le rayon est la distance mi-

nimum OC et qui touche la surface au point C et à son symétrique.

319. *Ombilics* (voy. § 244). — Nous venons de trouver, pour équation d'un plan central parallèle à une section circulaire,

$$x + \mathrm{R}z = 0,$$

en posant

$$\mathrm{R} = \frac{\sqrt{1 + \dfrac{b^2}{c^2}}}{\sqrt{\dfrac{b^2}{a^2} - 1}}.$$

Soient x', y', z' les coordonnées d'un ombilic, l'équation du plan tangent en ce point est

$$\frac{zz'}{c^2} - \frac{xx'}{a^2} - \frac{yy'}{b^2} = 1 \, ;$$

mais comme il doit être parallèle au plan central indiqué, on a $y' = 0$ et il reste

$$x - \frac{a^2 z'}{c^2 x'} \, z = - \frac{a^2}{x'},$$

d'où

$$\mathrm{R}^2 = \frac{a^4 z'^2}{c^4 x'^2}.$$

Mais, puisque $y' = 0$, on a

$$\frac{z'^2}{c^2} - \frac{x'^2}{a^2} = 1,$$

ce qui donne

$$\mathrm{R}^2 = \frac{a^4}{c^2 z'^2}\left(1 + \frac{x'^2}{a^2}\right) = \frac{a^4}{c^2 x'^2} + \frac{a^2}{c^2}.$$

Ainsi

$$\frac{a^4}{c^2 x'^2} = \frac{1 + \dfrac{b^2}{c^2}}{\dfrac{b^2}{a^2} - 1} - \frac{a^2}{c^2} = \frac{a^2 c^2 + a^2 b^2}{b^2 c^2 - a^2 c^2} - \frac{a^2}{c^2},$$

ce qui revient à

$$\frac{a^2}{x'^2} = \frac{c^2+b^2}{b^2-a^2} - 1 = \frac{c^2+a^2}{b^2-a^2}.$$

Ainsi

$$\frac{x'^2}{a^2} = \frac{b^2-a^2}{c^2+a^2},$$

de là

$$\frac{z'^2}{c^2} = \frac{c^2+b^2}{c^2+a^2}.$$

En combinant les deux valeurs de x' et celles de z' on a quatre ombilics.

Si la surface est *de révolution*, il n'y a plus que deux ombilics, qui sont les extrémités de l'axe de révolution.

V. THÉORÈME DE MONGE.

320. Dans le § 247, changeons a^2 et b^2 en $-a^2$ et $-b^2$, on reconnaît que *le lieu des sommets des trirectangles circonscrits à l'hyperboloïde à deux nappes est une sphère concentrique de rayon* $\sqrt{c^2-a^2-b^2}$.

Donc, si $c^2 = a^2 + b^2$, la sphère se réduit à un point qui est le centre, les trois faces sont tangentes au cône asymptote suivant une génératrice et tangentes à l'infini à l'hyperboloïde.

Si $c^2 < a^2 + b^2 + c^2$, la sphère et les trièdres sont imaginaires.

VI. VOLUME DE L'HYPERBOLOÏDE A DEUX NAPPES.

321. Comme nous l'avons vu au § 248, l'élément de volume de l'ellipsoïde de révolution est

$$\pi \tfrac{\nu}{3} a^2 \left(1 - \frac{z^2}{c^2}\right).$$

L'élément de volume d'un hyperboloïde de révolution à deux nappes est

$$\pi \zeta . \overline{O'A'}^2 \quad \text{(fig. 26)} ;$$

mais ici l'équation de l'hyperbole qui tourne donne

$$\frac{z^2}{c^2} - \frac{\overline{O'A'}^2}{a^2} = 1 :$$

donc l'élément de volume est

$$\pi \zeta a^2 \left(\frac{z^2}{c^2} - 1 \right) ;$$

c'est-à-dire que, pour passer de l'ellipsoïde à l'hyperboloïde à deux nappes, il faut changer a^2 en $-a^2$ dans cet élément, et, par conséquent, dans l'expression du volume.

Cette expression a été trouvée

$$V = \frac{\pi a^2}{c^2} \left(c^2 z - \frac{z^3}{3} \right) \qquad \text{(§ 249)}$$

et donne le volume de l'ellipsoïde de révolution depuis . l'équateur jusqu'à un parallèle mené à la distance z; si $z = c$, on a le demi-ellipsoïde $\dfrac{2 \pi a^2 c}{3}$.

Mais observons d'abord que l'expression V relative à l'ellipsoïde reste encore positive au delà de cette valeur de z : ensuite pour $c^2 = \dfrac{z^2}{3}$ on a $V = 0$; au delà encore, V devient négatif. Il s'agit d'interpréter ces résultats.

Nous y parviendrons en supposant que l'ellipsoïde de la figure 21 se trouve transporté entre les deux nappes de la figure 26.

Dans l'expression de V changeons, comme nous l'avons

dit, le signe de a^2; on a, pour l'hyperboloïde de révolution à deux nappes,

$$\frac{\pi\,a^2}{c^2}\left(\frac{z^3}{3}-c^2 z\right).$$

Seulement ici la surface ne commence qu'au sommet C pour lequel l'expression ci-dessus se réduit à $-\dfrac{2\,\pi\,a^2 c}{3}$.

Cette quantité correspondant à un volume nul dans la surface, la quantité $V=0$ qu'on obtient pour $z=c\sqrt{3}$, correspondra au volume $\dfrac{2\,\pi\,a^2 c}{3}$; voilà ce qui explique le paradoxe que l'on vient de remarquer pour l'ellipsoïde.

Ensuite l'expression

$$V'=\frac{\pi\,a^2}{c^2}\left(\frac{z^2}{3}-c^2 z\right),$$

devenue positive pour $z>c\sqrt{3}$, donnera les quantités qu'il faut ajouter pour avoir le volume compris depuis le plan tangent en C jusqu'au parallèle donné.

Quant aux valeurs de z intermédiaires entre c et $c\sqrt{3}$, elles donneraient pour V' un résultat négatif, mais numériquement moindre que $-\dfrac{2\,\pi\,a^2 c}{3}$ qui correspond au volume nul; par conséquent le volume relatif à ce parallèle sera

$$V'+\frac{2\,\pi\,a^2 c}{3}<\frac{2\,\pi\,a^2 c}{3}.$$

322. En résumé, soit l'expression

$$V'=\frac{\pi\,a^2}{c^2}\left(\frac{z^3}{3}-c^2 z\right);$$

pour $z>c$, le volume cherché, à partir de C, a pour mesure

$$\frac{2\,\pi\,a^2 c}{3}+V'=\pi\,a^2\left(\frac{2c}{3}+\frac{z^3}{3c^2}-z\right).$$

323. Si la surface n'est pas de révolution, on verrait, comme pour les surfaces précédentes, qu'il faut écrire ab au lieu de a^2, ce qui donne

$$\pi ab\left(\frac{2c}{3} \cdot \frac{z^3}{5c^3} - z\right).$$

Enfin, s'il s'agit de diamètres conjugués, il suffira toujours de multiplier le résultat par ε^1.

(1) Les raisonnements du § 321 se rattachent au calcul *directif* et montrent l'ellipsoïde et l'hyperboloïde à deux nappes comme deux surfaces qui se complètent l'une l'autre.

Ainsi, dans l'ellipse dont la révolution donne la première surface et qui se représente par

$$\frac{z^2}{c^2} \cdot \frac{x^2}{a^2} = 1,$$

ou bien

$$\frac{x^2}{a^2} = 1 - \frac{z^2}{c^2},$$

on a pour x des valeurs réelles tant que $z^2 \leqq c^2$, et qui deviennent imaginaires pour $z^2 > c^2$. Mais en admettant que le symbole $\sqrt{-1}$ indique une direction perpendiculaire à la première, on écrira $- x^2 = y^2$, c'est-à-dire que la courbe génératrice passera du plan des xz dans celui des yz. Seulement cette courbe, au lieu d'être une ellipse, deviendra une hyperbole représentée par

$$\frac{z^2}{c^2} - \frac{y^2}{a^2} = 1.$$

CHAPITRE VII

PARABOLOÏDE ELLIPTIQUE

I. NATURE ET VARIÉTÉS DE LA SURFACE.

324. *Génération de la surface* (fig. 27). — On appelle *paraboloïde elliptique* la surface engendrée par une ellipse mobile sur une parabole fixe.

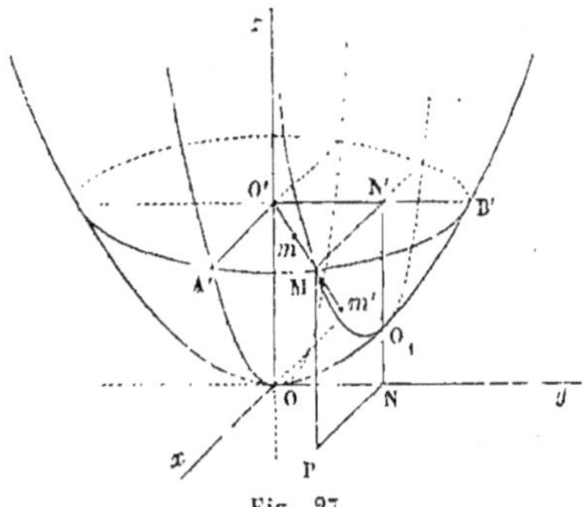

Fig. 27.

Soit OB′ cette parabole dans le plan des zy où elle est représentée par $y^2 = 2p'z$; soit aussi sur le plan des xy,

$$\frac{y^2}{b'^2} + \frac{x^2}{a'^2} = 1,$$

la projection de l'ellipse dans une position quelconque telle que A'MB'.

Comme elle est toujours semblable à elle-même, on a

$$\frac{a'}{b'} = m,$$

ce nombre m étant constant; donc

$$m^2 y^2 + x^2 = b'^2.$$

Mais comme elle s'appuie sur la parabole, on a

$$b'^2 = 2p'z.$$

Donc, posant

$$p'm^2 = p,$$

on a

$$\frac{y^2}{p'} + \frac{x^2}{p} = 2z;$$

c'est l'équation cherchée.

325. La symétrie montre qu'on arriverait au même résultat en prenant pour directrice la parabole OA' représentée par OA' dans le plan des xz.

326. *Relations avec l'ellipsoïde et l'hyperboloïde à deux nappes.* — Transportons l'origine du centre O de l'ellipsoïde (fig. 21) au point C_1, ce qui revient à changer z en $z - c$. Alors l'équation devient

$$\frac{x^2}{a^2} + \frac{y^2}{b^2} + \frac{(z-c)^2}{c^2} = 1,$$

ou bien

$$x^2 \cdot \frac{c}{a^2} + y^2 \cdot \frac{c}{b^2} = 2z - \frac{z^2}{c}.$$

Posons $\frac{a^2}{c} = p$, $\frac{b^2}{c} = p'$; ensuite imaginons c infini; il reste

$$\frac{x^2}{p} + \frac{y^2}{p'} = 2z.$$

On arrivera au même résultat en transportant l'origine au sommet C de l'hyperboloïde à deux nappes (fig. 26); la moitié inférieure de la surface se perd à l'infini avec le centre.

327. *Autre mode de génération.* — On peut aussi regarder le paraboloïde elliptique comme *engendré par une parabole qui se meut parallèle et égale à elle-même, de manière que son sommet s'appuie toujours sur une parabole fixe et que les deux courbes aient en ce point le même diamètre ;* mais, pour que la surface soit celle que nous indiquons ici, il faut ajouter que *les diamètres des deux paraboles sont tournés dans le même sens.*

La parabole fixe OB′ est représentée dans le plan des yz par

$$y^2 = 2p'z,$$

et la parabole mobile a pour équation, quand elle se trouve en OA′ dans le plan des xz,

$$x^2 = 2pz.$$

Quand elle arrive en O_1M, son sommet O_1, reposant sur OB′, à la distance $ON = y$, l'équation de OB′ donne d'abord

$$NO_1 = \frac{y^2}{2p'}.$$

Ensuite, l'équation de OA′ ou de MO_1 donne

$$\overline{MN}^2 = 2p \cdot O_1N',$$

ou bien

$$x^2 = 2p(z - NO_1),$$

d'où

$$\frac{x^2}{p} + \frac{y^2}{p'} = 2z.$$

328. *Forme de l'équation.* — Par le raisonnement déjà connu, on verra que l'équation

$$\frac{X^2}{P} + \frac{Y^2}{P'} = 2Z,$$

où X, Y, Z sont des polynômes du premier degré en x, y, z, et où P et P' sont des coefficients constants et de même signe, représente toujours un paraboloïde elliptique.

329. *Variétés de la surface.* — Concevons le solide engendré par la révolution d'une parabole OA' autour de son diamètre principal Oz. Alors on aura le *paraboloïde de révolution* : ici les axes sont évidemment rectangulaires et l'ellipse devient un cercle. Comme $p' = p$, l'équation se réduit à

$$x^2 + y^2 = 2pz$$

330. Si la parabole directrice dégénère en deux droites parallèles, le paraboloïde elliptique devient un *cylindre elliptique*, droit ou oblique.

Prenons, pour plan des xy, la section obtenue par un plan perpendiculaire à ces parallèles et pour origine le centre de cette section elliptique que nous supposerons rapportée à ses axes rectangulaires, l'équation du cylindre sous sa forme la plus simple sera

$$\frac{x^2}{a^2} + \frac{y^2}{b^2} = 1 :$$

les z, parallèles aux génératrices, ne figurent pas dans cette formule.

Le *cylindre de révolution* de la géométrie élémentaire en est un cas particulier : il aura pour équation

$$x^2 + y^2 = a^2.$$

531. Si l'ellipse se réduit à un point, le cylindre se réduit à son axe, et l'on a *une droite* pour toute surface. Elle est représentée par

$$x^2 + y^2 = 0.$$

Si l'ellipse est imaginaire, on a un *cylindre imaginaire*, qui a pour équation

$$x^2 + y^2 + a^2 = 0.$$

Dans le cylindre elliptique, si l'ellipse mobile dégénère en parabole, on a le *cylindre parabolique*, dont l'équation, sous la forme la plus simple, est évidemment

$$y^2 = 2px.$$

De plus, si cette parabole mobile se change elle-même en deux droites parallèles qui se meuvent sur les deux premières, on a *deux plans parallèles* qui peuvent se réduire à *un seul plan*; enfin, ces deux plans parallèles peuvent être *imaginaires*.

II. FORME DE LA SURFACE.

532. *Diamètres.* — Reprenons les calculs du § 202 pour la recherche du plan diamétral, lieu des milieux des cordes qui ont pour équations

$$x = \mu z + \alpha, \quad y = \nu z + \beta.$$

Remplaçons x et y par ces valeurs dans l'équation

$$\frac{x^2}{p} + \frac{y^2}{p'} = 2z,$$

on a

$$z^2\left(\frac{\mu^2}{p} + \frac{\nu^2}{p'}\right) + 2z\left(\frac{\mu\alpha}{p} + \frac{\nu\beta}{p'} - 1\right) + \frac{\alpha^2}{p} + \frac{\beta^2}{p'} = 0;$$

donc le milieu de la corde donnera

$$z_1 = \frac{1 - \dfrac{\mu x}{p} - \dfrac{\nu \beta}{p'}}{\dfrac{\mu^2}{p} + \dfrac{\nu^2}{p'}} = \frac{1 + \dfrac{\mu(\mu z_1 - x_1)}{p} + \dfrac{\nu(\nu z_1 - y_1)}{p'}}{\dfrac{\mu^2}{p} + \dfrac{\nu^2}{p'}}.$$

Supprimant les indices et réduisant, il reste pour *équation du plan diamétral*

$$\frac{\mu x}{p} + \frac{\nu y}{p'} = 1.$$

On observe que ce plan, quels que soient μ et ν, est *parallèle* à l'axe des z, c'est-à-dire aux diamètres des paraboles directrice et génératrice (§ 327).

333. Or, par la définition même (§ 208), un diamètre est l'intersection de deux plans diamétraux; donc tous les diamètres de la surface sont *parallèles* à ceux de ces paraboles.

Comme tous les diamètres passent au centre, *la surface n'a pas de centre*. Du reste, on trouverait $m = 0$ (§ 165).

334. *Sections planes.* — Dans l'équation $\dfrac{x^2}{p} + \dfrac{y^2}{p'} = 2z$, substituons la valeur $z = \dfrac{D - Ax - By}{C}$ tirée de l'équation $Ax + By + Cz = D$ d'un plan quelconque; il en résultera l'équation

$$\frac{C}{2}\left(\frac{x^2}{p} + \frac{y^2}{p'}\right) + Ax + By - D = 0,$$

qui représente sur le plan des xy la projection de l'intersection cherchée, laquelle sera évidemment de la même nature que l'intersection elle-même. Or il est clair que cette intersection sera une *ellipse* réelle ou imaginaire.

335. Cependant il y a exception pour le cas où $C = 0$: alors il reste $Ax + By - D = 0$, équation du plan, qui représente aussi sa trace sur le plan des xy, puisque ce plan est parallèle à l'axe des z. Ici, puisque la projection sur le plan des xy nous laisse en défaut, prenons

$$y = \frac{D - Ax}{B}$$

et substituons cette valeur dans l'équation de la surface pour avoir la projection sur le plan des zx, nous reconnaîtrons que l'intersection est une *parabole*.

Ainsi *un plan parallèle aux diamètres coupe la surface suivant une parabole ;* de plus, on reconnaît que *toutes les paraboles parallèles sont égales*, puisque ces courbes peuvent se considérer comme diverses positions de la parabole mobile (§ 327).

336. Dans l'équation $\dfrac{x^2}{p} + \dfrac{y^2}{p'} = 2z$, où p et p' sont positifs, si z, après avoir été très-grand, diminue de plus en plus, les ellipses semblables diminuent de même, et enfin, pour $z = 0$, on a $x = 0$, $y = 0$, c'est-à-dire que le plan des xy n'a qu'un point commun avec la surface ; donc ce plan est *tangent*.

Ensuite, pour $z < 0$, on a des ellipses imaginaires. Ainsi, *le paraboloïde elliptique est tout entier d'un même côté de chaque plan tangent.*

337. *Axes principaux.* — Nous avons indiqué (§ 326) le paraboloïde elliptique comme un cas particulier de l'ellipsoïde partant du point C_1 (fig. 21), ou de l'hyperboloïde à deux nappes partant du point C (fig. 26). Or nous avons vu (§§ 223 et 305) que, dans ces deux surfaces, quand ces points sont des extrémités d'axes principaux, ce sont de véritables *sommets*, c'est-à-dire des points où *le plan tan-*

gent est perpendiculaire à son diamètre conjugué ; ces sommets existent donc toujours, puisqu'il y a toujours un système d'axes principaux. L'axe des z étant celui dont la direction dégénère dans celle des diamètres du paraboloïde elliptique, l'extrémité O (fig. 27) du diamètre qui est la limite de l'axe principal passant en C_1 ou en C, dans les figures 21 ou 26, est lui-même le *sommet* qui termine l'axe principal des z.

Quant aux axes des x et des y, ils seront parallèles aux axes principaux des ellipses perpendiculaires à Oz.

Admettons que la figure 27 représente ce système ; on voit que la surface est symétrique relativement aux axes des x et des y, dont le plan sépare l'espace en deux parties, l'une vide, l'autre où est la surface.

III. PLAN TANGENT ET PLAN POLAIRE.

338. Quels que soient les angles des axes, on pourrait toujours traiter l'équation $\dfrac{y^2}{p'} + \dfrac{x^2}{p} = 2z$ comme un cas particulier de l'équation de l'ellipsoïde ou du paraboloïde à deux nappes, mais le calcul direct donne

$$\frac{yy'}{p'} + \frac{xx'}{p} = z + z'$$

pour équation du plan tangent en un point de cette surface.

Comme $z' = -\dfrac{x'^2}{2p} - \dfrac{y'^2}{2p'}$, cette équation revient à

$$\frac{x'}{p}\left(x - \frac{x'}{2}\right) + \frac{y'}{p'}\left(y - \frac{y'}{2}\right) = z.$$

Il en résulte que, quel que soit le système de diamètres

conjugués, le plan tangent passe au milieu de la ligne qui joint l'origine avec le pied de la projection, droite ou oblique, du point de contact sur le plan des xy; en effet, les coordonnées de ce pied sont $z = 0$, $x = \dfrac{x'}{2}$ et $y = \dfrac{y'}{2}$.

Identifions

$$\frac{A}{C}x + \frac{B}{C}y + z = \frac{D}{C}$$

avec

$$-\frac{x'}{p}x - \frac{y'}{p'}y + z = -z',$$

on obtient

$$A = -\frac{Cx'}{p}, \quad B = -\frac{Cy'}{p'}, \quad D = -Cz';$$

donc, tirant de là x', y', z', et transportant dans

$$\frac{x'^2}{p} + \frac{y'^2}{p'} = 2z',$$

on a la condition de contact

$$A^2 p + B^2 p' + 2CD = 0.$$

Ainsi l'équation

$$Ax + By + Cz + \frac{B^2 p' + A^2 p}{2C} = 0$$

représentera toujours un plan tangent.

Ce plan pourra donc avoir toutes les directions, excepté d'être parallèle aux diamètres, car alors $C = 0$. On a vu (§ 335) qu'un plan pareil coupe toujours la surface suivant une parabole.

339. On sait que le plan polaire d'un point quelconque représenté par x', y', z' a aussi pour équation

$$\frac{xx'}{p} + \frac{yy'}{p'} = z + z'.$$

Donc, dans la condition de contact, remplaçons A, B et D par les expressions écrites ci-dessus, l'équation

$$\frac{xx'}{p} + \frac{yy'}{p'} = z + \frac{1}{2}\left(\frac{x'^2}{p} + \frac{y'^2}{p'}\right),$$

que l'on obtiendra ainsi, sera celle du *plan tangent parallèle au plan polaire du point donné.*

540. *Position des points relativement à la surface.* — Sur la parallèle O'M au plan des xy, il est clair que, z restant le même, x et y augmentent à mesure que l'on s'éloigne de l'axe des z. Donc, pour un point m situé entre cet axe et la surface, on a

$$\frac{x^2}{p} + \frac{y^2}{p'} - 2z < 0,$$

puisque M donne

$$\frac{x^2}{p} + \frac{y^2}{p'} - 2z = 0.$$

Au delà, le point m' donne

$$\frac{x^2}{p} + \frac{y^2}{p'} - 2z > 0.$$

541. *Cône enveloppe.* — Reprenons le raisonnement du § 238 et posons dans l'équation de la surface

$$x = x' + \alpha(z - z'), \quad y = y' + \beta(z - z') \quad \text{et} \quad z = z' + (z - z').$$

l'équation en $z - z'$ sera

$$(z - z')^2\left(\frac{\alpha^2}{p} + \frac{\beta^2}{p'}\right) + 2(z - z')\left(\frac{\alpha x'}{p} + \frac{\beta y'}{p'} - 1\right) = 2z' - \frac{x'^2}{p} - \frac{y'^2}{p'}.$$

Pour que toutes ces génératrices soient tangentes, on doit avoir

$$\left(\frac{\alpha x'}{p} + \frac{\beta y'}{p'} - 1\right)^2 + \left(\frac{\alpha^2}{p} + \frac{\beta^2}{p'}\right)\left(2z' - \frac{x'^2}{p} - \frac{y'^2}{p'}\right) = 0.$$

Remplaçant α et β par $\dfrac{x-x'}{z-z'}$ et $\dfrac{y-y'}{z-z'}$, on a, en réduisant,

$$pp'(z-z')^2 + 2p'(x-x')(xz'-zx') + 2p(y-y')(yz'-zy') = (yx'-xy')^2.$$

342. *Cylindre enveloppe*. — Soient

$$x = \mu z + X, \qquad y = \nu z + Y$$

les équations d'une génératrice ; on aura

$$z^2\left(\frac{\mu^2}{p} + \frac{\nu^2}{p'}\right) - 2z\left(1 - \frac{\mu X}{p} - \frac{\nu Y}{p'}\right) + \frac{X^2}{p} + \frac{Y^2}{p'} = 0.$$

La condition de contact sera donc

$$\left(1 - \frac{\mu X}{p} - \frac{\nu Y}{p'}\right)^2 = \left(\frac{X^2}{p} + \frac{Y^2}{p'}\right)\left(\frac{\mu^2}{p} + \frac{\nu^2}{p'}\right),$$

ce qui donne

$$1 - 2\left(\frac{\mu X}{p} + \frac{\nu Y}{p'}\right) = \frac{(\mu Y - \nu X)^2}{pp'}.$$

Telle est donc la relation entre $X = x - \mu z$ et $Y = y - \nu z$. Soient, sur les plans des zx et des zy, OA et OB les projections de la parallèle menée du point O à la direction donnée des génératrices, les équations des plans AOy, BOx seront $x - \mu z = 0$, $y - \nu z = 0$; ou bien $X = 0$, $Y = 0$, en prenant ces plans pour ceux des ZY et des ZX : alors l'intersection OC de ces plans sera parallèle aux génératrices, et OA, OB, OC seront les trois nouveaux axes (ces lignes ne sont pas tracées).

L'équation de la surface ne contenant que X et Y, cette surface sera un cylindre dont les génératrices sont parallèles à OC (§ 8). De plus, comme cette équation représente une parabole, puisque l'ensemble des termes du second degré est un carré parfait, ce sera un *cylindre parabolique*.

543. Pour une surface quelconque du second degré, on sait que la conique de contact d'un cône enveloppe est sur le plan polaire du point donné comme sommet de ce cône ; pour le paraboloïde elliptique, ce plan a pour équation

$$\frac{xx'}{p} + \frac{yy'}{p'} = z + z'.$$

Mais si le sommet est à l'infini, c'est-à-dire si le cône dégénère en cylindre dont les génératrices ont une direction donnée par $\frac{x'}{z'} = \mu$, $\frac{y'}{z'} = \nu$, il faut diviser tout par z', pour faire entrer les quantités connues μ et ν, puis poser $z' = \infty$: il reste alors

$$\frac{\mu x}{p} + \frac{\nu y}{p'} = 1.$$

C'est l'équation d'un plan diamétral quelconque (§ 352). Alors le contact aura lieu suivant une parabole.

544. *Points intérieurs et extérieurs.* — Il reste à faire voir que les points indiqués, au § 540, comme situés entre l'axe des z et la surface, sont véritablement *intérieurs*, parce qu'il est impossible, par un de ces points, de faire passer un plan tangent à la surface : au delà, les points sont véritablement *extérieurs*, parce qu'ils pourront être le sommet d'un cône enveloppe.

Or ajoutons

$$\frac{x^2}{p} + \frac{y^2}{p'} = 2z, \qquad \frac{x'^2}{p} + \frac{y'^2}{p'} = 2z' + h,$$

et retranchons-en le double de

$$\frac{xx'}{p'} + \frac{yy'}{p} = z + z';$$

il reste donc

$$\frac{(y - y')^2}{p'} + \frac{(x - x')^2}{p} = h.$$

Par conséquent la courbe est imaginaire si $h < 0$, c'est-à-dire si

$$\frac{x'^2}{p} + \frac{y'^2}{p'} - 2z' < 0 \, ;$$

elle est réelle si

$$\frac{x'^2}{p} + \frac{y'^2}{p'} - 2z' > 0 \, ,$$

pour $h > 0$.

La courbe de contact est une *ellipse* (§ 334) tant que x', y', z' n'est pas à l'infini ; alors c'est une *parabole*.

345. Du reste, si le point est sur la surface, pour $h = 0$ on a

$$\frac{(y - y')^2}{p'} + \frac{(x - x')^2}{p} = 0,$$

ce qui n'est vrai que pour $x' = 0$, $y' = 0$. Cela revient à dire que *le plan tangent n'a qu'un point commun avec la surface*.

IV. SECTIONS CIRCULAIRES.

346. Comparons l'équation

$$\frac{x^2}{p} + \frac{y^2}{p'} = 2z$$

avec l'équation

$$\frac{x^2 + y^2 + z^2}{p'} = 2z \, ,$$

d'une sphère qui a son centre sur le diamètre principal (les axes étant rectangulaires), et retranchons la première de la seconde, il restera

$$\frac{z^2}{p'} - x^2 \left(\frac{1}{p} - \frac{1}{p'} \right) = 0 \quad \text{ou} \quad p z^2 = x^2 (p' - p),$$

équations de deux plans réels, si $p' > p$, comme on peut toujours le supposer.

Il y a donc deux systèmes de sections circulaires, et l'on sait qu'il ne peut en exister d'autres.

Si $p' = p$, la surface est de révolution, et il n'y a qu'un seul système de cercles perpendiculaires à l'axe principal.

347. *Ombilics* (voy. § 244). — L'équation d'un plan mené par l'origine, parallèlement à une section circulaire, sera, comme nous venons de le voir,

$$x + \mathrm{R}z = 0,$$

en posant

$$\mathrm{R} = \pm \sqrt{\frac{p}{p' - p}}.$$

Un plan tangent a pour équation

$$\frac{xx'}{p} + \frac{yy'}{p'} = z + z';$$

mais si l'ombilic est le point de contact, il est parallèle au plan précédent et $y' = 0$.

De plus,

$$\mathrm{R} = -\frac{p}{x'},$$

d'où

$$\frac{1}{p' - p} = \frac{p}{x'^2}$$

et

$$x' = \pm \sqrt{p\,(p' - p)} \, ;$$

enfin, dans l'équation

$$\frac{x'^2}{p} + \frac{y'^2}{p'} = 2z',$$

si $y' = 0$ et $z'^2 = p\,(p' - p)$, il reste

$$z' = p' - p.$$

On a ainsi les deux ombilics; les deux autres vont à l'infini.

Si la surface est de révolution, $p' = p$ et le sommet est le seul ombilic.

V. THÉORÈME DE MONGE.

348. En appliquant à l'ellipsoïde la transformation du § 326, l'équation du lieu géométrique obtenue au § 247 deviendra

$$x^2 + y^2 + (z - c)^2 = a^2 + b^2 + c^2,$$

ou bien

$$x^2 + y^2 + z^2 = 2cz + a^2 + b^2 ;$$

mais comme $a^2 = cp$, $b^2 = cp'$, on a

$$2z + p + p' = \frac{x^2 + y^2 + z^2}{c}.$$

Pour le paraboloïde elliptique, soit $c = \infty$, il reste

$$z = -\frac{1}{2}(p + p').$$

Ainsi *le lieu géométrique des sommets des angles tri-rectangles circonscrits à un paraboloïde elliptique est un plan perpendiculaire aux diamètres, et situé, en dehors de la surface, à une distance du sommet marquée par* $\frac{1}{2}(p + p')$.

VI. VOLUME DU PARABOLOÏDE ELLIPTIQUE.

349. Cherchons d'abord le volume engendré par la parabole MM'O tournant autour de son axe transverse principal Oz (fig. 28).

L'équation de cette parabole dans son plan zx étant

$$x^2 = 2pz,$$

calculons le volume infinitésimal engendré par l'arc MM'.

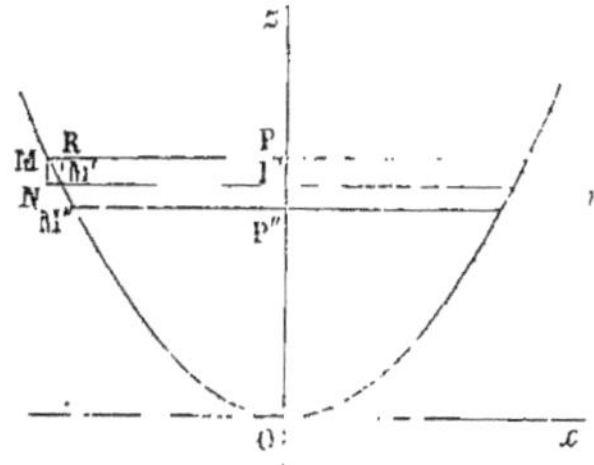

Fig. 28.

Soit $OP = z$, $MP = x$, et $OP' = z'$, $M'P' = x'$; ce volume peut être considéré comme la moyenne entre les deux cylindres qui ont pour hauteur commune

$$PP' = z - z',$$

et dont les bases ont pour rayons x et x'.

Or le premier cylindre engendré par le rectangle MNPP' a pour expression

$$\pi x^2 (z - z') = 2\pi p z (z - z'):$$

de même, l'autre cylindre engendré par le rectangle M'RPP' a pour mesure

$$\pi x'^2 (z - z') = 2\pi p z' (z - z').$$

Par conséquent, la moyenne de ces deux valeurs sera

$$\pi p (z - z') (z + z') = \pi p (z^2 - z'^2).$$

De même, le volume engendré par l'axe suivant M'M'' s'exprimera par

$$\pi p (z'^2 - z''^2):$$

en continuant ainsi et ajoutant tous ces éléments pour

obtenir le volume total, on voit que z'^2 se détruit ainsi que tous les carrés consécutifs, excepté le premier z^2. Par conséquent, le volume du paraboloïde de révolution, depuis le sommet O jusqu'au parallèle MP, a pour valeur

$$\pi p z^2 = \frac{\pi}{2} x^2 z.$$

350. A côté de ce paraboloïde de révolution et sur le même plan des xy, imaginons un paraboloïde elliptique tel, que, pour une même valeur de z, la section elliptique soit équivalente à la section circulaire qui lui correspond, c'est-à-dire que l'on ait πxy d'un côté, égale πx^2 de l'autre. On voit que, dans la formule précédente, cela revient à remplacer x^2 par xy : ainsi le volume d'un segment de paraboloïde elliptique, depuis le sommet jusqu'à une hauteur z, a pour mesure $\frac{\pi}{2} xyz$, en indiquant par x et y les demi-axes de la section elliptique qui termine ce segment.

351. Enfin, si les axes sont obliques au lieu d'être rectangulaires, on aura, comme pour les surfaces précédentes, le volume de la surface, qui sera ici

$$V = \frac{\pi}{2} \varepsilon xyz.$$

CHAPITRE VIII

PARABOLOÏDE HYPERBOLIQUE

I. NATURE ET VARIÉTÉS DE LA SURFACE (fig. 29).

552. *Génération de la surface.* — On appelle *paraboloïde hyperbolique* la surface engendrée par une hyper-

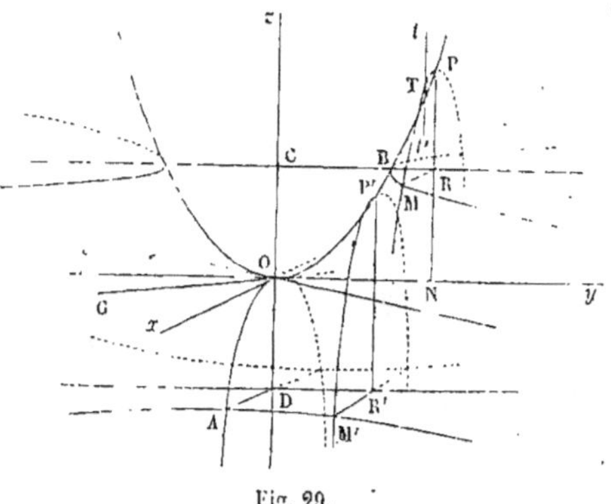

Fig. 29.

bole semblable et parallèle à elle-même, s'appuyant sur une parabole fixe.

Soit OB cette parabole représentée dans le plan des yz par

$$y^2 = 2p'z,$$

et

$$\frac{y^2}{b'^2} - \frac{x^2}{a'^2} = 1$$

l'équation de la projection, sur le plan des xy, de l'hyperbole dans une position telle que BM. La similitude donne.

$$\frac{a'}{b'} = m,$$

ce nombre m étant constant : mais, comme l'hyperbole s'appuie en B sur la parabole OB, on a

$$b'^2 = \overline{\text{CB}}^2 = 2p'z,$$

et

$$y^2 - \frac{x^2}{m^2} = 2p'z.$$

Soit donc

$$p'm^2 = p,$$

il vient

$$\frac{y^2}{p'} - \frac{x^2}{p} = 2z,$$

équation du paraboloïde hyperbolique; on écrit aussi

$$m^2y^2 - x^2 = 2pz$$

353. La surface ne s'arrête pas là, comme pour le paraboloïde elliptique, car il est facile de voir que $z < 0$ donnera des points réels. Observons d'abord ce qui se passe pour $z = 0$, c'est-à-dire pour le plan des xy : il est évident que Oy est tangent en O à la parabole OB. De plus, si, au lieu de poser $x = 0$, on pose $y = 0$, il vient $x^2 = -2pz$, ce qui représente la parabole OA dans le plan des xz; ainsi Ox est tangent à cette parabole. Il

en résulte que le plan des xy est tangent à la surface et la
rencontre suivant deux droites qui ont pour équations

$$z = 0, \quad \frac{y}{p'} + \frac{x}{p} = 0,$$

et

$$z = 0, \quad \frac{y}{p'} - \frac{x}{p} = 0.$$

Ces droites sont donc parallèles aux asymptotes de l'hyperbole mobile.

Pour avoir la partie de la surface qui est tournée vers
les z négatifs on comprend, d'après plusieurs exemples,
que les hyperboles génératrices devront être dans une
position AM′, conjuguée de la précédente : enfin, la
directrice sera la parabole OA dans le plan xz. On retrouvera ainsi l'équation

$$\frac{y^2}{p'} - \frac{x^2}{p} = 2z.$$

354. Relation avec l'hyperboloïde à une nappe. —
D'après le raisonnement du § 326, on transportera l'origine à l'extrémité de l'un des diamètres transverses
auxquels l'hyperboloïde à une nappe est rapporté, et,
changeant l'ellipse en parabole, on trouvera le paraboloïde hyperbolique.

355. Autre mode de génération. — On peut aussi définir cette surface comme on l'a fait au § 327, sauf que
la parabole génératrice en OA, M′P′, MP, etc... a son diamètre tourné *en sens inverse* de la parabole de celui de
la parabole directrice OC : du reste, la démonstration est
la même et les équations

$$y^2 = 2p'z \quad \text{et} \quad x^2 = -2pz$$

de ces paraboles donnent pour la surface l'équation

$$\frac{y^2}{p'} - \frac{x^2}{p} = 2z.$$

356. *Forme de l'équation.* — On verra, comme au § 328, que le paraboloïde hyperbolique est représenté par

$$\frac{Y^2}{p} - \frac{X^2}{p'} = 2Z,$$

c'est-à-dire par une différence de deux carrés, égalée à une quantité du premier degré.

357. *Variétés de la surface.* — Le cas de $p' = p$ n'a rien de particulier; mais si la parabole directrice dégénère en deux droites, toutes les hyperboles génératrices deviendront égales et l'on aura un *cylindre hyperbolique*.

On verra, comme au § 330, que l'équation la plus simple de ce cylindre s'écrit

$$\frac{x^2}{a^2} - \frac{y^2}{b^2} = 1.$$

Si ces deux parallèles se réduisent à une seule droite, l'hyperbole mobile se réduit elle-même à ses asymptotes, et il reste *deux plans qui se coupent*.

II. FORME DE LA SURFACE.

358. *Diamètres.* — Changeons p en $-p$, on voit, d'après le § 352, que l'équation d'un plan diamétral est

$$\frac{y y'}{p'} - \frac{x x'}{p} = 1.$$

Il est donc parallèle à Oz, ainsi que les diamètres, et il n'y a pas de centre.

359. *Sections planes.* — On verra, comme au §334, qu'un plan coupe toujours la surface suivant une *hyperbole*, à moins qu'il ne soit parallèle aux diamètres : alors la section est une *parabole*, et *toutes les paraboles parallèles sont égales*.

360. On reconnaît encore, comme du reste on l'avait déjà vu par la génération (§353), que cette surface n'est pas tout entière d'un même côté du plan des xy.

Cette surface est assez difficile à se représenter : cependant sa forme rappelle une *selle* à monter à cheval.

361. *Axes principaux.* — Le paraboloïde hyperbolique étant une variété de l'hyperboloïde à une nappe, on verra, comme pour l'autre paraboloïde (§337) qu'il existe toujours, sur cette surface, un point où le plan tangent est perpendiculaire à son diamètre conjugué. La connaissance de ce point, nommé *sommet*, établit l'existence d'un système unique d'axes principaux.

III. PLAN TANGENT ET PLAN POLAIRE.

362. Dans les §§ 338 et suivants, changeons toujours p en $-p$, on a l'équation du plan tangent

$$\frac{yy'}{p'} - \frac{xx'}{p} = z + z',$$

ou bien, puisque le point est sur la surface,

$$\frac{y'}{p'}\left(y - \frac{y'}{2}\right) - \frac{x'}{p}\left(x - \frac{x'}{2}\right) = z.$$

L'équation

$$A x + B y + C z + \frac{B^2 p' - A^2 p}{2 C} = 0$$

représente un plan tangent.

363. L'équation

$$\frac{yy'}{p'} - \frac{xx'}{p} = z + \tfrac{1}{2}\left(\frac{y'^2}{p'} - \frac{x'^2}{p}\right)$$

est celle du plan tangent parallèle au plan polaire du point donné par x', y', z'.

364. *Position des points relativement à la surface.* — Soit un point t qui regarde la *convexité* des paraboles génératrices ($\S 355$) et un point t' qui en regarde la *concavité*, ces deux points étant pris, pour plus de simplicité, sur une même parallèle à Oz.

Pour tous les points de cette parallèle, il est clair que x et y ont la même valeur. Donc, puisque le point T où elle coupe la surface donne

$$\frac{y^2}{p'} - \frac{x^2}{p} = 2 z,$$

il est clair que

$$\frac{y^2}{p'} - \frac{x^2}{p} \begin{smallmatrix}<\\>\end{smallmatrix} 2 z,$$

suivant qu'il s'agit de t ou de t'.

365. *Cône enveloppe.* — Il aura pour équation, d'après le $\S 341$,

$$2 p' (x - x') (xz' - zx') - 2 p (y - y') (yz' - zy')$$
$$= (yx' - xy')^2 + pp' (z - z')^2,$$

et la courbe de contact, d'après ce que nous avons vu ($\S 359$), sera toujours une *hyperbole*, à moins que le sommet du cône n'aille à l'infini. Alors, en effet, le cône dégénérera en *cylindre enveloppe*, dont l'équation sera

$$1 + 2\left(\frac{\mu X}{p} - \frac{\nu Y}{p'}\right) + \frac{(\mu Y - \nu X)^2}{pp'} = 0. \qquad (\S 342)$$

En posant $X = x - \mu z$, $Y = y - \nu z$ et qui représentera *un cylindre parabolique* : donc la courbe de contact sera une *parabole*; du reste, le plan de cette courbe a pour équation

$$\frac{\nu y}{p'} - \frac{\mu x}{p} = 1.$$

366. La courbe de contact du cône enveloppe n'étant jamais imaginaire, *on peut mener d'un point quelconque des plans tangents au paraboloïde hyperbolique.*

Donc il n'y a pas, à proprement parler, de points *intérieurs* ou *extérieurs*, et il faut se contenter des indications du § 354.

IV. THÉORÈME DE MONGE.

567. On reconnaît, d'après le § 348, que *le lieu des sommets des angles trirectangles circonscrits au paraboloïde hyperbolique est un plan perpendiculaire au diamètre principal et situé, en dehors de cette surface, à une distance du sommet marquée par* $\frac{1}{2}(p' - p)$.

V. GÉNÉRATRICES RECTILIGNES.

368. Nous avons déjà vu (§ 353) qu'un plan tangent avait deux génératrices communes avec la surface. L'équation de cette surface se mettant sous la forme

$$m^2 y^2 - x^2 = 2pz,$$

on pourra poser

$$my = z \tang \varphi + \tfrac{1}{2} p \cot \varphi, \qquad x = z \tang \varphi - \tfrac{1}{2} p \cot x,$$

d'où

$$my + x = 2 z \tang \varphi, \qquad my - x = p \cot \varphi ;$$

donc ces équations sont celles d'une génératrice, puis-qu'elles satisfont à l'équation de la surface.

On peut aussi écrire

$$my = z \tang \varphi' + \tfrac{1}{2} p \cot \varphi', \qquad x = \tfrac{1}{2} p \cot \varphi' - z \tang \varphi',$$

ou bien

$$my + x = p \cot \varphi',$$

et

$$my - x = 2 z \tang \varphi',$$

ce qui fait un second système, car il est clair qu'aucune valeur de φ' ne peut donner une droite déjà obtenue pour une valeur de φ.

369. *Deux génératrices d'un même système ne se rencon-trent pas.* — En effet, en comparant les valeurs de my dans ces deux génératrices, on aurait

$$2 z (\tang \varphi - \tang \varphi_1) = p (\cot \varphi_1 - \cot \varphi).$$

Mais, en comparant les valeurs de x, on aurait au contraire

$$2 z (\tang \varphi - \tang \varphi_1) = p (\cot \varphi - \cot \varphi_1).$$

Les seconds membres seront donc aussi égaux; par con-séquent $\varphi_1 = \varphi$, et les droites coïncident.

370. *Deux génératrices de système différent se rencon-trent.* — En effet, les valeurs de z obtenues en compa-rant $my + x$ sont égales, et l'on a de part et d'autre

$$z' = \tfrac{1}{2} p \cot \varphi \cot \varphi'.$$

On en conclut

$$y' = \frac{p(\cot\varphi + \cot\varphi')}{2m}, \quad x' = \frac{p}{2}(\cot\varphi' - \cot\varphi),$$

ce qui vérifie l'équation de la surface.

371. Les génératrices de l'un des systèmes donnant les relations

$$my - x = p\cot\varphi, \quad my - x = p\cot\varphi_1, \text{ etc.,}$$

sont parallèles au plan représenté par

$$my - x = 0.$$

De même, celles de l'autre système sont parallèles au plan représenté par

$$my + x = 0.$$

Ainsi *les génératrices d'un même système sont parallèles à un même plan.*

De plus, *ces deux plans directeurs sont parallèles aux diamètres,* c'est-à-dire à l'axe des z.

VI. GÉNÉRATION PAR UNE DROITE MOBILE.

372. *Surface engendrée par une droite qui s'appuie sur trois droites parallèles à un même plan.* — On voit que c'est une propriété du paraboloïde hyperbolique : les trois directrices sont des droites de l'un des systèmes (§ 371) et la génératrice est une position de la droite de l'autre système. Mais il faut réciproquement faire voir que toute surface ainsi construite est un paraboloïde hyperbolique.

Soit OA (fig. 30) l'une des directrices que nous prendrons pour axe des y et par OA faisons passer un plan quelconque ACB qui coupera les autres directrices en C et en B. Prenons pour axe des z la droite BC qui sera une position de la génératrice, puisqu'elle rencontre nécessairement OA en un point O; puis menons O x parallèle à la seconde directrice BA'. Observons enfin que, par suite de l'hypothèse, la troisième directrice CA'' est parallèle au plan des xy, puisque ce plan contient OA, ainsi que Ox parallèle à BA'.

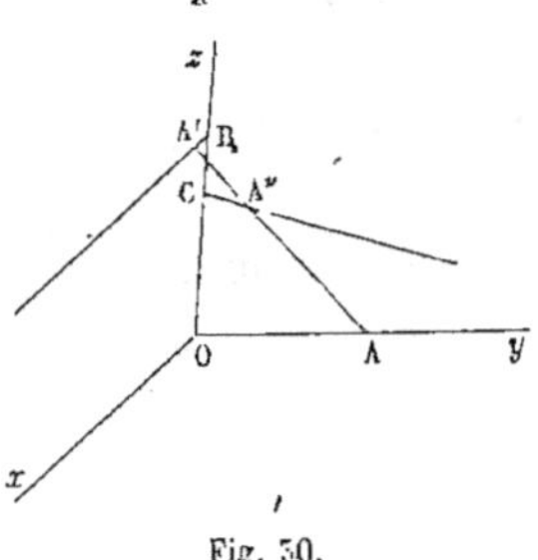
Fig. 30.

Ainsi soient OB $= b$, OC $= c$; les équations de OA étant $x = 0$, $z = 0$, celles de BA' seront $y = 0$, $z = b$, et celles de CA'' sont $z = c$, $x = ay$, a étant une constante.

Les équations de la génératrice AA'A'' sont de la forme

$$x = mz + p, \quad y = nz + q.$$

Comme elle rencontre OA, on a d'abord $p = 0$; comme elle rencontre BA', on a $q = -nb$, et les équations deviennent

$$x = mz, \quad y = n(z - b).$$

Enfin, comme elle rencontre CA'', on a encore

$$an(c - b) = mc.$$

Dans cette égalité, posons

$$n = \frac{y}{z - b}, \quad m = \frac{x}{z},$$

il reste

$$ayz(c - b) = cx(z - b).$$

373. On verrait, par un calcul analogue à celui du

§ 289, et en rappelant le § 355, que cette équation est celle d'un paraboloïde hyperbolique.

374. Mais la génératrice elle-même est toujours parallèle à un même plan (§ 371); aussi, quand elle le rencontre, elle se trouve tout entière en OA dans ce plan, qui est ici celui des xy.

On peut donc définir son mouvement par cette condition jointe à celle de s'appuyer seulement sur deux directions.

Réciproquement, nous allons chercher d'une manière directe l'équation de la *surface engendrée par une droite qui s'appuie sur deux droites données en restant parallèle à un plan donné*.

Ce plan (fig. 31) sera celui des xy, percé en O par l'une des directrices OA que nous prendrons pour axe des z. Soit D le point où ce plan est percé par l'autre directrice BD, et menons par Oz le plan des zy parallèle à DB, les équations de DB seront $x = \alpha$ (en posant OD $= \alpha$) et $y = bz$.

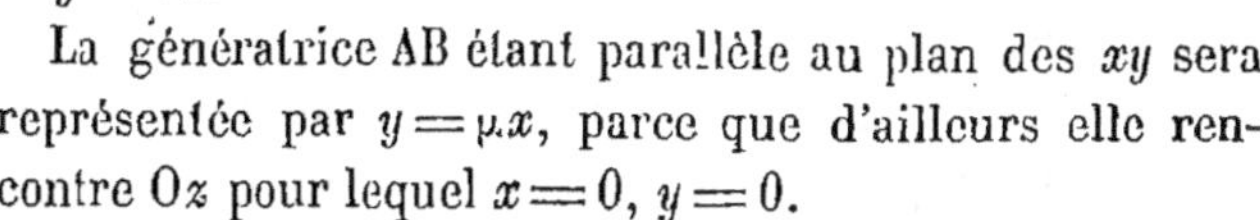

Fig. 31.

La génératrice AB étant parallèle au plan des xy sera représentée par $y = \mu x$, parce que d'ailleurs elle rencontre Oz pour lequel $x = 0$, $y = 0$.

Comme elle rencontre aussi l'autre directrice BD, on a

$$bz = \mu \alpha,$$

d'où

$$\mu = \frac{bz}{\alpha},$$

et il reste

$$\alpha y = bzx.$$

375. Comme $4zx = (x + z)^2 - (x - z)^2$, on verra encore que la surface est un paraboloïde hyperbolique qui rentre ainsi dans la famille des *conoïdes* (§ 153).

376. Cherchons encore la *surface engendrée par une droite qui se meut sur deux autres en faisant le même angle avec toutes deux* (fig. 32).

Prenons pour axe des y la plus courte distance BB' de ces deux droites AB, A'B' : le milieu O de BB' sera l'origine. Soient OC, OC' parallèles à BA', B'A', on sait que Oy sera perpendiculaire au plan C'OC, où l'on prendra Oz bissectrice de l'angle COC' et Ox perpendiculaire à Oz : ainsi les coordonnées sont rectangulaires.

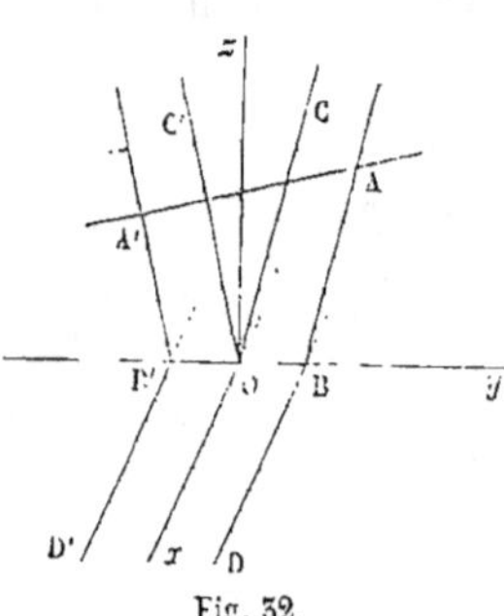
Fig. 32.

Les directrices AB, A'B' se projetteront sur le plan xoy suivant BD, B'D' parallèles à Ox : donc, Oz étant bissectrice, les équations de AB seront

$$y = \beta, \quad x = -\mu z,$$

et celles de A'B' seront

$$y = -\beta, \quad x = \mu z.$$

La génératrice AA' faisant le même angle avec AB et A'B', qui sont posées symétriquement par rapport au plan des xy, sera parallèle à ce plan : donc elle donne une relation telle que $y = Mx + N$, et, comme elle rencontre les directrices, on aura

$$\beta = -M\mu x + N \quad \text{et} \quad -\beta = M\mu x + N,$$

ce qui exige $N = 0$.

On a donc $y = Mx$ et aussi, comme équations de condition,

$$\beta = - M\mu z,$$

d'où

$$M = - \frac{\beta}{\mu z};$$

remplaçant M par cette valeur dans $y = Mx$, on a

$$\mu z y + \beta x = 0,$$

équation cherchée.

C'est encore un paraboloïde hyperbolique, car

$$4 z y = (x + y)^2 - (z - y)^2.$$

VII. VOLUME DU PARABOLOÏDE HYPERBOLIQUE.

377. Concevons le conoïde engendré (fig. 33) par la droite cp se mouvant parallèlement au plan directeur COP et s'appuyant sur les directrices AP et BC.

Soient P et C les points où ces droites percent ce plan, il est clair que CP sera une position de la génératrice. Soit A un

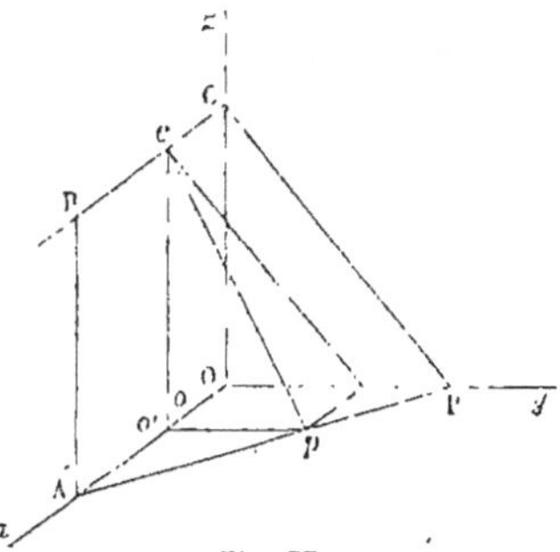

Fig. 33.

point quelconque de l'une des directrices AP et AO parallèle à l'autre BC jusqu'à la rencontre du plan directeur, nous prendrons OA, OP, OC pour axes des x, des y et des z.

Soit aussi AB parallèle à OC; la question est de chercher le volume compris entre les triangles COP, AOP et le parallélogramme ABCO, et terminé par la surface.

Ce volume se compose d'éléments prismatiques, tels que celui qui a pour base le triangle *cop*, parallèle à COP et dont l'épaisseur, prise sur OA, est la quantité infiniment petite *oo'*.

Dans cet élément et dans tous les autres, le côté $oc = OC = AB$ est constant ; ainsi tout dépend de *op*, *oo'*. Supposons d'abord les axes rectangulaires, la somme des éléments superficiels tels que *oo'p*, et qui est évidemment le triangle AOP, aura pour mesure $\frac{1}{2}$OA.OP $= \frac{1}{2}xy$, en posant OA $= x$, OP $= y$, OC $= z$.

Mais l'élément de volume a pour expression

$$oo'.\,\text{tri.}\,opc = oo'\cdot\frac{oc.op}{2} = \frac{oc}{2}\cdot oo'\,op,$$

ce qui revient à l'évaluation précédente. D'ailleurs $oc = z$ et comme la somme des éléments tels que *oo'.op* vient d'être trouvée égale à $\frac{xy}{2}$, le volume total aura pour expression $\frac{xyz}{4}$.

378. On sait enfin que, si les axes font des angles quelconques, le volume indiqué aura pour mesure

$$\mathrm{V} = \frac{\varepsilon\,xyz}{4}.$$

CHAPITRE IX

CARACTÈRES DES SURFACES DU SECOND DEGRÉ

— —

I. GÉNÉRATION DES SURFACES PAR DES LIGNES MOBILES.

379. *Résumé des chapitres précédents.* — Nous avons vu (§ 220) que l'on pouvait généralement engendrer toutes les surfaces du second degré en faisant mouvoir sur une conique fixe une autre conique *à centre* qui reste semblable et parallèle à elle-même ; cela nous a donné les cinq surfaces étudiées précédemment.

Nous avons trouvé ces surfaces en faisant mouvoir :

1° Une ellipse sur une ellipse (§ 225) ;
2° Une ellipse sur une hyperbole (§§ 252 et 295) ;
3° Une ellipse sur une parabole (§ 324) ;
4° Une hyperbole sur une ellipse (§ 253) ;
5° Une hyperbole sur une hyperbole (§§ 254, 296) ;
6° Une hyperbole sur une parabole (§ 352).

Comme nous avons épuisé ainsi toutes les combinaisons, on voit que ces surfaces sont les seules du second degré.

380. Nous allons les rappeler ici avec leurs variétés.

I. Ellipsoïde; ellipsoïde de révolution, allongé ou aplati; sphère; point; surface imaginaire.

II. Hyperboloïde à une nappe; hyperboloïde de révolution à une nappe; cône du second degré; cône de révolution du second degré.

III. Hyperboloïde à deux nappes; hyperboloïde de révolution à deux nappes; les mêmes cônes que ci-dessus.

IV. Paraboloïde elliptique; paraboloïde de révolution; cylindre elliptique; cylindre de révolution; droite; cylindre imaginaire; cylindre parabolique; deux plans parallèles; un seul plan; deux plans parallèles imaginaires.

V. Paraboloïde hyperbolique ou *conoïde* du second degré; cylindre hyperbolique; deux plans qui se coupent.

381. En dehors du mouvement d'une conique à centre sur une conique fixe, nous avons vu ($\S\S$ 327 et 355) que l'on pouvait engendrer les deux paraboloïdes par le mouvement d'une parabole mobile parallèlement à elle-même, mais de forme constante, sur une parabole fixe.

382. *Position du centre ou des centres.* — Nous savons que l'ellipsoïde, ainsi que les deux hyperboloïdes et, par conséquent, les cônes, sont des surfaces à *centre unique*, ce centre étant obtenu par les équations dérivées ($\S$ 162). Il est à l'infini dans les deux paraboloïdes; alors les équations dérivées sont incompatibles.

383. Un cylindre diffère essentiellement d'un cône; comme il est engendré par une conique qui se meut en restant égale et parallèle à elle-même et en s'appuyant toujours sur deux génératrices parallèles, on n'a pas de raison de prendre pour centre de la surface celui de la conique dans une position plutôt que dans une autre. Ainsi, dans un cône où le sommet est le centre unique, une série de sections parallèles aura son centre sur un diamètre conjugué à la direction de ces sections : dans un cylindre, au contraire, nous allons démontrer que *les centres d'une série quelconque de sections parallèles sont sur une même droite parallèle aux génératrices* (fig. 34).

Soit AA′ une section quelconque de centre C et CS parallèle aux génératrices; soit M un point quelconque du cylindre : si l'on joint MC, qui coupe encore la surface en M′, je dis que MC = CM′.

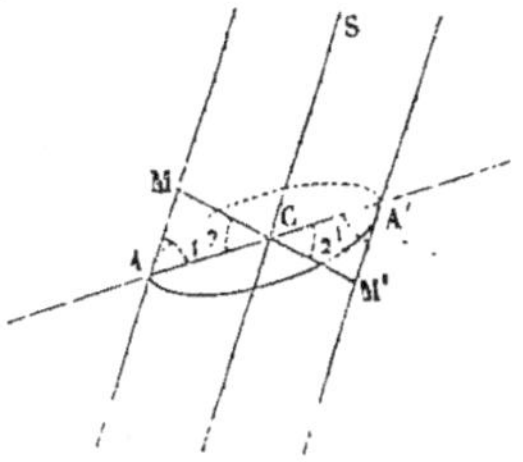

En effet, par CS et par M menons un plan qui coupe la section suivant le diamètre ACA′ et le cylindre suivant les génératrices MA et A′M′.

Fig. 34.

Pour prouver l'égalité des triangles CAM, CA′M′, observons que, C étant le centre de la section, on a CA = CA′ : ensuite l'angle MAC = M′A′C comme alternes internes et MCA = M′CA′ comme opposés au sommet. Ainsi MC = CM′, c'est-à-dire que le point C peut être considéré comme un centre de la surface : par conséquent l'*axe* CS qui correspond comme ligne des centres à la direction des sections AA′, correspond aussi à toute autre direction de sections.

Pour un cylindre, deux des équations dérivées sont identiques entre elles.

384. Dans un cylindre *parabolique*, cet axe va à l'infini, alors il n'y a plus de centres. Dans ce cas, deux des équations dérivées sont identiques entre elles et incompatibles avec la troisième.

S'il s'agit de *deux plans parallèles*, il est clair que tout point du plan mené à égale distance des plans donnés et parallèlement à ces plans satisfait à la définition du centre. Alors les trois équations dérivées se réduisent à une seule.

Enfin, pour un *plan unique*, tout point de ce plan peut évidemment être considéré comme un centre.

Alors l'équation donnée est le carré de l'équation dérivée.

385. *Génération par révolution.* — Le paraboloïde hyperbolique n'a même pas de sections elliptiques; mais nous avons vu que les quatre autres surfaces peuvent être de révolution.

On les obtient alors en faisant tourner une ellipse, une parabole et une hyperbole autour d'un axe transverse ou non transverse.

386. On a aussi trouvé l'hyperboloïde de révolution à une nappe, ou la *surface gauche de révolution*, en faisant tourner une droite autour d'un axe qui ne la rencontre pas.

Si cette droite rencontre l'axe, on a le *cône de révolution*; si les deux lignes sont parallèles, on obtient le *cylindre de révolution*.

387. *Génération par une droite mobile.* — Nous avons vu que l'hyperboloïde à une nappe était engendré par *une droite qui s'appuyait sur trois droites non parallèles à un même plan* (§ 287).

Si ces droites sont parallèles à un même plan, on a le *paraboloïde hyperbolique* (§ 372).

On obtient aussi cette dernière surface en prenant deux *directrices* seulement et en assujettissant la génératrice à rester *parallèle à un plan donné* (§ 374).

Enfin, on trouve encore un paraboloïde hyperbolique en assujettissant la génératrice à faire *le même angle avec les deux directrices* (§ 376).

II. LIEUX GÉOMÉTRIQUES.

388. *Lieu des points tels, que leurs distances à deux droites données soient dans un rapport constant* (fig. 35).
— Soient AB, A'B' ces deux droites et AA' leur plus courte distance; divisons AA' au point O, de manière que cette origine soit sur la surface, c'est-à-dire que l'on ait

$$OA' = -K.OA,$$

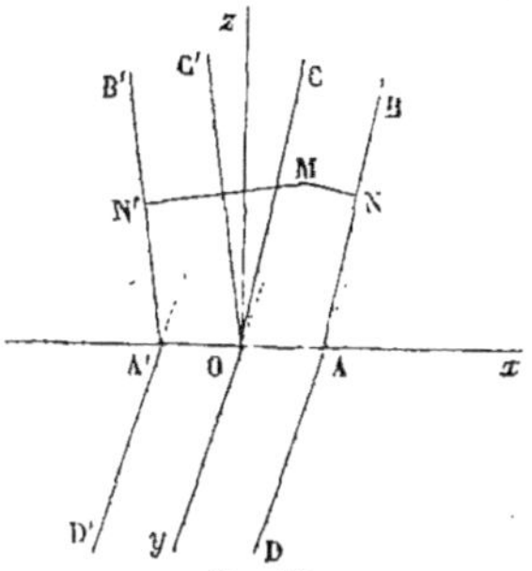

en indiquant par K le rapport constant : ce rapport étant essentiellement positif, on pose

$$OA' = -K.OA,$$

parce que A et A' sont de part et d'autre de l'origine.

Nous prendrons pour axe des x la droite A'OA, et

pour axe des z la bissectrice de l'angle COC', menée de l'origine aux droites données : l'axe des y sera la perpendiculaire menée de l'origine au plan zox; ainsi les axes sont rectangulaires. Observons que l'angle COC' est dans le plan zOy, puisque Ox est la perpendiculaire commune.

Soient MN, MN' les distances du point M du lieu aux droites données, on aura

$$\overline{MN}^2 = (x-\alpha)^2 + y^2 + z^2 - \frac{(z-\mu y)^2}{1+\mu^2},$$

en posant $OA = \alpha$ et indiquant les équations de AB par

$$x = \alpha, \quad y = -\mu z :$$

nous supposons que OC soit derrière le plan zOx.

De même

$$OA' = -K\alpha,$$

et les équations de A'B' sont

$$x = -K\alpha, \quad y = \mu z;$$

donc

$$\overline{MN}'^2 = (x+K\alpha)^2 + y^2 + z^2 - \frac{(z+\mu y)^2}{1+\mu^2}.$$

Soit $\varphi = COz$ la moitié de l'angle COC' des droites données, on a

$$\mu = \operatorname{tang}\varphi,$$

et

$$\frac{1}{1+\mu^2} = \cos^2\varphi :$$

donc

$$\overline{MN}^2 = (x-\alpha)^2 + y^2 + z^2 - (z\cos\varphi - y\sin\varphi)^2$$
$$= (x-\alpha)^2 + (z\sin\varphi + y\cos\varphi)^2,$$

et

$$\overline{MN}'^2 = (x+K\alpha)^2 + y^2 + z^2 - (z\cos\varphi + y\sin\varphi)^2$$
$$= (x+K\alpha)^2 + (z\sin\varphi - y\cos\varphi)^2.$$

Comme

$$\overline{MN'}^2 = K^2 . \overline{MN}^2,$$

l'équation cherchée est

$$x^2 (1 - K^2) + 2\alpha K x (1 + K) + (z^2 \sin^2 \varphi + y^2 \cos^2 \varphi)(1 - K^2)$$
$$- 2 zy \sin \varphi \cos \varphi (1 + K^2) = 0.$$

389. Pour transformer cette équation de manière à reconnaître la surface qu'elle représente, divisons tout par $1 - K^2$; elle devient

$$x^2 + \frac{2\alpha K x}{1 - K} + z^2 \sin^2 \varphi + y^2 \cos^2 \varphi - 2 zy \sin \varphi \cos \varphi \frac{1 + K^2}{1 - K^2} = 0.$$

Les deux premiers termes reviennent à

$$\left(x + \frac{\alpha K}{1 - K} \right)^2 - \frac{\alpha^2 K^2}{(1 - K)^2},$$

et les trois derniers se transforment en

$$\left(z \sin \varphi - y \cos \varphi \frac{1 + K^2}{1 - K^2} \right)^2 + y^2 \cos^2 \varphi \left\{ 1 - \frac{(1 + K^2)^2}{(1 - K^2)^2} \right\}.$$

On a donc l'équation

$$\left(x + \frac{\alpha K}{1 - K} \right)^2 + \left(z \sin \varphi - y \cos \varphi \frac{1 + K^2}{1 - K^2} \right)^2 - \frac{4 K^2 y^2 \cos^2 \varphi}{(1 - K^2)^2} = \frac{\alpha^2 K^2}{(1 - K)^2}.$$

Sous cette forme qui présente deux carrés positifs et un négatif égalés à une quantité positive, on reconnaît (§ 255) que la surface est un *hyperboloïde à une nappe*.

390. Si $K = 1$, c'est-à-dire si l'on cherche le *lieu des points situés à égale distance de deux droites*, l'équation qui termine le § 388 se réduit à

$$zy \sin 2\varphi = 2\alpha x,$$

ce qui représente un *paraboloïde hyperbolique*.

391. *Lieu des points tels, que leurs distances à une droite donnée et à un point donné soient dans un rapport constant* (fig. 36). — Par le point donné A et la droite

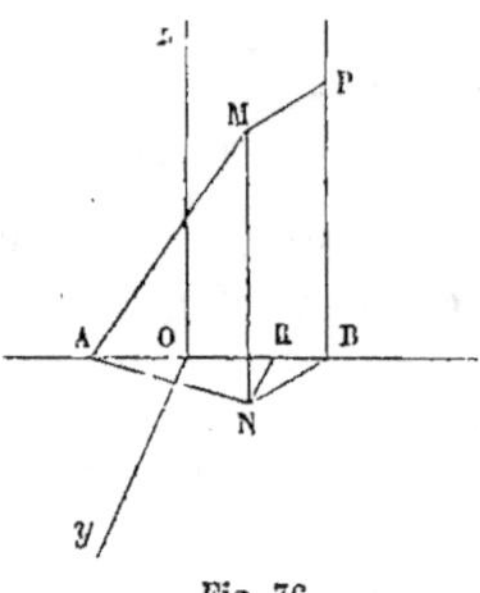

Fig. 36.

donnée BP faisons passer le plan zOx; du point A menons à BP le plan perpendiculaire xOy et sur l'intersection AB de ces plans, qui sera l'axe des x; prenons encore l'origine O de telle sorte qu'elle soit sur la surface : ainsi soit OB $= \alpha$, nous aurons OA $=$ Kα, en indiquant par K le rapport donné. Enfin Oz et Oy sont perpendiculaires à Ox et les axes sont rectangulaires.

Soit M un point du lieu, on a

$$\overline{MA}^2 = K^2 . \overline{MP}^2;$$

mais la distance MP est égale à sa projection NB.

On a

$$\overline{MA}^2 = z^2 + \overline{AN}^2 \quad \text{et} \quad \overline{AN}^2 = y^2 + (x + K\alpha)^2,$$

car AO est additif dans AO $+$ OR, ensuite

$$\overline{BN}^2 = y^2 + (x - \alpha)^2;$$

ainsi l'équation cherchée est

$$z^2 + y^2 + (x + K\alpha)^2 = K^2 \{ y^2 + (x - \alpha)^2 \}.$$

Cette équation devient

$$z^2 + y^2 (1 - K^2) + x^2 (1 - K^2) + 2K\alpha x (1 + K) = 0,$$

ou bien

$$\frac{z^2}{1 - K^2} + y^2 + x^2 + \frac{2K\alpha x}{1 - K} = 0,$$

ce qui s'écrit encore

$$y^2 + \left(x + \frac{K\alpha}{1-K} \right)^2 + \frac{z^2}{1-K^2} = \frac{K^2\alpha^2}{(1-K)^2}.$$

392. Il faut distinguer trois cas. Si $K < 1$, les trois termes du premier membre sont des carrés positifs; donc (§ 226) la surface est un ellipsoïde. De plus, en posant

$$x' = x + \frac{K\alpha}{1-K},$$

c'est-à-dire en transposant l'origine au centre, l'équation devient

$$y^2 + x'^2 + \frac{z^2}{1-K^2} = \frac{K^2\alpha^2}{(1-K)^2},$$

et l'on voit que l'ellipsoïde est *de révolution*. Enfin, $1 - K^2$, que nous supposons positif, est évidemment < 1; donc l'axe de révolution est plus petit que les axes égaux et l'ellipsoïde de révolution est *aplati*.

Si $K > 1$, un des carrés est négatif, et l'on a un *hyperboloïde de révolution à une nappe*.

Enfin, si $K = 1$, reprenons l'équation avant qu'on l'ait divisée par $1 - K^2$; elle se réduit à

$$z^2 + 4\alpha x = 0,$$

ce qui représente évidemment un *cylindre parabolique* dont les génératrices sont parallèles à l'axe des y.

393. *Lieu des points tels, que leurs distances à une droite donnée et à un plan donné soient dans un rapport constant.* (Le lecteur est prié de faire la figure.) — Prenons pour plan des xy le plan donné, pour origine le point A où il est rencontré par la droite donnée OA et pour plan des zx celui de OA et de la perpendiculaire Oz au plan des xy.

Les axes étant rectangulaires, les équations de OA sont

$$y = 0, \quad x = \mu z,$$

et la distance du point M à cette droite sera

$$x^2 + y^2 + z^2 - \frac{(z + \mu x)^2}{1 + \mu^2},$$

ce qui devra, d'après la définition, être égal à $K^2 z^2$.

Soit l'angle

$$z A O = \varphi,$$

on a

$$\mu = \tang \varphi,$$

d'où

$$\frac{(z + \mu x)^2}{1 + \mu^2} = (z \cos \varphi + x \sin \varphi)^2;$$

l'équation du lieu devient donc

$$y^2 + (z \sin \varphi - x \cos \varphi)^2 - K^2 z^2 = 0,$$

et représente un *cône*, puisque le terme indépendant est nul. On dit que le plan donné est un plan *directeur* et la droite donnée une ligne *focale*. (Nous reviendrons sur cette question.)

394. Ce cône est de révolution si $\varphi = 0$, c'est-à-dire si OA se confond avec la perpendiculaire Oz; alors il reste

$$y^2 + x^2 = K^2 z^2.$$

Si, au contraire, la ligne focale était dans le plan directeur, il est clair que l'origine serait arbitraire, en même temps $\varphi = 90°$.

L'équation devient

$$y^2 = z^2 (K^2 - 1),$$

équation du système de *deux plans* réels ou imaginaires qui se coupent suivant la focale ou l'axe des x.

395. *Lieu des points tels, que leurs distances à un point et à un plan donnés soient dans un rapport constant.*

Si l'on fait tourner une conique autour de son axe focal, une directrice engendrera un plan perpendiculaire à cet axe. Un point quelconque de cette surface, considéré dans une des positions de la conique, sera donc un point du lieu.

Comme la rotation se fait autour de l'axe focal, qui est le plus grand dans une ellipse, on obtient ainsi un *ellipsoïde de révolution allongé.*

Dans une hyperbole, l'axe focal étant transverse, on obtient aussi un *hyperboloïde de révolution à deux nappes.*

Dans ces deux cas, les distances au point et au plan sont inégales : si elles sont égales, la surface devient un *paraboloïde de révolution.*

396. Du reste, en prenant pour plan des xy le plan donné et pour axe des z la perpendiculaire $FO = \alpha$ abaissée du point donné F sur ce plan, on aura l'équation

$$x^2 + y^2 + (z - \alpha)^2 = K^2 z^2.$$

Si $\alpha = 0$, c'est-à-dire si le point donné est sur le plan donné, il reste

$$x^2 + y^2 = (K^2 - 1) z^2,$$

ce qui représente un point si $K < 1$, et un cône si $K > 1$. Enfin, si $K = 1$, il reste

$$x^2 + y^2 = 0,$$

ce qui donne une *ligne droite*, l'axe des z pour lequel

$$x = 0, \quad y = 0.$$

397. *Lieu des points tels, que leurs distances à deux points donnés soient dans un rapport constant.* — On sait

que, dans un plan, ce lieu est un cercle; donc le lieu dans l'espace est une *sphère* engendrée par la révolution de ce cercle autour de la ligne des deux points.

Cependant, si ce rapport se réduit à l'unité, il est clair que ce lieu devient le *plan perpendiculaire élevé au milieu de la distance des deux points.*

398. *Lieu des points tels, que leurs distances à deux plans donnés soient dans un rapport constant.* — Cherchons d'abord ce lieu dans un plan perpendiculaire à l'intersection des deux plans donnés ; ce sera évidemment une droite passant par un point de cette intersection. Donc le lieu dans l'espace est le *plan passant par l'intersection et par cette droite.*

399. *Récapitulation.* — Nous avons ainsi comparé :

1° Deux droites ;
2° Une droite et un point ;
3° Une droite et un plan ;
4° Un point et un plan ;
5° Deux points ;
6° Deux plans.

La revue est donc complète.

III. DISCUSSION DE L'ÉQUATION GÉNÉRALE.

400. Nous supposerons d'abord qu'un des trois coefficients A, A', A'' diffère de 0 : admettons que ce soit A'' et ordonnons l'équation générale relativement à z; elle devient

$$A''z^2 + 2z(By + B'x + C'') + Ax^2 + A'y^2 + 2B''xy + 2Cx + 2C'y + E = 0,$$

ce qui donne une valeur de la forme

$$z = \frac{-(By + B'x + C'') \pm \sqrt{\alpha x^2 + \alpha'y^2 + 2\beta xy + 2\gamma x + 2\gamma'y + \delta}}{A''}$$

et revient à

$$(A''z + By + B'x + C'')^2 = \alpha x^2 + \alpha'y^2 + 2\beta xy + 2\gamma x + 2\gamma'y + \delta.$$

Dans chaque exemple numérique, il sera facile d'avoir les quantités α, α', …

Nous supposons que l'une au moins des quantités α et α' diffère de zéro. Le second membre s'écrit comme il suit :

$$\alpha\left(x^2 + \frac{2\beta xy}{\alpha} + \frac{2\gamma x}{\alpha}\right) + \alpha'y^2 + 2\gamma'y + \delta$$

$$= \alpha\left(x + \frac{\beta y}{\alpha} + \frac{\gamma}{\alpha}\right)^2 + y^2\left(\alpha' - \frac{\beta^2}{\alpha}\right) + 2y\left(\gamma' - \frac{\beta\gamma}{\alpha}\right) + \delta - \frac{\gamma^2}{\alpha}$$

$$= \frac{1}{\alpha}(\alpha x + \beta y + \gamma)^2 + ay^2 + 2by + c,$$

en posant

$$\alpha' - \frac{\beta^2}{\alpha} = a, \quad \gamma' - \frac{\beta\gamma}{\alpha} = b, \quad \delta - \frac{\gamma^2}{\alpha} = c.$$

Enfin admettons encore que a ne soit pas nul, on a

$$ay^2 + 2by + c = a\left(y + \frac{b}{a}\right)^2 + c - \frac{b^2}{a},$$

et l'équation devient

$$(A''z + By + B'x + C'')^2 - \frac{1}{\alpha}(\alpha x + \beta y + \gamma)^2 - \frac{1}{a}(ay + b)^2 = h,$$

en posant

$$c - \frac{b^2}{a} = h.$$

Ainsi, en prenant pour plans coordonnés ceux dont les équations sont

$$A''z + By + B'c + C'' = 0, \quad \alpha x + \beta y + \gamma = 0, \quad ay + b = 0,$$

l'équation de la surface est de la forme

$$PX^2 + P'Y^2 + P''Z^2 = h.$$

401. Si $a = 0$, il reste, avant la dernière transformation,

$$(A''z + By + B'x + C'')^2 - \frac{1}{\alpha}(\alpha x + \beta y + \gamma)^2 = 2by + c.$$

Alors l'équation de la surface prend la forme

$$PX^2 + P'Z^2 = 2QZ;$$

nous allons voir que ces deux types d'équations sont les seuls possibles.

402. En effet, nous avons admis que α était celle des quantités α et α' qui n'était pas nulle : mais si elles le sont toutes deux, le second membre de l'équation devient

$$2\beta xy + 2\gamma x + 2\gamma' y + \delta = \frac{2}{\beta}(\beta x + \gamma)(\beta y + \gamma') + \delta - \frac{2\gamma\gamma'}{\beta}.$$

Soit $\beta x + \gamma = x'$, $\beta y + \gamma' = y'$, on sait que

$$2x'y' = \frac{(x'+y')^2 - (x'-y')^2}{2};$$

ainsi l'équation se ramène au premier type, si β n'est pas nul.

403. Quand β est nul en même temps que α et α', il reste

$$(A''z + By + B'x + C'')^2 = 2\gamma x + 2\gamma' y + \delta;$$

l'équation se réduit à $PX^2 = 2QZ$, cas particulier du second type pour $P = 0$, et qui représente un *cylindre parabolique*, puisque toutes les valeurs de Y donnent pour section la même parabole.

404. Nous avons commencé par admettre que A'' était

celui des trois coefficients A, A', A" qui n'était pas nul ;
s'ils le sont tous trois, l'équation donne

$$- z = \frac{y(B''x + C') + Cx + \frac{1}{2}E}{By + B'x + C''}.$$

Effectuant la division algébrique, on a encore

$$- z = \frac{B''x + C'}{B} + \frac{mx^2 + 2nx + p}{By + B'x + C''},$$

ce qui revient à

$$(Bz + B''x + C')(By + B'x + C'') + B(mx^2 + 2nx + p) = 0.$$

Mais

$$mx^2 + 2nx + p = m\left(x + \frac{n}{m}\right)^2 + p - \frac{n^2}{m};$$

transformons aussi, comme on vient de le faire, le produit des facteurs en différence de carrés : on revient au
premier type.

Seulement cela suppose que B, l'un des trois coefficients B, B', B", n'est pas nul ; en effet on voit, par la
division, que $m = - \dfrac{B'B''}{B}$.

Or il est clair qu'on peut toujours choisir pour mettre
en dénominateur celui que l'on veut de ces trois coefficients. Du reste, on ne peut les supposer nuls à la fois ;
car la surface ne serait plus du second degré, puisque
A, A', A" sont déjà nuls.

405. Considérons donc ce que représente le prem cr
type, qui revient à

$$\frac{p}{h}X^2 + \frac{p'}{h}Y^2 + \frac{p''}{h}Z^2 = 1,$$

quand h n'est pas nul.

Alors, si $\dfrac{P}{h}$, $\dfrac{P'}{h}$, $\dfrac{P''}{h}$ sont tous trois positifs, on a l'*ellipsoïde*; s'ils sont tous trois négatifs, on a une *surface imaginaire*.

Si deux de ces quantités sont positives et l'autre négative, la surface est un *hyperboloïde à une nappe*.

Si deux de ces quantités sont négatives et l'autre positive, la surface est un *hyperboloïde à deux nappes*.

406. Dans le type $PX^2 + P'Y^2 + Y''Z^2 = h$, si l'un des coefficients, tel que P', est nul, l'équation

$$PY^2 + P''Z^2 = h$$

reproduit un *cylindre elliptique* réel ou imaginaire si P et P'' sont de même signe, et un *cylindre hyperbolique* si P et P'' sont de signes différents.

Enfin, si l'on a aussi $P'' = 0$, l'équation $\dfrac{P}{h} X^2 = 1$ ne représente plus que *deux plans parallèles réels ou imaginaires*.

407. Généralement $h = 0$ donne

$$PX^2 + P'Y^2 + P''Z^2 = 0,$$

ou bien

$$\frac{P}{P''}X^2 + \frac{P'}{P''}Y^2 + Z^2 = 0,$$

qui représente un *point* si $\dfrac{P}{P''}$ et $\dfrac{P'}{P''}$ sont tous deux positifs, et un *cône* si $\dfrac{P}{P''}$ et $\dfrac{P'}{P''}$ sont tous deux négatifs ou de signes différents.

408. Si $h = 0$ en même temps que $P' = 0$, l'équation $PX^2 + P''Z^2 = 0$ représente une *ligne droite* si P et P''

sont de même signe, et *deux plans qui se coupent* si P et P″ sont de signes contraires. Si aussi P″ = 0, il reste *un seul plan.*

409. Passons au second type $PX^2 + P'Y^2 = 2QZ$: il représente, en général, un *paraboloïde elliptique* si P et P′ sont de même signe, et un *paraboloïde hyperbolique* dans le cas contraire.

Si Q = 0, on retombe sur les cylindres doués d'un axe, et, si P′ = 0, sur le *cylindre parabolique.*

IV. CARACTÈRES DES SURFACES D'APRÈS LES COEFFICIENTS.

410. *Surfaces douées d'un centre unique.* — La méthode précédente suffit pour reconnaître la nature d'une surface représentée par une équation numérique ; mais il s'agit maintenant de distinguer cette nature en gardant la trace des coefficients algébriques.

L'équation de la surface rapportée au centre étant

$$A z^2 + A'y^2 + A''x^2 + 2Byz + 2B'xz + 2B''xy + F = 0$$

(F est la même chose que G au § 164), nous admettons d'abord que l'un des trois coefficients des carrés, soit A″, diffère de zéro, et nous supposerons A″ > 0. L'équation devient

$$A'' \left(z + \frac{By}{A''} + \frac{B'x}{A''} \right)^2 + x^2 \left(A - \frac{B'^2}{A''} \right) + y^2 \left(A' - \frac{B^2}{A''} \right)$$
$$+ 2xy \left(B'' - \frac{BB'}{A''} \right) = - F,$$

ou bien

$$\frac{1}{A''} (A''z + By + B'x)^2 + \frac{(AA'' - B'^2)}{A''} \left\{ x + \frac{y(B''A'' - BB')}{AA'' - B'^2} \right\}^2$$
$$+ \frac{y^2}{A''} \left\{ A'A'' - B^2 - \frac{(B''A'' - BB')^2}{AA'' - B'^2} \right\} = - F.$$

Mais, dans le coefficient de y^2, on observe que

$$(A'A'' - B^2)(AA'' - B'^2) - (B''A'' - BB')^2 = - A''m,$$

et l'on voit que m n'est pas nul, puisqu'il y a un centre unique.

Nous aurions pu isoler x^2 au lieu de y^2; alors nous aurions eu en dénominateur $A'A'' - B^2$ au lieu de $AA'' - B'^2$. Ici nous supposons donc que ces deux quantités ne sont pas nulles à la fois et que $AA'' - B'^2$ est celle qui diffère de zéro.

Enfin l'équation transformée devient

$$\frac{1}{A''}(A''z + By + B'x)^2 + \frac{1}{A''(AA'' - B'^2)}\left\{ x(AA'' - B'^2) + y(B''A'' - BB') \right\}^2$$
$$- \frac{my^2}{AA'' - B'^2} = - F.$$

411. Supposons d'abord $m < 0$; nous commencerons par conclure de la relation

$$A''m = (B''A'' - BB')^2 - (A'A'' - B^2)(AA'' - B'^2)$$

que les quantités $A'A'' - B^2$ et $AA'' - B'^2$ sont de même signe, comme d'ailleurs cela devait être, puisque l'on pouvait isoler x^2 au lieu de y^2.

Supposons d'abord que le signe de ces deux quantités soit positif : les trois termes du premier membre sont positifs ; on aura donc un *ellipsoïde* qui sera *réel* si $F < 0$, *imaginaire* si $F > 0$, et qui se réduira à *un point* pour $F = 0$.

412. Soit toujours $m > 0$ et supposons que le signe commun de $A'A'' - B^2$ et de $AA'' - B'^2$ soit négatif : l'équation donne la figure $+ - - - = - F$. On reconnaît alors un *hyperboloïde à deux nappes* si $F < 0$, *à une nappe* si $F > 0$, et un *cône* si $F = 0$.

413. Si $m > 0$, le signe de $AA'' - B'^2$ devient indifférent; en effet, pour $AA'' - B'^2 > 0$, le premier membre donne $+ + -$, et, pour $AA'' - B'^2 < 0$, il donne $+ - +$. Dans les deux cas on a donc un *hyperboloïde à une nappe* pour $F < 0$, *à deux nappes* pour $F > 0$, et un *cône* pour $F = 0$.

414. Tant que m était négatif, l'expression de $A''m$ prouvait que $AA'' - B'^2$ ne pouvait être nul. Mais si $m > 0$, rien ne s'y oppose, et nous pouvons rattacher au numéro précédent le cas que nous avons laissé de côté et où l'on a à la fois

$$AA'' - B'^2 = 0, \quad A'A'' - B^2 = 0.$$

Alors, après la première transformation, l'équation devient

$$(A''z + By + B'x)^2 + 2xy(A''B'' - BB') = - FA'',$$

et comme

$$2xy = \frac{(x + y)^2 - (x - y)^2}{2},$$

le premier membre a toujours la forme $+ + -$ ou $+ - +$ suivant le signe de $A''B'' - BB'$.

Ainsi cela revient au numéro précédent, car

$$m = \frac{(A''B'' - BB')^2}{A''} > 0.$$

415. Jusqu'à présent nous avons supposé $A'' > 0$. Mais si A, A', A'' étaient nuls à la fois, nous supposerions $B'' > 0$: en effet, si l'on avait aussi B, B', B'' nuls à la fois, la surface ne serait plus du second ordre. Du reste, aucun de ces trois coefficients ne peut être nul, car il reste

$$m = - 2BB'B'',$$

et nous avons supposé m différent de zéro.

L'équation se réduit à

$$4\,\mathrm{B}yz + 4\,\mathrm{B}'xz + 4\,\mathrm{B}''xy = -\,2\mathrm{F};$$

or nous avons identiquement

$$xy + \frac{\mathrm{B}'}{\mathrm{B}''}\,xz + \frac{\mathrm{B}}{\mathrm{B}''}\,yz = \left(x + \frac{\mathrm{B}}{\mathrm{B}''}\,z\right)\left(y + \frac{\mathrm{B}'}{\mathrm{B}''}\,z\right) - \frac{\mathrm{B}\mathrm{B}'}{\mathrm{B}''^2}\,z^2,$$

et

$$4\left(x + \frac{\mathrm{B}}{\mathrm{B}''}\,z\right)\left(y + \frac{\mathrm{B}'}{\mathrm{B}''}\,z\right)$$
$$= \left\{x + y + \frac{z(\mathrm{B} + \mathrm{B}')}{\mathrm{B}''}\right\}^2 - \left\{x - y + \frac{(\mathrm{B} - \mathrm{B}')z}{\mathrm{B}''}\right\}^2.$$

L'équation devient donc

$$\mathrm{B}''\left\{x + y + \frac{z(\mathrm{B} + \mathrm{B}')}{\mathrm{B}''}\right\}^2 - \mathrm{B}''\left\{x - y + \frac{z(\mathrm{B} - \mathrm{B}')}{\mathrm{B}''}\right\}^2 + \frac{2mz^2}{\mathrm{B}''^2} = -\,2\mathrm{F};$$

car

$$m = -\,2\mathrm{B}\mathrm{B}'\mathrm{B}''.$$

Alors soit $m < 0$, on revient au § 412, car on a

$$+ - - = -\,2\mathrm{F},$$

et $\mathrm{A}'\mathrm{A}'' - \mathrm{B}^2$, $\mathrm{A}\mathrm{A}'' - \mathrm{B}'^2$ sont alors négatifs comme se réduisant à $-\,\mathrm{B}^2$ et $-\,\mathrm{B}'^2$.

Si $m > 0$, on retombe sur le § 413, car on retrouve $+ - +$ au premier membre.

416. Nous pouvons donc établir le tableau suivant, que l'on conclut facilement des numéros précédents.

$$\textit{Surfaces à centre unique } \left(m \gtrless 0\right).$$

$\mathrm{A}'' > 0$ (ou $\mathrm{B}'' > 0$, si $\mathrm{A}, \mathrm{A}', \mathrm{A}''$ sont nuls).

Premier cas. — Quand m est négatif en même temps que l'une des quantités $\mathrm{B}^2 - \mathrm{A}'\mathrm{A}''$ et $\mathrm{B}'^2 - \mathrm{A}\mathrm{A}''$, on a le

Genre ellipsoïde.

$F < 0$, ellipsoïde réel; $F > 0$, ellipsoïde imaginaire; $F = 0$, point.

Second cas. — Quand m n'est pas négatif en même temps que l'une des quantités $B^2 - A'A''$, $B'^2 - AA''$, on a le

Genre hyperboloïde.

F et m de signe contraire. — Hyperboloïde à une nappe.

F et m de même signe. — Hyperboloïde à deux nappes.

$F = 0$. — Cône.

417. Ces dernières conditions peuvent s'indiquer autrement avec la notation des déterminants.

Les quatre dérivées de l'équation donnée sont

$$D_x = A x + B''y + B'z + C,$$
$$D_y = B''x + A'y + B z + C',$$
$$D_z = B'x + B y + A''z + C'',$$
$$D_1 = C x + C'y + C''z + E,$$

et le déterminant de ce système,

$$\Delta = \begin{vmatrix} A & B'' & B' & C \\ B'' & A' & B & C' \\ B' & B & A'' & C'' \\ C & C' & C'' & E \end{vmatrix},$$

s'appelle le *discriminant* ou le *Hessien* de la fonction

$$\varphi = A x^2 + A'y^2 + \ldots.$$

Pour former ce déterminant, il nous sera plus commode de partir de la ligne horizontale inférieure : cela se fera en écrivant les dérivées dans un ordre inverse, comme il suit :

$$D_1 = E + C''z + C'y + Cx,$$
$$D_z = C'' + A''z + By + B'x,$$
$$D_y = C' + Bz + A'y + B''x,$$
$$D_x = C + B'z + B''y + Ax.$$

Il est clair que le déterminant obtenu ainsi

$$\Delta = \begin{vmatrix} E & C'' & C' & C \\ C'' & A'' & B & B' \\ C' & B & A' & B'' \\ C & B' & B'' & A \end{vmatrix},$$

sera identique au précédent et pourra s'écrire

$$\Delta = E \begin{vmatrix} A'' & B & B' \\ B & A' & B'' \\ B' & B'' & A \end{vmatrix} - C'' \begin{vmatrix} C'' & C' & C \\ B & A' & B'' \\ B' & B'' & A \end{vmatrix} + C' \begin{vmatrix} C'' & C' & C \\ A'' & B & B' \\ B' & B'' & A \end{vmatrix} - C \begin{vmatrix} C'' & C' & C \\ A'' & B & B' \\ B & A' & B'' \end{vmatrix}.$$

Il sera facile de constater que le déterminant

$$\begin{vmatrix} A'' & B & B' \\ B & A' & B'' \\ B' & B'' & A \end{vmatrix} = AA'A'' + 2BB'B'' - AB^2 - A'B'^2 - A''B''^2 = -m \;(\S\ 162).$$

De même

$$\begin{vmatrix} C'' & C' & C \\ B & A' & B'' \\ B' & B'' & A \end{vmatrix} = C'' \begin{vmatrix} B & A' \\ B' & B'' \end{vmatrix} - C' \begin{vmatrix} A'' & B \\ B' & B \end{vmatrix} + C \begin{vmatrix} A'' & B \\ B & A' \end{vmatrix} = K'' \;(\S\ 162).$$

418. On aura de même les deux autres déterminants : par conséquent,

$$-\Delta = CK + C'K' + C''K'' + Em = Fm$$
$$= C^2 (A'A'' - B^2) + C'^2 (AA'' - B'^2) + C''^2 (AA' - B''^2)$$
$$+ 2C'C'' (B'B'' - AB) + 2CC'' (BB'' - A'B') + 2CC' (BB' - A''B'')$$
$$+ E (AB^2 + A'B'^2 + A''B''^2 - AA'A'' - 2BB'B'').$$

On appelle *premier invariant* un déterminant tel que celui dont la valeur écrite ci-dessus est égale à $-m$.

On appelle encore *second invariant* une quantité telle que

$$d'' = \begin{vmatrix} A & B'' \\ B'' & A' \end{vmatrix}, \quad d' = \begin{vmatrix} A & B' \\ B' & A'' \end{vmatrix}, \quad d = \begin{vmatrix} A' & B \\ B & A'' \end{vmatrix};$$

dans le tableau, nous avons considéré

$$B'^2 - AA'' = -d'.$$

De même, comme premier terme de l'équation qui doit être positif, nous avons choisi A'' ou, à son défaut, B''.

Mais nous devons ici faire observer que si F et m sont de *signe contraire*, on a $\Delta > 0$, tandis que $\Delta < 0$ si F et m sont de même signe.

419. *Surfaces dépourvues de centre unique.* — L'équation générale

$$A x^2 + A' y^2 + A'' z^2 + 2 B yz + 2 B' xz + 2 B'' xy$$
$$+ 2 C x + 2 C' y + 2 C'' z + E = 0$$

devient

$$A'' \left(z + \frac{By + B'x + C''}{A''} \right)^2 + x^2 \left(A - \frac{B'^2}{A''} \right) + y^2 \left(A' - \frac{B^2}{A''} \right)$$
$$+ 2 xy \left(B'' - \frac{BB'}{A''} \right) + 2 x \left(C - \frac{C'' B'}{A''} \right) + 2y \left(C' - \frac{C'' B}{A''} \right)$$
$$+ E - \frac{C''^2}{A''} = 0,$$

ou encore

$$\frac{1}{A''} (A'' z + By + B'x + C'')^2 + \frac{(AA'' - B'^2)}{A''} \left\{ x + \frac{y (B''A'' - BB')}{AA'' - B'^2} + \frac{CA'' - C'' B'}{AA'' - B'^2} \right\}^2$$
$$+ \frac{y^2}{A''} \left\{ A'A'' - B^2 - \frac{(B''A'' - BB')^2}{AA'' - B'^2} \right\}$$
$$+ \frac{2y}{A''} \left\{ C'A'' - C'' B - \frac{(B''A'' - BB')(CA'' - C'' B')}{AA'' - B'^2} \right\}$$
$$+ \frac{1}{A''} \left\{ EA'' - C''^2 - \frac{(CA'' - C'' B')^2}{AA'' - B'^2} \right\} = 0.$$

Ainsi la quantité A'' disparaît comme dénominateur commun : mais il faut surtout observer que le coefficient de y^2 est nul parce que $m = 0$.

Ensuite, le numérateur du coefficient de $2y$ sera égal à $K'A''$.

420. Quant au terme indépendant, il se réduira, puisqu'on a déjà supprimé le dénominateur A'', à

$$A'' \left\{ E (AA'' - B'^2) - C''^2 A - C^2 A'' + 2 CC'' B' \right\}.$$

Comme on peut le voir d'après le développement de $-\Delta$ (§ 418), la quantité qui multiplie ici A'' et qui ne contient pas A', n'est autre que le coefficient de A' dans l'expression de Δ. D'ailleurs c'est ce que nous allons voir ci-dessous.

Soient l, l', l'' les coefficients de A, A', A'' dans l'expression de Δ, le terme indépendant sera donc

$$\frac{A'' l'}{AA'' - B'^2}.$$

On pourra écrire l' sous forme de déterminant : en effet, l'expression

$$\Delta = \begin{vmatrix} A & B'' & B & C \\ B'' & A' & B & C' \\ B' & B & A'' & C'' \\ C & C' & C'' & E \end{vmatrix}$$

donne immédiatement

$$l = \begin{vmatrix} A' & B & C' \\ B & A'' & C'' \\ C' & C'' & E \end{vmatrix} :$$

donc, changeant les termes relatifs à x en ceux qui sont relatifs à y, et réciproquement, on écrira

$$l' = \begin{vmatrix} A & B' & C \\ B' & A'' & C'' \\ C & C'' & E \end{vmatrix},$$

comme il est facile de le vérifier.

De même

$$l'' = \begin{vmatrix} A' & B'' & C' \\ B'' & A & C \\ C' & C & E \end{vmatrix}.$$

421. Enfin, comme nous avons écrit (§ 418)

$$AA'' - B'^2 = d',$$

l'équation se met sous la forme

$$(A''z + By + B'x + C'')^2 + \frac{1}{d'} \left\{ d'x + (B''A'' - BB')y + CA'' - C''B \right\}^2$$
$$+ \frac{2K'A''y}{d'} + \frac{A'' l'}{d'} = 0.$$

Pour le réduire à la forme la plus simple, posons

$$y = \mathrm{Y} - \frac{l'}{2\mathrm{K}'},$$

nous avons enfin

$$d'(\mathrm{A}''z + \mathrm{B}y + \mathrm{B}'x + \mathrm{C}'')^2 + \{d'x + (\mathrm{B}''\mathrm{A}'' - \mathrm{B}\mathrm{B}')\,y + \mathrm{C}\mathrm{A}'' - \mathrm{C}''\mathrm{B}\}^2$$
$$+ 2\mathrm{K}'\mathrm{A}''\mathrm{Y} = 0.$$

422. Nous avons déjà admis que l'un des trois coefficients A, A', A'' n'était pas nul, et nous avons posé $\mathrm{A}'' > 0$ comme premier coefficient de l'équation. Ensuite, des deux variables x et y nous avons isolé y, dont le carré a été nul à cause de $m = 0$ et qui correspond à

$$d' = \mathrm{A}\mathrm{A}'' - \mathrm{B}'^2 ;$$

mais nous aurions pu faire les calculs de même en isolant $d = \mathrm{A}'\mathrm{A}'' - \mathrm{B}^2$; nous admettons encore que ces deux quantités ne sont pas nulles à la fois.

Ainsi on peut regarder d' comme différant de zéro ; mais rien n'indique le signe de d'.

En troisième lieu, nous supposerons aussi que K' n'est pas nul.

Cela posé, il est clair que l'équation représente un *paraboloïde elliptique* si $d' > 0$, et *hyperbolique* si $d' < 0$, puisque alors les carrés sont de même signe ou de signes contraires.

423. Après ce cas général, A'' et d' étant toujours difrents de zéro, supposons $\mathrm{K}' = 0$; je dis qu'on a aussi $\mathrm{K} = 0$, $\mathrm{K}'' = 0$.

En effet, les identités obtenues en remplaçant, dans les dérivées relatives à x, y et z, les coordonnées du centre par leurs valeurs deviennent, à cause de $m = 0$ et $\mathrm{K}' = 0$,

$$\mathrm{A}\mathrm{K} + \mathrm{B}'\mathrm{K}'' = 0, \quad \mathrm{B}\mathrm{K}'' + \mathrm{B}''\mathrm{K} = 0, \quad \mathrm{A}''\mathrm{K}'' + \mathrm{B}'\mathrm{K} = 0$$

et donnent

$$-\frac{K''}{K} = \frac{A}{B'} = \frac{B''}{B} = \frac{B'}{A''},$$

d'où l'on tire

$$AB - B'B'' = 0, \quad A''B'' - BB' = 0 \quad \text{et} \quad AA'' - B'^2 = d' = 0,$$

ce qui est contre l'hypothèse. Il faut donc que l'on ait aussi $K = 0$, $K'' = 0$. Ces trois relations $K = 0$, $K' = 0$, $K'' = 0$ s'expriment par une seule formule en écrivant, quels que soient C, C', C'', la relation

$$CK + C'K' + C''K'' = 0.$$

424. Dans ce cas, nous ne pouvons point poser

$$y = Y - \frac{l'}{2K'};$$

la première équation du § 421 se réduit à

$$d'(A''x + By + B'x + C'')^2 + \{ d'x + (B'A'' - BB')y + CA'' - C''B \}^2 + A''l' = 0,$$

ce qui représente un *cylindre elliptique* si $d' > 0$; seulement ce cylindre sera *réel* si $l' < 0$, *imaginaire* si $l' > 0$, et se réduit à *une droite* si $l' = 0$. Mais dans ce cas, comme on aurait pu isoler x aussi bien que y, on a en même temps $l = 0$.

Pour $d' < 0$, on a un *cylindre hyperbolique* quand l et l' ne sont pas nuls à la fois, et *deux plans qui se coupent* lorsque $l = 0$, $l' = 0$.

425. Arrivons au cas où $d' = AA'' - B'^2 = 0$, ce qui suppose aussi (§ 422) $d = A'A'' - B^2 = 0$; car, si une seule de ces quantités était nulle, il n'y aurait rien de particulier. Mais si l'on a à la fois $d = 0$, $d' = 0$, on peut voir qu'on a aussi $d'' = AA' - B''^2 = 0$.

En effet, les trois identités :

$$Am = (AB - B'B'')^2 - \delta''\delta',$$
$$A'm = (A'B' - BB'')^2 - \delta''\delta,$$
$$A''m = (A''B'' - BB')^2 - \delta\delta',$$

donnent pour $m = 0$, $\delta = 0$, $\delta' = 0$, les relations

$$AB = B'B'', \quad A'B' = BB'', \quad A''B'' = BB';$$

multipliant les deux premières, on a $AA' = B''^2$ ou $d'' = 0$.

D'après toutes ces relations, qui donnent

$$A - \frac{B'^2}{A''} = 0, \quad A' - \frac{B^2}{A''} = 0 \quad \text{et} \quad B'' - \frac{BB'}{A''} = 0,$$

la première transformation du § 419 donne

$$(A''z + By + B'x + C'')^2 + 2x(CA'' - C''B') + 2y(C'A'' - C''B)$$
$$+ EA'' - C''^2 = 0,$$

c'est-à-dire que *l'ensemble des termes du second degré se réduit à un carré parfait.*

On voit aussi que l'équation précédente se réduit à

$$\frac{1}{A''}(A''z + By + B'x)^2 + 2Cx + 2C'y + 2C''z + E = 0.$$

Ce résultat peut prendre une forme plus symétrique à cause de la relation $A'' = \dfrac{BB'}{B''}$. En effet, on a alors

$$A''z + By + B'x = \frac{BB'}{B''}z + By + B'x = BB'\left(\frac{z}{B''} + \frac{y}{B'} + \frac{x}{B}\right).$$

Donc

$$(A''z + By + B'x)^2 = B^2B'^2\left(\frac{x}{B} + \frac{y}{B'} + \frac{z}{B''}\right)^2,$$

et comme $\dfrac{1}{A''} = \dfrac{B''}{BB'}$, on trouve enfin

$$BB'B''\left(\frac{x}{B} + \frac{y}{B'} + \frac{z}{B''}\right)^2 + 2Cx + 2C'y + 2C''z + E = 0.$$

Maintenant, si l'on prend pour plans des YZ et des XY ceux qui ont pour équations

$$\frac{x}{B} + \frac{y}{B'} + \frac{z}{B''} = 0 \quad \text{et} \quad 2Cx + 2C'y + 2C''z + E = 0,$$

l'équation rapportée à ces coordonnées sera de la forme

$$X^2 + 2\alpha Z = 0;$$

donc elle représente un *cylindre parabolique*.

426. La transformation précédente suppose qu'aucune des quantités B, B', B'' ne soit nulle : si B'' = 0, la relation A''B'' = BB' montre que B ou B' doit être aussi nul. Réciproquement soit, par exemple, B' = 0, l'équation ci-dessus, où A'' > 0, devient

$$\frac{1}{A''} (A''z + By)^2 + 2Cx + 2C'y + 2C''z + E = 0,$$

ou bien

$$\frac{B^2}{A''}y^2 + A''z^2 + 2Byz + 2Cx + 2C'y + 2C''z + E = 0.$$

Alors, en effet, le coefficient de xy est aussi nul.

427. Pour que ce cylindre dégénère en système de plans, il faut et il suffit que les expressions A''z + By + B'x et Cx + C'y + C''z (§ 425) ne diffèrent que par un facteur constant, c'est-à-dire que l'on ait

$$\frac{B}{A''} = \frac{C'}{C''}, \quad \frac{B'}{A''} = \frac{C}{C''}.$$

Mais, comme $\dfrac{1}{A''} = \dfrac{B''}{BB'}$, il reste

$$\frac{B''}{B'} = \frac{C'}{C''}, \quad \frac{B''}{B} = \frac{C}{C''},$$

ce qui donne la double égalité BC = B'C' = B''C''.

Si ces conditions sont satisfaites, soit λ ce produit commun et posons

$$z + \frac{B''}{B'} y + \frac{B''}{B} x = z + \frac{C'}{C''} x + \frac{C}{C''} y = Z,$$

l'équation de la surface devient

$$\frac{BB'}{B''} Z^2 + 2C''Z + E = 0,$$

ou bien

$$BB'Z^2 + 2\lambda Z + EB'' = 0.$$

On aura donc

$$Z = \frac{-\lambda \pm \sqrt{\lambda^2 - EBB'B''}}{BB'},$$

ce qui représente *deux plans parallèles*; ces plans sont *réels* si $\lambda^2 > EBB'B''$, *imaginaires* si $\lambda^2 < EBB'B''$, et se réduisent à *un seul* si $\lambda^2 = EBB'B''$.

428. Passons maintenant au cas où A, A', A'' sont nuls. Les coefficients B, B', B'' ne peuvent être nuls à la fois, sans quoi la surface ne serait plus du second degré; mais comme la quantité m, qui se réduit ici à $-2BB'B''$, doit être nulle, il faut que l'un d'eux soit nul : nous prendrons $B'' > 0$ et $B' = 0$.

L'équation devient alors

$$B''y \left(x + \frac{B}{B''} z \right) + Cx + C'y + C''z + \frac{E}{2} = 0.$$

Soit $x + \frac{B}{B''} z = X$, $Cx + C'y + C''z + \frac{E}{2} = Z$, on sait que $yX = \frac{(y + X)^2 - (y - X)^2}{4}$. Ainsi, l'équation étant ramenée à la différence de deux carrés, jointe à un terme du premier degré, on voit qu'elle représente un *parabo-*

loïde hyperbolique rapporté à trois plans coordonnés qui ont actuellement pour équations

$$y + X = 0, \quad y - X = 0 \quad \text{et} \quad Z = 0.$$

429. Dans l'équation donnée

$$B''y \left(x + \frac{B}{B''}z \right) + C'y + C \left(x + \frac{C''}{C}z \right) + \frac{E}{2} = 0,$$

si $\dfrac{C''}{C} = \dfrac{B}{B''}$, on a

$$x + \frac{C''}{C}z = x + \frac{B}{B''}z = X,$$

et il reste

$$B''yX + C'y + CX + \frac{E}{2} = 0.$$

Cette équation, n'ayant que deux variables, représente dans le plan des Xy une hyperbole, et dans l'espace un *cylindre hyperbolique* qui a cette hyperbole pour base.

La condition $BC = B''C''$, que nous venons de trouver, revient à $K = 0$, $K'' = 0$, comme il est facile de le vérifier à cause de $A = 0$, $A' = 0$, $A'' = 0$, $B' = 0$; ce qui donne déjà $K' = 0$.

430. Si l'équation $B''yX + C'y + CX + \dfrac{E}{2} = 0$ se décompose dans le produit de deux facteurs du premier degré, la base du cylindre dégénère en deux droites qui se coupent, et le cylindre lui-même se réduit au système de *deux plans qui se coupent*.

On a l'identité évidente

$$\frac{1}{B''} (B''y + C)(B''X + C') + \frac{E}{2} - \frac{CC'}{B''} = 0;$$

la condition de cette réduction est donc $B''E = 2CC'$.

Or, des deux expressions l et l' que nous avons considérées au § 45, il est clair que $l' = 0$, à cause de $A = 0$, $A' = 0$, $A'' = 0$, $B' = 0$; pour l'autre, elle devient

$$l = - EB^2 + 2CC'B$$

et se trouve nulle aussi quand la condition est remplie.

431. De ce qui précède on conclut sans peine le tableau suivant :

Surfaces dépourvues de centre unique $(m = 0)$:

$A'' > 0$ (ou $B'' > 0$, si A, A', A'' sont nuls).

1ᵉʳ cas ($CK + C'K' + C''K''$ différent de zéro). — GENRE PARABOLOÏDE.

1° L'une des deux valeurs $B^2 - A'A''$, $B'^2 - AA''$ est négative. — *Paraboloïde elliptique.*

2° L'une des deux valeurs $B^2 - A'A''$, $B'^2 - AA''$ est positive. — *Paraboloïde hyperbolique.*

432. 2ᵉ cas ($CK + C'K' + C''K'' = 0$). — GENRE CYLINDRE.

1ʳᵉ variété : l'une des deux valeurs $d = A'A'' - B^2$, $d' = AA'' - B'^2$ diffère de zéro. — CYLINDRES AYANT UN AXE.

1° d ou d' *négatif.*

l ou $l' < 0$. — *Cylindre elliptique.*
l ou $l' > 0$. — *Cylindre imaginaire.*
l et l' nuls. — *Une droite.*

2° d ou d' *positif.*

l ou l' différent de zéro. — *Cylindre hyperbolique.*
l et l' nuls. — *Deux plans qui se coupent.*

2ᵉ variété : d et d' nuls tous deux. — CYLINDRES PRIVÉS D'AXE.

(L'ensemble des termes du second degré est un carré parfait.)

1° On n'a pas à la fois $CB = C'B' = C''B''$. — *Cylindre parabolique.*

2° On a à la fois $CB = C'B' = C''B'' = \lambda$. — *Deux plans parallèles :*

    I. *Réels* si $\lambda^2 > EBB'B''$;
    II. *Imaginaires* si $\lambda^2 < EBB'B''$;
    III. *Réduits à un seul* si $\lambda^2 = EBB'B''$.

V. OBSERVATIONS.

433. Cette discussion complète n'est pas toujours nécessaire, et dans bien des circonstances on reconnaît la nature de la surface par les sections qu'y déterminent les plans coordonnés, sections dont les équations s'obtiennent de suite en égalant successivement à zéro x, y et z.

Ainsi, quant aux surfaces à centre unique et rapportées à ce centre, nous observerons avec M. Gerono (*Nouvelles annales*, 1856, page 322 et suiv.) que si, parmi ces trois sections, il en existe deux *réelles* d'espèce différente, la surface est un hyperboloïde à une nappe ; s'il en existe une *réelle* et une *imaginaire*, la surface est un hyperboloïde à deux nappes.

Enfin il faut se rappeler (§ 157) que la projection d'une section est de même espèce que cette section.

CHAPITRE X

DÉTERMINATION DES SURFACES DU SECOND DEGRÉ

I. ÉLÉMENTS DÉJÀ CONNUS.

434. Rappelons d'abord ceux des éléments d'une surface du second degré que nous avons déjà déterminés en fonction des coefficients de l'équation générale

$$A x^2 + A' y^2 + A'' z^2 + 2 B y z + 2 B' x z + 2 B'' x y$$
$$+ 2 C x + 2 C' y + 2 C'' z + E = 0.$$

Ces éléments sont les suivants :

1° Le centre (§ 161).

2° Le plan tangent en un point donné de la surface (§ 170), et, plus généralement (§ 175), le plan polaire d'un point donné.

3° Le cône asymptote (§ 196), et, plus généralement, le cône enveloppe de sommet donné (§ 192).

4° Les plans diamétraux relatifs à une direction donnée de cordes (§ 203).

5° Les relations entre un diamètre et la direction des plans conjugués (§ 209).

6° Les relations entre les diamètres conjugués (§ 213).

II. AXES DES SURFACES A CENTRE.

435. *Coordonnées rectangulaires.* — Il nous reste à chercher en grandeur et en direction les axes conjugués principaux. Comme il s'agit d'une surface à centre, elle aura pour équation

$$A x^2 + A' y^2 + A'' z^2 + 2 B yz + 2 B' xz + 2 B'' xy + F = 0,$$

le centre étant pris pour origine.

De plus, nous admettons ici que les coordonnées primitives sont rectangulaires.

La méthode que nous allons employer consiste à comparer la surface à une sphère concentrique et tangente : alors le rayon du point commun de contact sera perpendiculaire au plan tangent; ce sera donc un des axes principaux.

Une sphère concentrique a pour équation

$$x^2 + y^2 + z^2 = R^2.$$

Soient x', y', z' les coordonnées du point de contact commun aux deux surfaces, l'équation du plan tangent commun sera, d'un côté,

$$x (A x' + B' z' + B'' y') + y (A' y' + B z' + B'' x') + z (A'' z' + B' x' + B y') = - F,$$

et, de l'autre,

$$xx' + yy' + zz' = R^2.$$

Il faut donc identifier ces deux équations, ce qui donne

$$\frac{A x' + B' z' + B'' y'}{- F} = \frac{x'}{R^2},$$

$$\frac{A' y' + B z' + B'' x'}{- F} = \frac{y'}{R^2},$$

$$\frac{A'' z' + B' x' + B y'}{- F} = \frac{z'}{R^2}.$$

et l'on a encore, en posant $\dfrac{x'}{z'} = \mu$, $\dfrac{y'}{z'} = \nu$,

$$-\frac{F}{R^2} = \frac{A\mu + B' + B''\nu}{\mu} = \frac{A'\nu + B + B''\mu}{\nu} = A'' + B'\mu + B\nu = S.$$

436. On en conclut

$$\mu(S - A) = B''\nu + B', \quad \nu(S - A') = B''\mu + B,$$

et

$$S - A'' = B'\mu + B\nu.$$

Multipliant la première égalité par $S - A'$, la seconde par B'' et ajoutant, on obtient

$$\mu\{(S - A)(S - A') - B''^2\} = B'(S - A') + BB'' :$$

on a par la symétrie

$$\nu\{(S - A)(S - A') - B''^2\} = B(S - A) + B'B''.$$

Quand on aura trouvé la valeur de S, ces deux relations donneront les équations

$$x = \mu z, \quad y = \nu z,$$

d'un axe principal.

437. Pour obtenir S, transportons dans la troisième des relations précédentes les expressions de μ et de ν. Il vient

$$(S - A)(S - A')(S - A'') = B^2(S - A) + B'^2(S - A') + B''^2(S - A'') + 2BB'B'',$$

ce qui se réduit à l'équation du troisième degré

$$S^3 - S^2(A + A' + A'') + S(A'A'' - B^2 + AA'' - B'^2 + AA' - B''^2)$$
$$+ AB^2 + A'B'^2 + A''B''^2 - AA'A'' - 2BB'B'' = 0.$$

Observons que le terme indépendant est la quantité m qui n'est jamais nulle tant que la surface a un centre unique, comme nous le supposons ici. Alors l'équation précédente ne peut pas descendre au second degré.

438. Les expressions

$$\mu = \frac{B'(S - A') + BB''}{(S - A)(S - A') - B''^2}, \qquad \nu = \frac{B(S - A) + B'B''}{(S - A)(S - A') - B''^2},$$

où il faut substituer à S les racines de l'équation précédente pour avoir les directions des axes principaux, peuvent être ici remplacées par d'autres plus simples.

Comparons la troisième des relations ci-dessus

$$S - A'' = B'\mu + B\nu,$$

avec l'une des premières, telle que

$$\mu(S - A) = B''\nu + B';$$

multiplions d'un côté par B'' et de l'autre par B pour éliminer ν, et retranchons, il vient

$$\mu = \frac{B''S + BB' - B''A''}{BS + B'B'' - AB},$$

et symétriquement

$$\nu = \frac{B''S + BB' - B''A''}{B'S + BB'' - A'B'}.$$

Ici S n'est plus qu'au premier degré en haut et en bas; du reste, c'est maintenant le numérateur qui est le même.

Ces valeurs semblent indéterminées si $B = 0$, $B' = 0$, $B'' = 0$: mais alors les axes donnés sont les axes principaux eux-mêmes, et S a les trois valeurs A, A', A''.

439. Connaissant les axes principaux en direction, il faut les avoir en grandeur. Pour cela, soient S_1, S_2, S_3 les racines de l'équation précédente et R_1^2, R_2^2, R_3^2.

les carrés des demi-axes principaux qui sont les rayons des sphères dont nous avons parlé, on aura, d'après ce qui précède,

$$R_1{}^2 = -\frac{F}{S_1}, \quad R_2{}^2 = -\frac{F}{S_2}, \quad R_3{}^2 = -\frac{F}{S_3}.$$

Pour l'ellipsoïde, les trois sphères sont réelles : donc $R_1{}^2$, $R_2{}^2$, $R_3{}^2$ sont positifs, et $R_1 = a$, $R_2 = b$, $R_3 = c$.

Pour l'hyperboloïde à une nappe, $R_1{}^2$ et $R_2{}^2$ sont positifs; mais $R_3{}^2 = -c^2$ est négatif et la troisième sphère est imaginaire.

Pour l'hyperboloïde à deux nappes, $R_3{}^2 = c^2$ est seul positif, tandis que $R_1{}^2 = -a^2$, $R_2{}^2 = -b^2$ sont négatifs.

Enfin, pour l'ellipsoïde imaginaire représenté par

$$\frac{x^2}{a^2} + \frac{y^2}{b^2} + \frac{z^2}{c^2} + 1 = 0,$$

il est clair que les trois carrés $R_1{}^2 = -a^2$, $R_2{}^2 = -b^2$, $R_3{}^2 = -c^2$ sont négatifs.

De tout cela il résulte encore que les trois racines de l'équation en S sont réelles.

440. Coordonnées obliques. — Pour obtenir les axes principaux avec toute la généralité possible, nous supposerons maintenant que les coordonnées primitives soient quelconques. Nous n'admettons même pas que le centre soit l'origine; cela nous permettra d'appliquer plus tard les calculs à une surface privée de centre unique.

L'équation de la surface donnée étant donc

$$A x^2 + A' y^2 + A'' z^2 + 2 B y z + 2 B' x z + 2 B'' x y$$
$$+ 2 C x + 2 C' y + 2 C'' z + E = 0,$$

celle de la sphère concentrique et tangente sera

$$(x - x_0)^2 + (y - y_0)^2 + (z - z_0)^2 + 2(y - y_0)(z - z_0)\cos yz$$
$$+ 2(x - x_0)(z - z_0)\cos xz + 2(x - x_0)(y - y_0)\cos xy = R^2,$$

en indiquant par x_0, y_0, z_0 les coordonnées du centre commun.

Soient x', y', z' les coordonnées du point de contact commun aux deux surfaces, l'équation du plan tangent commun sera d'un côté :

$$x(Ax' + B'z' + B''y' + C) + y(A'y' + Bz' + B''x' + C')$$
$$+ z(A''z' + By' + B'x' + C'') + Cx' + C'y' + C''z' + E = 0,$$

et de l'autre (§ 180)

$$(x - x_0)\{x' - x_0 + (z' - z_0)\cos xz + (y' - y_0)\cos xy\}$$
$$+ (y - y_0)\{y' - y_0 + (z' - z_0)\cos yz + (x' - x_0)\cos xy\}$$
$$+ (z - z_0)\{z' - z_0 + (y' - y_0)\cos yz + (x' - x_0)\cos xz\} = R^2.$$

441. Pour identifier ces deux formes de l'équation d'un même plan, il faut chercher à mettre en évidence, dans l'équation du plan tangent à la surface, les variables $x - x_0$, $y - y_0$, $z - z_0$ au lieu de x, y, z. On écrira donc

$$(x - x_0)(Ax' + B'z' + B''y' + C) + (y - y_0)(A'y' + Bz' + B''x' + C')$$
$$+ (z - z_0)(A''z' + By' + B'x' + C'') + x_0(Ax' + B'z' + B''y' + C)$$
$$+ y_0(A'y' + Bz' + B''x' + C') + z_0(A''z' + By' + B'x' + C'')$$
$$+ Cx' + C'y' + C''z' + E = 0.$$

En dehors des termes affectés des facteurs $x - x_0$, $y - y_0$, $z - z_0$, les termes se combinent de la manière suivante

$$x'(Ax_0 + B''y_0 + B'z_0 + C) + y'(A'y_0 + B''x_0 + Bz_0 + C')$$
$$+ z'(A''z_0 + B'x_0 + By_0 + C'') + Cx_0 + C'y_0 + C''z_0 + E$$
$$= Cx_0 + C'y_0 + C''z_0 + E = F,$$

puisque x_0, y_0, z_0 représentent le centre, ce qui rend nuls ici les coefficients de x', y', z'.

Par conséquent, l'équation du plan tangent à la surface se réduit à la forme

$$(x - x_0)(A x' + B' z' + B'' y' + C) + (y - y_0)(A' y' + B z' + B'' x' + C') + (z - z_0)(A'' z' + B y' + B' x' + C'') = -F.$$

442. Pour l'identifier avec celle du plan tangent à la sphère, on posera

$$\frac{A x' + B' z' + B'' y' + C}{-F} = \frac{x' - x_0 + (z' - z_0)\cos xz + (y' - y_0)\cos xy}{R^2},$$

$$\frac{A' y' + B z' + B'' x' + C'}{-F} = \frac{y' - y_0 + (z' - z_0)\cos yz + (x' - x_0)\cos xy}{R^2},$$

$$\frac{A'' z' + B y' + B' x' + C''}{-F} = \frac{z' - z_0 + (y' - y_0)\cos yz + (x' - x_0)\cos xz}{R^2}.$$

443. Ces équations se modifient encore si l'on pose aussi, dans les premiers membres,

$$x' = (x' - x_0) + x_0, \quad y' = (y' - y_0) + y_0, \quad z' = (z' - z_0) + z_0.$$

Alors

$$A x' + B' z' + B'' y' + C = A(x' - x_0) + B'(z' - z_0) + B''(y' - y_0),$$

puisque le centre donne

$$A x_0 + B' z_0 + B'' y_0 + C = 0.$$

Il en est de même pour les autres dérivées.

444. Cette transformation étant supposée faite, divisons les deux membres de chaque égalité par $z' - z_0$ et indiquons par

$$\mu = \frac{x' - x_0}{z' - z_0}, \quad \nu = \frac{y' - y_0}{z' - z_0},$$

les coefficients angulaires du rayon central; les équations deviennent

$$\frac{A\mu + B' + B''\nu}{-F} = \frac{\mu + \cos xz + \nu \cos yz}{R^2},$$

$$\frac{A'\nu + B + B''\mu}{-F} = \frac{\nu + \cos yz + \mu \cos xz}{R^2},$$

$$\frac{A'' + B\nu + B'\mu}{-F} = \frac{1 + \nu \cos yz + \mu \cos xz}{R^2},$$

d'où l'on tire les équations

$$-\frac{F}{R^2} = \frac{A\mu + B''\nu + B'}{\mu + \nu \cos xy + \cos xz} = \frac{A'\nu + B''\mu + B'}{\nu + \mu \cos xy + \cos yz}$$
$$= \frac{A'' + B\nu + B'\mu}{1 + \mu \cos xz + \nu \cos yz} = S.$$

445. On a donc les trois relations

$$\mu\,(S - A) + \nu\,(S \cos xy - B'') + S \cos xz - B' = 0,$$
$$\nu\,(S - A') + \mu\,(S \cos xy - B'') + S \cos yz - B = 0,$$
$$\mu\,(S \cos xz - B') + \nu\,(S \cos yz - B) + S - A'' = 0.$$

Les deux premières donneront par l'élimination

$$\mu\,\{(S \cos xy - B'')^2 - (S - A)\,(S - A')\} + (S \cos yz - B)\,(S \cos xy - B'')$$
$$- (S \cos xz - B')\,(S - A') = 0,$$
$$\nu\,\{(S \cos xy - B'')^2 - (S - A)\,(S - A')\} + (S \cos xz - B')\,(S \cos xy - B'')$$
$$- (S \cos yz - B)\,(S - A) = 0.$$

446. Transportons ces expressions de μ et de ν dans la troisième relation, on a l'équation du troisième degré en S :

$$(S \cos xy - B'')^2\,(S - A'') + (S \cos xz - B')^2\,(S - A')$$
$$+ (S \cos yz - B)^2\,(S - A) - 2\,(S \cos xy - B'')\,(S \cos xz - B')\,(S \cos yz - B)$$
$$- (S - A)\,(S - A')\,(S - A'') = 0,$$

et cette équation devient, en ordonnant,

$$(S^3\,1 - \cos^2 xy - \cos^2 xz - \cos^2 xy + 2 \cos xy \cos xz \cos yz)$$

$$- S^2 \left\{ \begin{array}{l} A \sin^2 yz + A' \sin^2 xz + A'' \sin^2 yz \\ - 2B\;(\cos yz - \cos xz \cos xy) \\ - 2B'\,(\cos xz - \cos xy \cos yz) \\ - 2B''\,(\cos xy - \cos xz \cos yz) \end{array} \right.$$

$$- S \left\{ \begin{array}{l} B^2 - A'A'' + B'^2 - AA'' + B''^2 - AA' \\ + 2 \cos yz\,(AB - B'B'') + 2 \cos xz\,(A'B'' - BB'') + 2 \cos xy\,(A''B'' - BB') \\ + AB^2 + A'B'^2 + A''B''^2 - AA'A'' - 2BB'B'' = 0. \end{array} \right.$$

Les trois racines de cette équation donnent trois systèmes de valeurs pour μ et ν, ce qui détermine les directions des axes principaux.

447. Quant aux longueurs de ces axes, on les obtiendra par la formule $R^2 = -\dfrac{F}{S}$.

448. *Cônes.* — Si $F = 0$, cela ne change rien aux valeurs de μ et de ν, mais $R = 0$.

Du reste, l'équation du cône rapporté à ses axes principaux sera facile à écrire. Considérons d'abord un hyperboloïde à une nappe, ayant pour équation

$$\frac{X^2}{a^2} + \frac{Y^2}{b^2} - \frac{Z^2}{c^2} = 1,$$

et où l'on a

$$a^2 = -\frac{F}{S_1}, \quad b^2 = -\frac{F}{S_2}, \quad c^2 = \frac{F}{S_3},$$

ou bien

$$-S_1 X^2 - S_2 Y^2 + S_3 Z^2 = F.$$

Pour arriver au cône, posons $F = 0$, il reste

$$S_1 X^2 + S_2 Y^2 - S_3 Z^2 = 0.$$

Il faut alors que l'une des trois racines n'ait pas le signe des deux autres : si les trois signes sont les mêmes, on n'a plus *un cône,* mais *un point* représenté par $X = 0$, $Y = 0$, $Z = 0$.

449. *Relations entre les axes et les diamètres conjugués.* — Considérons, pour fixer les idées, l'équation

$$\frac{x^2}{a'^2} + \frac{y^2}{b'^2} + \frac{z^2}{c'^2} = 1$$

d'un ellipsoïde rapporté à un système quelconque de diamètres conjugués. Alors, dans l'équation de la surface rapportée à son centre, on a $B = 0$, $B' = 0$, $B'' = 0$, $A = \dfrac{1}{a'^2}$, $A' = \dfrac{1}{b'^2}$, $A'' = \dfrac{1}{c'^2}$, et $F = -1$, d'où $S = \dfrac{1}{R^2}$. Par conséquent l'équation en S devient

$$\frac{\varepsilon^2}{R^6} - \frac{1}{R^4}\left(\frac{\sin^2 yz}{a'^2} + \frac{\sin^2 xz}{b'^2} + \frac{\sin^2 xy}{b'^2}\right) + \frac{1}{R^2}\left(\frac{1}{a'^2 c'^2} + \frac{1}{a'^2 c'^2} + \frac{1}{b'^2 c'^2}\right) - \frac{1}{a'^2 b'^2 c'^2} = 0.$$

Multiplions par $R^6 a'^2 b'^2 c'^2$ et changeons les signes, nous avons

$$R^6 - R^4(a'^2 + b'^2 + c'^2) + R^2(b'^2 c'^2 \sin^2 yz + a'^2 c'^2 \sin^2 xz + a'^2 b'^2 \sin^2 xy) - \varepsilon^2 . a'^2 b'^2 c'^2 = 0.$$

L'aspect de cette équation du troisième degré en R^2 suffit pour démontrer les théorèmes suivants :

1° La somme des carrés de trois diamètres conjugués est constante et égale à celle des diamètres principaux.

2° La somme des carrés des parallélogrammes construits sur les diamètres conjugués pris deux à deux est constante et égale à celle que donneraient les rectangles des diamètres principaux.

3° Le volume du parallélipipède construit sur trois diamètres conjugués est constant et égal à celui du parallélipipède rectangle des axes principaux.

450. Les théorèmes précédents se concluent facilement pour les axes et les diamètres, quoique les relations soient établies ici sur les demi-axes et les demi-diamètres ; voici comment elles s'écrivent :

$$a'^2 + b'^2 + c'^2 = a^2 + b^2 + c^2,$$
$$b'^2 c'^2 \sin^2 zy + a'^2 c'^2 \sin^2 xz + a'^2 b'^2 \sin^2 xy = b^2 c^2 + a^2 c^2 + a^2 b^2,$$
$$\varepsilon . a'b'c' = abc.$$

III. ÉLÉMENTS DES PARABOLOÏDES.

451. *Diamètres*. — En étudiant les paraboloïdes, nous avons reconnu que c'étaient les surfaces dont le centre unique était passé à l'infini. On peut donc leur appliquer ce qui a été dit au chapitre III, à propos des diamètres dans le cas où $m = 0$.

Nous avons trouvé (§ 206) pour coefficients angulaires de la direction constante des diamètres les expressions

$$\mu = \frac{A'B' - BB''}{B''^2 - AA'} = \frac{A''B'' - BB'}{AB - B'B''} = \frac{B^2 - A'A''}{A'B' - BB''},$$

$$\nu = \frac{AB - B'B''}{B''^2 - AA'} = \frac{A''B'' - BB'}{A'B' - BB''} = \frac{B'^2 - AA''}{AB - B'B''},$$

liées par l'équation de condition

$$m = AB^2 + A'B'^2 + A''B''^2 - AA'A'' - 2BB'B'' = 0.$$

452. *Recherche du sommet*. — On sait que le *sommet* d'un paraboloïde est le point de la surface où le plan tangent est perpendiculaire à la direction commune des diamètres.

Mais, avant de supposer qu'il soit question d'un paraboloïde, reprenons les équations du § 442, qui sont vraies pour une surface quelconque du second degré. Les coordonnées x_0, y_0, z_0 sont celles du centre, et x', y', z' sont celles d'un point de la surface où le plan tangent est perpendiculaire au diamètre. Du reste, ces équations peuvent s'écrire :

$$\frac{Ax' + B'z' + B''y' + C}{x' - x_0 + (z' - z_0)\cos xz + (y' - y_0)\cos xy}$$

$$= \frac{A'y' + Bz' + B''x' + C'}{y' - y_0 + (z' - z_0)\cos yz + (x' - x_0)\cos xy}$$

$$= \frac{A''z' + By' + B'x' + C''}{z' - z_0 + (y' - y_0)\cos yz + (x' - x_0)\cos xz}.$$

Ici, comme au § 443, divisant tous les dénominateurs par $z' - z_0$ et posant

$$\mu = \frac{x' - x_0}{z' - z_0}, \qquad \nu = \frac{y' - y_0}{z' - z_0}$$

pour coefficients angulaires du diamètre qui passe au point de contact représenté par x', y', z', il reste

$$\frac{Ax' + B'z' + B''y' + C}{\mu + \cos xz + \nu \cos xy} = \frac{A'y' + Bz' + B''x' + C'}{\nu + \cos yz + \mu \cos xy} = \frac{A''z' + By + B'x' + C''}{1 + \nu \cos yz + \mu \cos xz} = \rho.$$

453. Maintenant, s'il s'agit d'un paraboloïde, les coefficients angulaires μ et ν du diamètre ont les valeurs constantes écrites ci-dessus ; de plus, x', y', z' sont les coordonnées du sommet, seul point où le plan tangent soit perpendiculaire aux diamètres.

Si nous écrivons, pour abréger,

$$h = \mu + \cos xz + \nu \cos xy,$$
$$h' = \nu + \cos yz + \mu \cos xy,$$
$$h'' = 1 + \nu \cos yz + \mu \cos xz,$$

les relations précédentes prennent la forme

$$Ax' + B'z' + B''y' + C = \rho h,$$
$$A'y' + Bz' + B''x' + C' = \rho h',$$
$$A''z' + By' + B'x' + C'' = \rho h''.$$

Multiplions la première de ces égalités par μ, la seconde par ν et ajoutons-les toutes trois ; puis réduisons d'après les relations connues (§ 206)

$$A\mu + B''\nu + B' = 0, \quad A'\nu + B''\mu + B = 0, \quad A'' + B\nu + B'\mu = 0 ;$$

nous verrons que les termes en x', y' et z' disparaîtront. Il reste donc

$$C\mu + C'\nu + C'' = \rho (h\mu + h'\nu + h'')$$

ou bien

$$\rho = \frac{C\mu + C'\nu + C''}{1 + \mu^2 + \nu^2 + 2\mu\nu \cos xy + 2\mu \cos xz + 2\nu \cos yz}.$$

454. Ainsi ρ est une quantité connue et toujours finie, car elle a pour dénominateur le carré de la diagonale du parallélipipède formé en prenant sur les axes des x, des y et des z les quantités μ, ν et 1.

De plus, ρ n'est jamais nul, car l'égalité

$$\mathrm{A}x' + \mathrm{B}''y' + \mathrm{B}'z' + \mathrm{C} = \rho h$$

et les deux analogues deviendraient alors

$$\mathrm{D}_{x'} = 0, \quad \mathrm{D}_{y'} = 0, \quad \mathrm{D}_{z'} = 0;$$

donc x', y', z' seraient les coordonnées du centre, tandis que ce centre est à l'infini.

455. Jusqu'à présent rien n'exprime la condition que le point représenté par x', y', z' soit sur la surface : donc ces coordonnées sont encore indéterminées, et les trois relations indiquées doivent se réduire aux deux premières qui donneront par élimination

$$x'(\mathrm{B}''^2 - \mathrm{A}\mathrm{A}') + z'(\mathrm{B}\mathrm{B}'' - \mathrm{A}'\mathrm{B}') = \rho(\mathrm{B}''h' - \mathrm{A}'h) + \mathrm{A}'\mathrm{C} - \mathrm{B}''\mathrm{C}',$$
$$y'(\mathrm{B}''^2 - \mathrm{A}\mathrm{A}') + z'(\mathrm{B}'\mathrm{B}'' - \mathrm{A}\mathrm{B}) = \rho(\mathrm{B}''h - \mathrm{A}h') + \mathrm{A}\mathrm{C}' - \mathrm{B}'\mathrm{C}.$$

Divisant par $\mathrm{B}''^2 - \mathrm{A}\mathrm{A}'$, on a, d'après les valeurs précédentes,

$$x' - \mu z' = \mathrm{H}, \quad y' - \nu z' = \mathrm{H}',$$

les quantités H et H' étant connues.

456. Les trois relations d'où l'on tire μ et ν donnent

$$\mathrm{A} = -\frac{1}{\mu}(\mathrm{B}''\nu + \mathrm{B}'), \quad \mathrm{A}' = -\frac{1}{\nu}(\mathrm{B}''\mu + \mathrm{B}), \quad \mathrm{A}'' = -(\mathrm{B}\nu + \mathrm{B}'\mu);$$

substituant ces valeurs dans l'équation de la surface, cette équation devient l'*équation générale des paraboloïdes* :

$$\frac{\mathrm{B}'}{\mu}(x - \mu z)^2 + \frac{\mathrm{B}}{\nu}(y - \nu z)^2 + \frac{\mathrm{B}''}{\mu\nu}(\nu x - \mu y)^2 = 2\mathrm{C}x + 2\mathrm{C}'y + 2\mathrm{C}''z + \mathrm{E}.$$

457. Pour indiquer que le point dont il s'agit est sur la surface, supposons l'équation accentuée : les carrés qu'elle contient sont connus, car

il reste donc
$$\nu x' - \mu y' = H\nu - H'\mu ;$$
$$Cx' + C'y' + C''z' = K,$$

égalité dont le second membre K est connu et qui achève, avec les relations $x' - \mu z' = H$, $y' - \nu z' = H'$, de *déterminer le sommet par des équations du premier degré*.

458. Comme application nous prendrons, avec des coordonnées rectangulaires (§ 1) le paraboloïde qui a équation

$$2x^2 + 5y^2 + 18z^2 + 14yz + 8xz + 2xy + 8x + 4y + 10z + 1 = 0;$$

les coordonnées du sommet seront

$$x' = -\frac{95}{120}, \quad y' = \frac{302}{120}, \quad z' = -\frac{133}{120}.$$

459. Dans la valeur de K, si l'on pose

$$x' = \mu z' + H, \quad y' = \nu z' + H',$$

le coefficient de z' devient $C\mu + C'\nu + C''$, ce qui montre que la surface dégénère en *cylindre* si $C\mu + C'\nu + C'' = 0$; alors on a aussi $\rho = 0$.

460. La transformation du § 456 suppose que μ et ν diffèrent de zéro. Si l'une de ces quantités, telle que μ, est nulle, les relations entre μ et ν donnent

$$B' = -B''\nu, \quad A' = -\frac{B}{\nu}, \quad A'' = -B\nu,$$

(1) Nous prenons des coordonnées rectangulaires pour éviter la complication des cosinus dans le calcul numérique; mais, au point de vue algébrique, les simplifications de la méthode seraient insignifiantes.

et l'équation de la surface devient

$$Ax^2 + 2B''x(y - \nu z) - \frac{B}{\nu}(y - \nu z)^2 + 2Cx + 2C'y + 2C''z + E = 0.$$

Alors il reste aussi $x' = H$, $y' - \nu z' = H'$; ces valeurs, substituées dans l'équation précédente accentuée, donnent $C'y' + C''z' = K'$, quantité constante, et ces trois relations donnent encore le sommet.

461. Enfin, si l'on a à la fois $\mu = 0$, $\nu = 0$, on en conclut $B' = 0$, $B = 0$, $A'' = 0$, et l'équation du paraboloïde se réduit à

$$Ax^2 + A'y^2 + 2B''xy + 2Cx + 2C'y + 2C''z + E = 0.$$

Alors

$$x' = H, \quad y' = H';$$

donc

$$C''z' = K''.$$

462. *Direction des axes principaux.* — Revenons à l'équation en S, où le terme indépendant $m = 0$. Une des racines est donc nulle et correspond à l'axe diamétral : en effet, en faisant $S = 0$ dans ces valeurs de μ et de ν (§ 445), on retrouve les expressions

$$\mu = \frac{A'B' - BB''}{B''^2 - AA'}, \quad \nu = \frac{AB - B'B''}{B''^2 - AA'}.$$

Ensuite, il reste l'équation du second degré

$$S^2 \varepsilon^2 - S \left\{ \begin{array}{l} A\sin^2 yz + A'\sin^2 xz + A''\sin^2 xy \\ - 2B(\cos yz - \cos xz \cos xy) - 2B'(\cos xz - \cos yz \cos xy) \\ - 2B''(\cos xy - \cos xz \cos yz) \end{array} \right\} $$
$$ - (B''^2 - AA')(1 + \mu^2 + \nu^2 + 2\mu\nu\cos xy + 2\mu\cos xz + 2\nu\cos yz) = 0.$$

En effet, pour transformer, dans l'équation du troisième degré, le coefficient de S qui devient ici le terme indépendant, il suffira de recourir aux relations du § 451 qui donneront ici

$$A'B' - BB'' = \mu\,(B''^2 - AA'), \quad AB - B'B'' = \nu\,(B''^2 - AA'),$$
$$A''B'' - BB' = \mu\,(AB - B'B'') = \mu\nu\,(B''^2 - AA')$$
$$B^2 - A'A'' = \mu\,(A'B' - BB'') = \mu^2\,(B''^2 - AA'),$$

et enfin

$$B'^2 - AA'' = \nu\,(AB - B'B'') = \nu^2\,(B''^2 - AA').$$

463. Les trois racines de l'équation du troisième dégré étant toujours réelles, il en est de même pour les deux racines S_1 et S_2 de l'équation précédente. Si nous les substituons dans les expressions de μ et de ν au § 446, nous aurons les coefficients angulaires μ_1 et ν_1, μ_2 et ν_2 des deux axes principaux contenus dans le plan tangent au sommet.

464. Cependant, si $S_1 = S_2$, on aurait aussi $\mu_1 = \mu_2$, $\nu_1 = \nu_2$, c'est-à-dire que ces deux directions coïncideraient, tandis qu'elles doivent être perpendiculaires. Le seul moyen d'éviter cette absurdité est d'imaginer que, pour ce cas particulier de racines égales, μ et ν doivent se présenter sous la forme $\dfrac{0}{0}$.

L'indétermination est réelle, car il faut que la surface soit de *révolution* et que les deux directions soient arbitraires dans le plan tangent au sommet, sauf la condition d'être perpendiculaires entre elles.

Nous reviendrons sur ce sujet.

465. *Axes des sections principales.* — L'équation du paraboloïde rapporté à ses axes principaux sera de la forme

$$Y^2 \pm M^2 X^2 = 2 PZ,$$

en prenant l'axe diamétral pour celui des Z.

Ce paraboloïde sera elliptique pour le signe supérieur, et hyperbolique pour le signe inférieur : le premier cas aura lieu si S_1 et S_2 sont de même signe, et le second cas si ces deux racines sont de signe contraire. En effet, dans une surface à centre, soient R_1^2 et R_2^2 les carrés des demi-axes qui correspondent à S_1 et S_2 ; la formule générale

$$R^2 S = - F$$

montre que l'on a

$$R_1^2 S_1 = R_2^2 S_2,$$

ou bien

$$\frac{S_1}{S_2} = \frac{R_2^2}{R_1^2}.$$

Or, dans cette surface à centre d'où dérive le paraboloïde, on trouverait

$$M^2 = \frac{R_2^2}{R_1^2}$$

pour coefficient de X^2, après avoir divisé toute l'équation par celui de Y^2 (c'est-à-dire multiplié tout par $R_2^2 = \pm b^2$); on a donc

$$M^2 = \frac{S_1}{S_2},$$

et cette relation subsiste à la limite pour le paraboloïde.

466. Le coefficient M^2 étant ainsi connu, il reste à trouver P. Pour cela, transportons l'origine au sommet, sans altérer la direction des coordonnées, ce qui revient à changer x, y, z en $x + x'$, $y + y'$ et $z + z'$: d'après les relations du § 453 qui donnent

$$D_{x'} = \rho h, \quad D_{y'} = \rho h', \quad D_{z'} = \rho h'',$$

l'équation de la surface deviendra, après cette transformation,

$$A\,x^2 + A'\,y^2 + A''\,z^2 + 2\,B\,yz + 2\,B'\,xz + 2\,B''\,xy + 2\,\rho\,(hx + h'y + h''z) = 0.$$

Nous n'écrivons pas de terme indépendant, parce que
la nouvelle origine, qui est le sommet, se trouve sur la
surface.

467. D'un point de l'axe diamétral, pris à la distance Z du sommet, menons à l'axe des Y une parallèle
pour laquelle X $= 0$, puisqu'elle est dans le plan des
YZ ; elle rencontrera la surface en deux points pour
lesquels Y aura deux valeurs égales et de signe contraire : pour ces valeurs $P = \dfrac{Y^2}{2Z}$, et il faut calculer Y et Z.

468. Soient z_1, $x_1 = \mu z_1$, $y_1 = \nu z_1$, avec cette nouvelle
origine, les coordonnées de ce point pris sur l'axe diamétral auquel correspondent μ et ν ; il est clair que

$$Z = z_1 \sqrt{1 + \mu^2 + 2\mu\nu \cos xy + 2\mu \cos xz + 2\nu \cos yz}.$$

Du reste, les équations de la parallèle menée de ce
point à l'axe des Y seront

$$x - x_1 = \mu_2\,(z - z_1), \quad y - y_1 = \nu_2\,(z - z_1);$$

on a donc

$$z = z_1 + (z - z_1), \quad x = \mu z_1 + \mu_2\,(z - z_1), \quad y = \nu z_1 + \nu_2\,(z - z_1),$$

valeurs qu'il faut transporter dans l'équation du numéro
précédent, en ordonnant par rapport à $z - z_1$.

Mais l'on a

$$\begin{aligned}
Y^2 =\ & (z - z_1)^2 + (x - x_1)^2 + (y - y_1)^2 + 2\,(y - y_1)\,(z - z_1)\cos yz \\
& + 2\,(x - x_1)\,(z - z_1)\cos xz + 2\,(x - x_1)\,(y - y_1)\cos xy;
\end{aligned}$$

donc aussi

$$Y^2 = (z - z_1)^2 (1 + \mu_2^2 + \nu_2^2 + 2\mu_2 \nu_2 \cos xy + 2\mu_2 \cos xz + 2\nu_2 \cos yz),$$

et comme on sait que Y^2 a deux valeurs égales et de signe contraire, il doit en être de même pour $z - z_1$.

469. Par conséquent, dans la substitution indiquée, les termes qui contiennent $z - z_1$ à la simple puissance doivent disparaître d'eux-mêmes, ce qui dispense de les calculer.

Le terme en z_1^2 disparaîtra aussi; car il aurait pour coefficient

$$= \mu (A\mu + B' + B''\nu) + \nu (A'\nu + B + B''\mu) + A'' + B\nu + B'\mu = 0.$$
$$ A\mu^2 + A'\nu^2 + A'' + 2B\nu + 2B'\mu + 2B''\mu\nu$$

Le coefficient de z_1 est

$$2\rho (h\mu + h'\nu + h'') = 2(C\mu + C'\nu + C'').$$

Le coefficient de $(z - z_1)^2$ est

$$A\mu_2^2 + A'\nu_2^2 + A'' + 2B\nu_2 + 2B'\mu_2 + 2B''\mu_2\nu_2$$
$$= \mu_2 (A\mu_2 + B' + B''\nu_2) + \nu_2 (A'\nu_2 + B + B''\mu_2) + A'' + B\nu_2 + B'\mu_2$$
$$= S_2 (1 + \mu_2^2 + \nu_2^2 + 2\mu_2\nu_2 \cos xy + 2\mu_2 \cos xz + 2\nu_2 \cos xz),$$

comme on le voit d'après les relations du n° 444 qui persistent toujours pour l'équation en S du second degré. En remplaçant $(z - z_1)^2$ par sa valeur en Y^2, le résultat de la substitution revient donc à

$$S_2 Y^2 + 2z_1 (C\mu + C'\nu + C'') = 0,$$

ou bien

$$Y^2 = -\frac{2z_1 (C\mu + C'\nu + C'')}{S_2}.$$

Enfin, comme

$$z_1 = \frac{Z}{\sqrt{1 + \mu^2 + \nu^2 + 2\mu\nu \cos xy + 2\mu \cos xz + 2\nu \cos yz}},$$

le radical étant pris positivement, et $Y^2 = 2PZ$, pour $X = 0$, on obtient le coefficient cherché

$$P = \frac{C\mu + C'\nu + C''}{S_2 \sqrt{1 + \mu^2 + \nu^2 + 2\mu\nu \cos xy + 2\mu \cos xz + 2\nu \cos yz}}.$$

470. Nous ne considérerons pas le signe de P, que l'on peut toujours prendre positivement; mais celui de Y^2 est important, parce qu'il montre que z_1 correspond à la partie positive de l'axe des Z, si le signe de z_1 est contraire à celui de $\dfrac{C\mu + C'\nu + C''}{S_2}$: cela importe surtout pour le paraboloïde elliptique.

IV. ÉLÉMENTS DES CYLINDRES DOUÉS D'UN AXE.

471. *Recherche de l'axe central.* — Nous avons vu (383) que le lieu des centres des sections faites sous une direction quelconque dans un cylindre du second degré était une droite que nous avons appelée l'*axe* : il faut donc commencer par chercher les équations de cet axe central.

Pour cela, nous observerons d'abord que les cylindres en question s'obtiennent, comme on l'a vu (383), en faisant glisser parallèlement à elle-même une conique à centre, de manière que ce centre reste toujours sur l'axe donné et que les extrémités d'un même diamètre de la conique s'appuient toujours sur deux parallèles à l'axe, c'est-à-dire sur deux génératrices.

Un pareil cylindre est une variété d'un paraboloïde, dans le cas où la parabole fixe se transforme en deux droites parallèles.

Alors un diamètre du paraboloïde se réduit à l'axe

du cylindre, ce qui donne immédiatement les coefficients angulaires

$$\mu = \frac{A'B' - BB''}{B''^2 - AA'}, \qquad \nu = \frac{AB - B'B''}{B''^2 - AA'},$$

de cet axe.

472. Mais il vaut mieux obtenir directement les équations cherchées, en revenant aux équations

$$D_x = 0, \quad D_y = 0, \quad D_z = 0,$$

qui donnent le centre d'une surface.

Chacune de ces équations représente un plan dont le centre sera le point commun. Mais, comme ici tous les points d'une même ligne sont des centres, il faut que l'intersection des deux premiers plans soit aussi une ligne du troisième.

Les équations de cette intersection, obtenues au moyen de $D_x = 0$, $D_y = 0$, seront

$$x\,(B''^2 - AA') + z\,(BB'' - A'L') + C'B'' - A'C = 0,$$
$$y\,(B''^2 - AA') + z\,(B'B'' - AB) + CB'' - AC' = 0,$$

ce qui donne, en posant

$$\mu = \frac{A'B' - BB''}{B''^2 - AA'}, \qquad \nu = \frac{AB - B'B''}{B''^2 - AA'},$$
$$x - \mu z = \frac{A'C - C'B''}{B''^2 - AA'}, \qquad y - \nu z = \frac{AC' - CB''}{B''^2 - AA'},$$

équations de l'axe.

473. Il faut aussi obtenir directement les conditions nécessaires pour que la surface soit un cylindre. La droite dont nous venons de trouver les équations étant aussi sur le troisième plan, les expressions

$$x = \mu z + \frac{A'C - C'B''}{B''^2 - AA'}, \qquad y = \nu z + \frac{AC' - CB''}{B''^2 - AA'}$$

doivent aussi satisfaire la troisième équation

$$\tfrac{1}{2} D_z = A'' + By + B'x + C'' = 0.$$

Elle devient alors

$$z\left\{A''(B''^2 - AA') + B(AB - B'B'') + B'(A'B' - BB'')\right\} + C''(B''^2 - AA')$$
$$+ B(C'A - CB'') + B'(CA' - C'B'') = 0.$$

On sait déjà que le coefficient de z est nul, car cela revient à $m = 0$. Comme cette relation est une identité, le terme indépendant doit être nul aussi, ce qui peut se mettre sous la forme

$$C''(B''^2 - AA') + C(A'B' - BB'') + C'(AB - B'B'') = 0,$$

qui revient à

$$C\mu + C'\nu + C'' = 0.$$

C'est la condition déjà trouvée (§ 459) pour qu'un paraboloïde dégénère en cylindre.

474. *Direction des axes principaux.* — D'après ce que nous avons vu (§ 471), la direction des génératrices, ou bien de l'axe central, qui est un des axes principaux, est donnée par la racine $S = 0$: les deux autres directions s'obtiendront donc par les deux racines S_1, S_2 de l'équation du second degré en S.

Ensuite on obtient μ_1 et ν_1, μ_2 et ν_2, en substituant ces valeurs dans les expressions des §§ 456 ou 438, si les coordonnées sont rectangulaires, ou dans celles du § 445 si ces coordonnées sont obliques.

475. *Axes de la section principale.* — Quant à la grandeur de ces axes, on l'obtiendra en remplaçant S par S_1 et S_2 dans la relation

$$R^2 = -\frac{F}{S},$$

qui s'applique ici, puisque le centre de la section est un centre de la surface : il faut d'abord obtenir la quantité F.

En général,

$$F = Cx' + C'y' + C''z' + E,$$

en indiquant par x', y', z' les coordonnées d'un centre. Ici nous venons de trouver

$$x' = \mu z' + \frac{A'C - B''C'}{B''^2 - AA'}, \quad y' = \nu z' + \frac{AC' - B''C}{B''^2 - AA'} :$$

substituant ces valeurs, on voit que le coefficient de z' est nul, comme cela doit être, par la relation

$$C\mu + C'\nu + C'' = 0,$$

et il reste

$$F = \frac{A'C^2 + AC'^2 - 2B''CC' + E(B''^2 - AA')}{B''^2 - AA'}.$$

On voit que le numérateur de cette expression est la quantité que nous avons déjà appelée l'' (§ 420).

Par conséquent.

$$R_1^2 = \frac{F}{S_1}, \quad R_2^2 = \frac{F}{S_2}.$$

V. ÉLÉMENTS DU CYLINDRE PARABOLIQUE

476. *Direction des génératrices.* — On sait qu'un cylindre elliptique devient parabolique si l'axe central va à l'infini. Alors, dans les équations de cet axe (§ 472), on doit avoir

$$B''^2 - AA' = 0;$$

d'ailleurs, dans les coordonnées primitives, on aurait pu changer x en y ou en z, de manière que cette quantité fût différente de zéro, à moins que $B'^2 - AA''$, $B^2 - A'A''$ ne fussent nuls à la fois. Donc nous devons supposer en même temps

$$B^2 - A'A'' = 0, \quad B'^2 - AA'' = 0, \quad B''^2 - AA' = 0.$$

477. Cependant, comme les directions des génératrices ne changent pas pour cela, il faut que les valeurs de μ et de ν se présentent alors sous la forme $\dfrac{0}{0}$; il en résulte donc

$$AB - B'B'' = 0, \quad A'B' - BB'' = 0.$$

Mais l'égalité $B^2 = A'A''$, ou $A'' = \dfrac{B^2}{A'}$ devient, à cause de $A'B' = BB''$,

$$A'' = \frac{B^2 B'}{BB''}.$$

On a donc les trois relations

$$A = \frac{B'B''}{B}, \quad A' = \frac{BB''}{B'}, \quad A'' = \frac{BB'}{B''}.$$

478. Par conséquent les trois relations connues

$$A\mu + B' + B''\nu = 0, \quad A'\nu + B + B''\mu = 0, \quad A'' + B'\mu + B\nu = 0$$

se réduisent à une seule

$$\frac{\mu}{B} + \frac{\nu}{B'} + \frac{1}{B''} = 0.$$

479. Mais, pour lever l'indétermination, nous avons la relation $C\mu + C'\nu + C'' = 0$ commune à tous les cylindres. Combinant ces équations, on a les valeurs

$$\mu = \frac{B(B'C' - B''C'')}{B''(BC - B'C')}, \qquad \nu = \frac{B'(BC - B''C'')}{B''(B'C' - BC)},$$

ou bien encore

$$\mu = \frac{A''C' - BC''}{BC - B'C'}, \qquad \nu = \frac{B'C'' - A''C}{BC - B'C'}.$$

Comme ces formules doivent déterminer μ et ν d'une manière générale, il faut que les deux égalités

$$BC = B'C' = B''C''$$

ne soient jamais satisfaites à la fois ; alors le dénominateur pourra toujours différer de zéro.

480. *Direction du diamètre principal.* — Pour le cylindre parabolique, comme pour tout autre cylindre, nous savons que les valeurs précédentes de μ et de ν, relatives aux génératrices, correspondent à une racine nulle de l'équation en S, les deux autres S_1, S_2 étant données par l'équation du second degré (§ 462). Mais, pour le cylindre parabolique, $B''^2 - AA' = 0$; donc cette équation du second degré se réduit au premier, puisque le terme indépendant devient nul. Seulement il faut distinguer si la nouvelle racine nulle correspond aux diamètres de la base parabolique principale ou bien aux perpendiculaires à ce diamètre.

481. Pour le savoir, revenons à un cylindre elliptique dans lequel $- F = R_1^2 S_1 = R_2^2 S_2$, d'où

$$\frac{R_2^2}{R_2} = \frac{S_1}{S_2}.$$

La base principale a pour équation dans son plan :

$$\frac{x^2}{R_1^2} + \frac{y^2}{R_2^2} = 1,$$

ou plutôt, en la rapportant à une extrémité de son axe focal,

$$\frac{y^2}{R_2^2} = \frac{2x'}{R_1} - \frac{x'^2}{R_1^2} ;$$

cela revient encore à

$$y^2 = 2px' - \frac{px'^2}{R_1},$$

en posant

$$p = \frac{R_2^2}{R_1},$$

d'où l'on tire

$$\frac{p}{R_1} = \frac{R_2^2}{R_1^2} = \frac{S_1}{S_2}.$$

Ainsi, quand l'ellipse dégénère en parabole, ce qui donne $\frac{p}{R_1} = 0$, il en résulte $S_1 = 0$. Par conséquent, *la racine nulle de l'équation du § 474 correspond aux diamètres de la parabole principale.* Il reste à obtenir les valeurs correspondantes μ_1 et ν_1.

482. Si l'on se contentait de faire S nul dans les expressions qui donnent μ et ν en fonction de S, on pourrait obtenir μ et ν sous des formes indéterminées ; car, l'équation du troisième degré en S ayant alors deux racines nulles, on n'aurait pas plus de raison pour trouver les diamètres principaux que les génératrices.

Il faut donc remplacer A, A′, A″ par $\frac{B'B''}{B}$, $\frac{BB''}{B'}$, $\frac{BB'}{B''}$ dans ces expressions, ce qui donnera S comme facteur commun. *Après l'avoir supprimé, on fera encore* $S_1 = 0$, ce qui donnera μ_1 et ν_1 relatifs aux diamètres principaux.

483. Avec des *coordonnées rectangulaires*, les expressions de μ et de ν sont (§ 436)

$$\mu = \frac{B'(S-A') + BB''}{(S-A)(S-A') - B''^2}, \qquad \nu = \frac{B(S-A) + B'B''}{(S-A)(S-A') - B''^2}.$$

En posant aux numérateurs $B'A' = BB''$, $BA = B'B''$, on voit que ces numérateurs se réduisent à $A'S$ et BS.

Observons ensuite que $AA' = B''^2$; le dénominateur commun est égal à $S^2 - S(A + A')$, et les expressions ci-dessus deviennent

$$\frac{B'}{S - (A + A')}, \quad \frac{B}{S - (A + A')}.$$

Enfin posons $S = S_1 = 0$, il reste

$$\mu_1 = -\frac{B'}{A + A'}, \quad \nu_1 = -\frac{B}{A + A'}.$$

Remplaçant encore $A + A'$ par sa valeur $\dfrac{B''(B^2 + B'^2)}{BB'}$, on a

$$\mu_1 = -\frac{BB'^2}{B''(B^2 + B'^2)}, \quad \nu_1 = -\frac{B'B^2}{B''(B^2 + B'^2)},$$

ce qui fait retrouver la relation

$$\frac{\mu_1}{B} + \frac{\nu_1}{B'} + \frac{1}{B''} = 0,$$

qu'on a démontrée généralement (§ 478), mais pour les génératrices, d'après les considérations du § 471.

484. Nous avons insisté sur la nécessité d'avoir encore à faire S nul, après avoir supprimé S comme facteur commun.

En effet, dans les expressions (§ 438)

$$\mu = \frac{B''S + BB' - B''A''}{BS + B'B'' - AB}, \quad \nu = \frac{B''S + BB' - B''A''}{B'S + BB'' - A'B'},$$

les valeurs de A, A' et A'' donnent $BB' = B''A''$, $B'B'' = AB$, et $BB'' = A'B'$; il semble donc tout naturel de supprimer dans μ et ν le facteur S qui reste en évidence, ce qui donnerait $\dfrac{B''}{B}$ et $\dfrac{B''}{B'}$ qu'on pourrait prendre pour μ_1 et ν_1.

Mais ce serait une grave erreur, car rien, dans le calcul

précédent, ne suppose que S ait été nul une première fois, comme il doit l'être : en effet, ces valeurs $\mu_2 = \dfrac{B''}{B}$, $\nu_2 = \dfrac{B''}{B'}$ s'appliquent, pour des coordonnées rectangulaires, au troisième axe principal que nous retrouverons bientôt.

485. Avec des *coordonnées obliques*, le calcul de μ_1 et de ν_1 n'est guère plus compliqué.

Dans les expressions du § 445, supprimons les termes indépendants de S, comme au § 482, supprimons ce facteur et égalons ensuite S à zéro, ce qui revient à ne pas tenir compte des termes en S^2, on a immédiatement

$$\mu_1 = \frac{B\cos xy + B\cos yz - A'\cos xz - B'}{A + A' - 2B''\cos xy},$$

$$\nu_1 = \frac{B'\cos xy + B''\cos xy - A\cos yz - B}{A + A' - 2B''\cos xy}.$$

486. La relation $\dfrac{\mu_1}{B} + \dfrac{\nu_1}{B'} + \dfrac{1}{B''} = 0$, trouvée avec des axes rectangulaires, est également vraie pour des axes obliques. En effet, le premier terme de l'égalité

$$A\mu_1 + B''\nu_1 + B' = S_1 (\mu_1 + \nu_1 \cos xy + \cos xz)$$

du § 444 devient, à cause de $A = \dfrac{B'B''}{B}$,

$$B'B'' \left(\frac{\mu_1}{B} + \frac{\nu_1}{B'} + \frac{1}{B''} \right).$$

Donc, comme $S_1 = 0$ (§ 481), on a la relation indiquée.

487. *Direction du troisième axe principal.* — Nous avons déjà trouvé directement (§ 484), avec des *coordonnées rectangulaires*, les valeurs $\mu_2 = \dfrac{B''}{B}$, $\nu_2 = \dfrac{B''}{B'}$ pour ce troisième

axe tangent au sommet de la parabole principale. Cela
revient aussi à

$$\mu_2 = \frac{B'}{A''}, \quad \nu_2 = \frac{B}{A''}.$$

Du reste, la seule des racines de l'équation en S qui ne
soit pas nulle devient en ce cas $S_2 = A + A' + A''$, comme
on le voit (§ 437) pour des axes rectangulaires. Alors les
valeurs $\dfrac{B'}{S - (A + A')}$ $\dfrac{B}{S - (A + A')}$ (§ 483) deviennent
$\dfrac{B'}{A''}$ et $\dfrac{B}{A''}$.

488. Avec des *coordonnées obliques*, le calcul est beaucoup plus compliqué. On a la valeur

$$S_2 = \frac{A\sin^2 yz + A\sin^2 xz + A''\sin xy - 2B(\cos yz - \cos xz \cos xy) - 2B'(\cos xz - \cos xy \cos yz) - 2B''(\cos xy - \cos xz \cos yz)}{1 - \cos^2 yz - \cos^2 xz - \cos^2 xy + 2\cos xy \cos xz \cos yz}$$

On aura μ_2 et ν_2 en substituant cette valeur dans les expressions de μ et de ν (§ 445), d'où les termes indépendants de S auront disparu à cause des relations des §§ 476
et 477, ce qui permettra de supprimer ce facteur : il
restera donc

$$\mu_2 = \frac{S_2(\cos xz - \cos xy \cos yz) + B''\cos yz + B\cos xy - B' - A'\cos xz}{A + A' - 2B''\cos xy - S_2\sin^2 xy},$$

$$\nu_2 = \frac{S_2(\cos yz - \cos xy \cos xz) + B''\cos xz + B'\cos xy - B - A\cos yz}{A + A' - 2B''\cos xz - S_2\sin^2 xy}.$$

489. On pourrait aussi déterminer μ_2 et ν_2 par l'observation que ce troisième axe principal doit être perpendiculaire aux deux autres, dont les coefficients angulaires
sont μ et ν, μ_1 et ν_1.

490. *Position de la génératrice-sommet.* — Dans un cylindre parabolique, les sommets des paraboles principales, qui sont parallèles entre elles, se trouvent évidemment sur une même génératrice, que nous allons

chercher. Le plan tangent suivant cette génératrice sera perpendiculaire aux diamètres des paraboles principales; donc il contiendra, outre la direction des génératrices, celle du troisième axe indiqué par S_2, c'est-à-dire celle des tangentes aux sommets des paraboles principales.

Pour avoir l'équation d'un cylindre parabolique, il faudra, dans l'équation du second degré, faire

$$A = \frac{B'B''}{B}, \quad A' = \frac{BB''}{B'}, \quad A'' = \frac{BB'}{B''},$$

alors

$$Ax^2 + A'y^2 + A''z^2 = BB'B'' \left(\frac{x^2}{B^2} + \frac{y^2}{B'^2} + \frac{z^2}{B''^2} \right).$$

Du reste, on a toujours

$$2By z + 2B'xz + 2B''xy = 2BB'B'' \left(\frac{yz}{B'B''} + \frac{xz}{BB''} + \frac{xy}{BB'} \right).$$

Ainsi *l'équation d'un cylindre parabolique* sera

$$BB'B'' \left(\frac{x}{B} + \frac{y}{B'} + \frac{z}{B''} \right)^2 + 2Cx + 2C'y + 2C''z + E = 0,$$

491. Cela posé, l'équation du plan tangent en un point de la surface représenté par x', y', z' sera

$$BB'B'' \left(\frac{x'}{B} + \frac{y'}{B'} + \frac{z'}{B''} \right) \left(\frac{x}{B} + \frac{y}{B'} + \frac{z}{B''} \right) + C(x + x') + C'(y + y')$$
$$+ C''(z + z') + E = 0.$$

Prenons pour contact un point où le plan des xy rencontre la surface, on a $x' = \alpha$, $y' = \beta$, $z' = 0$, d'où

$$x \left\{ B'B'' \left(\frac{\alpha}{B} + \frac{\beta}{B'} \right) + C \right\} + y \left\{ BB'' \left(\frac{\alpha}{B} + \frac{\beta}{B'} \right) + C' \right\}$$
$$+ z \left\{ BB' \left(\frac{\alpha}{B} + \frac{\beta}{B'} \right) + C'' \right\} + C\alpha + C'\beta + E = 0.$$

492. Pour établir la condition que ce plan tangent contienne la direction du troisième axe principal en S_2, il suffit, comme on le sait, de poser la relation

$$\mu_2 \left\{ B'B'' \left(\frac{\alpha}{B} + \frac{\beta}{B'} \right) + C \right\} + \nu_2 \left\{ BB'' \left(\frac{\alpha}{B} + \frac{\beta}{B'} \right) + C' \right\} + BB' \left(\frac{\alpha}{B} + \frac{\beta}{B'} \right)$$
$$+ C'' = 0$$

car $x = \mu_2 z$, $y = \nu_2 z$ et z devient ∞.

De là on tire

$$\left(\frac{\alpha}{B} + \frac{\beta}{B'}\right)\left(\frac{\mu_2}{B} + \frac{\nu_2}{B'} + \frac{1}{B''}\right) BB'B'' + C\mu_2 + C'\nu_2 + C'' = 0,$$

ce qui donne

$$\frac{\alpha}{B} + \frac{\beta}{B'}.$$

493. Avec des *coordonnées rectangulaires*, pour lesquelles $\mu_2 = \dfrac{B''}{B}$, $\nu_2 = \dfrac{B''}{B'}$, il reste

$$\left(\frac{\alpha}{B} + \frac{\beta}{B'}\right)\left(\frac{1}{B^2} + \frac{1}{B'^2} + \frac{1}{B''^2}\right) BB' + \frac{C}{B} + \frac{C'}{B'} + \frac{C''}{B''} = 0.$$

494. Maintenant, pour établir que le point en question est sur la surface, il faut, dans l'équation du cylindre (§ 490), poser aussi $x' = \alpha$, $y' = \beta$ et $z' = 0$.

Alors on a

$$BB'B''\left(\frac{\alpha}{B} + \frac{\beta}{B'}\right)^2 + 2C\alpha + 2C'\beta + E = 0.$$

Dans cette égalité, remplaçant $\dfrac{\alpha}{B} + \dfrac{\beta}{B'}$ par la valeur que nous venons d'obtenir, nous aurons $C\alpha + C\beta$ en fonction de quantités connues. Par conséquent, connaissant $\dfrac{\alpha}{B} + \dfrac{\beta}{B'}$ et $C\alpha + C'\beta$, on trouve α et β, ce qui détermine la génératrice-sommet, puisqu'on a ses coefficients angulaires μ et ν. Ce calcul subsiste dans tous les cas, car l'égalité qui termine le § 492 donne toujours $\dfrac{\alpha}{B} + \dfrac{\beta}{B'}$ en fonction de quantités connues ; mais, avec des *coordonnées obliques*, on ne profite pas des simplifications du § 493.

495. *Équation de la parabole principale.* — Nous com-

mencerons par transporter l'origine au point où la génératrice-sommet rencontre le plan donné des xy, c'est-à-dire au point représenté par $x' = \alpha$, $y' = \beta$, $z' = 0$, et dont les coordonnées sont maintenant connues.

Changeons donc x et y en $x + \alpha$ et $y + \beta$, l'équation de la surface devient

$$\mathrm{BB'B''}\left(\frac{x+\alpha}{\mathrm{B}} + \frac{y+\beta}{\mathrm{B'}} + \frac{z}{\mathrm{B''}}\right)^2 + 2\,\mathrm{C}\,(x+\alpha) + 2\,\mathrm{C'}(y+\beta) + 2\,\mathrm{C''}z + \mathrm{E} = 0.$$

496. Développant, et observant que le terme indépendant est nul, puisque l'origine est sur la surface, il vient

$$\mathrm{BB'B''}\left(\frac{x}{\mathrm{B}} + \frac{y}{\mathrm{B'}} + \frac{z}{\mathrm{B''}}\right)^2 + 2\,x\left\{\mathrm{B'B''}\left(\frac{\alpha}{\mathrm{B}} + \frac{\beta}{\mathrm{B'}}\right) + \mathrm{C}\right\}$$
$$+ 2\,y\left\{\mathrm{BB''}\left(\frac{\alpha}{\mathrm{B}} + \frac{\beta}{\mathrm{B'}}\right) + \mathrm{C'}\right\} + 2\,z\left\{\mathrm{BB'}\left(\frac{\alpha}{\mathrm{B}} + \frac{\beta}{\mathrm{B'}}\right) + \mathrm{C''}\right\},$$

ou bien

$$\mathrm{BB'B''}\left(\frac{x}{\mathrm{B}} + \frac{y}{\mathrm{B'}} + \frac{z}{\mathrm{B''}}\right)^2 + 2\,\mathrm{BB'B''}\left(\frac{\alpha}{\mathrm{B}} + \frac{\beta}{\mathrm{B'}}\right)\left(\frac{x}{\mathrm{B}} + \frac{y}{\mathrm{B'}} + \frac{z}{\mathrm{B''}}\right)$$
$$+ 2\,\mathrm{C}x + 2\,\mathrm{C'}y + 2\,\mathrm{C''}z = 0.$$

497. Si nous prenons pour axe des Z la génératrice-sommet qui passe par la nouvelle origine, le cylindre parabolique lui-même sera représenté par l'équation

$$\mathrm{Y}^2 = 2\,\mathrm{PX}$$

de la parabole principale qui passe par cette origine : l'axe des X est le diamètre focal de cette parabole et l'axe des Y est la tangente au sommet; il s'agit donc de déterminer $\dfrac{\mathrm{Y}^2}{2\,\mathrm{X}} = \mathrm{P}$.

498. D'après ce qui précède, les anciennes équations de l'axe des X seront

$$x = \alpha + \mu_1 z, \quad y = \beta + \nu_1 z.$$

D'un point de cet axe diamétral, pris à la distance X de l'origine, qui est le sommet, menons à l'axe des Y une parallèle qui rencontrera la surface en deux points pour lesquels Y aura deux valeurs égales et de signe contraire.

Avec la nouvelle origine, les coordonnées de ce point étant z_1, $x_1 = \mu_1 z_1$, $y_1 = \nu_1 z_1$, on a évidemment

$$X = z_1 \sqrt{1 + \mu_1^2 + \nu_1^2 + 2\mu_1 \cos xz + 2\nu_1 \cos yz + 2\mu_1 \nu_1 \cos xy}.$$

Ensuite, les équations de la parallèle à l'axe des Y sont

$$x - x_1 = \mu_2 (z - z_1), \quad y - y_1 = \nu_2 (z - z_1).$$

D'ailleurs, x, y, z étant les coordonnées de l'un des points où cette parallèle rencontre la surface, on a

$$Y^2 = (x - x_1)^2 + (y - y_1)^2 + (z - z_1)^2 + 2(y - y_1)(z - z_1) \cos yz$$
$$+ 2(x - x_1)(z - z_1) \cos xz + 2(x - x_1)(y - y_1) \cos xy,$$

d'où

$$Y^2 = (z - z_1)^2 (1 + \mu_2^2 + \nu_2^2 + 2\nu_2 \cos yz + 2\mu_2 \cos xz + 2\mu_2 \nu_2 \cos xy).$$

Donc, comme on sait que Y a deux valeurs égales et de signe contraire, il doit en être de même pour $z - z_1$.

Par conséquent, lorsque l'on substituera, dans l'équation de la surface,

$$x = \mu_1 z_1 + \mu_2 (z - z_1), \quad y = \nu_1 z_1 + \nu_2 (z - z_1), \quad z = z_1 + (z - z_1),$$

les termes qui contiennent $z - z_1$ à la première puissance seront nuls, ce qui dispense de les calculer.

499. Le coefficient de z_1^2 est nul aussi : en effet, d'après la dernière forme de l'équation du cylindre, on voit que ce coefficient est

$$BB'B'' \left(\frac{\mu_1}{B} + \frac{\nu_1}{B'} + \frac{1}{B''} \right)^2;$$

or on n'a pas seulement ($\S$ 478)

$$\frac{\mu}{B} + \frac{\nu}{B'} + \frac{1}{B''} = 0,$$

mais aussi ($\S$ 486)

$$\frac{\mu_1}{B} + \frac{\nu_1}{B'} + \frac{1}{B''} = 0,$$

même avec des coordonnées obliques.

500. On trouve pour coefficient de $(z - z_1)^2$,

$$BB'B'' \left(\frac{\mu_2}{B} + \frac{\nu_2}{B'} + \frac{1}{B''} \right)^2,$$

ce qui peut se calculer directement avec des coordonnées rectangulaires pour lesquelles

$$\mu_2 = \frac{B''}{B}, \qquad \nu_2 = \frac{B''}{B'}.$$

Alors on trouve

$$\frac{\mu_2}{B} + \frac{\nu_2}{B'} + \frac{1}{B''} = B'' \left(\frac{1}{B^2} + \frac{1}{B'^2} + \frac{1}{B''^2} \right).$$

Mais considérons ($\S$ 444) la relation

$$A\,\mu_2 + B''\,\nu_2 + B' = S_2 \left(\mu_2 + \nu_2 \cos xy + \cos xz \right),$$

et posons

$$A = \frac{B'B''}{B},$$

on a

$$B'B'' \left(\frac{\mu_2}{B} + \frac{\nu_2}{B'} + \frac{1}{B''} \right) = S_2 \left(\mu_2 + \nu_2 \cos xy + \cos xz \right),$$

ainsi que les deux relations analogues

$$BB'' \left(\frac{\mu_2}{B} + \frac{\nu_2}{B'} + \frac{1}{B''} \right) = S_2 \left(\nu_2 + \mu_2 \cos xy + \cos yz \right).$$
$$BB' \left(\frac{\mu_2}{B} + \frac{\nu_2}{B'} + \frac{1}{B''} \right) = S_2 \left(1 + \mu_2 \cos xz + \nu_2 \cos yz \right).$$

Multiplions la première par μ_2, la seconde par ν_2 et ajoutons-les toutes trois, on obtient

$$(B'B''\,\mu_2 + BB''\,\nu_2 + BB') \left(\frac{\mu_2}{B} + \frac{\nu_2}{B'} + \frac{1}{B''} \right) = BB'B'' \left(\frac{\mu_2}{B} + \frac{\nu_2}{B'} + \frac{1}{B''} \right)^2$$
$$= S_2 \left(1 + \mu_2 + \nu_2 + 2\mu_2 \cos xz + 2\nu_2 \cos yz + 2\mu_2 \nu_2 \cos xy \right).$$

Telle sera donc l'expression du coefficient de $(z - z_1)^2$; par conséquent, ce terme en $(z - z_1)^2$ sera $S_2 Y^2$.

501. Quant au terme en z_1, il est égal à

$$2 z_1 \left\{ BB'B'' \left(\frac{\alpha}{B} + \frac{\beta}{B'} \right) \left(\frac{\mu_1}{B} + \frac{\nu_1}{B'} + \frac{1}{B''} \right) + C \mu_1 + C' \nu_1 + C'' \right\},$$

ce qui se réduit à

$$2 z_1 (C \mu_1 + C' \nu_1 + C'').$$

Par conséquent, la substitution devient

$$S_2 Y^2 + 2 z_1 (C \mu_1 + C' \nu_1 + C'') = 0,$$

ou bien

$$S_2 Y^2 + \frac{2 X (C \mu_1 + C' \nu_1 + C'')}{\sqrt{1 + \mu_1^2 + \nu_1^2 + 2 \mu_1 \cos xz + 2 \nu_1 \cos yz + 2 \mu_1 \nu_1 \cos xy}} = 0.$$

Comme l'équation du cylindre parabolique s'écrit sous la forme

$$Y^2 = 2 P X,$$

on a donc

$$P = - \frac{(C \mu_1 + C' \nu_1 + C'')}{S_2 \sqrt{1 + \mu_1^2 + \nu_1^2 + 2 \mu_1 \cos xz + 2 \nu_1 \cos yz + 2 \mu_1 \nu_1 \cos xy}}.$$

502. Le signe de P peut toujours être pris positivement, mais il faut considérer celui de

$$Y^2 = - \frac{2 z_1 (C \mu_1 + C' \nu_1 + C'')}{S_2}.$$

En effet, comme Y^2 doit être positif, on voit que z_1 correspond à la partie positive de l'axe des X, si le signe de z_1 est contraire à celui de

$$\frac{C \mu_1 + C' \nu_1 + C''}{S_2}.$$

503. *Coordonnées rectangulaires.* — Dans ce cas, on sait que

$$S_2 = A + A' + A'',$$

et que le radical revient à

$$\sqrt{1 + \mu_1^2 + \nu_1^2}.$$

Du reste (§ 483),

$$\mu_1 = -\frac{BB'^2}{B''(B^2 + B'^2)}, \qquad \nu_1 = -\frac{B'B^2}{B''(B^2 + B'^2)}.$$

ce qui donne

$$1 + \mu_1^2 + \nu_1^2 = \frac{B''^2 B'^2 + B''^2 B^2 + B^2 B'^2}{B''^2(B^2 + B'^2)}.$$

VI. SURFACES DE RÉVOLUTION

504. Nous allons voir comment on peut toujours, même sans résoudre l'équation en S du troisième degré, reconnaître si une surface du second ordre est de révolution, et, dans ce cas, en déterminer tous les éléments : nous considérerons d'abord les surfaces à centre représentées par l'équation

$$A x^2 + A' y^2 + A'' z^2 + 2 B y z + 2 B' x z + 2 B'' x y + F = 0.$$

La méthode consiste à observer que, si la surface est de révolution, celui des axes principaux qui devient le rayon central a une direction indéterminée; donc, pour la valeur correspondante de S, les quantités μ et ν se présentent sous la forme $\frac{0}{0}$.

505. *Coordonnées rectangulaires.* — On a trouvé (§ 438)

$$\mu = \frac{B''S + BB' - A''B''}{BS + B'B'' - AB}, \qquad \nu = \frac{B''S + BB' - A''B''}{B'S + BB'' - A'B'}.$$

donc il faut poser

$$B''S + BB' - A''B'' = 0, \quad B'S + BB'' - A'B' = 0, \quad BS + B'B'' - AB = 0;$$

ce qui donne

$$S = A'' - \frac{BB'}{B''} = A' - \frac{BB''}{B'} = A - \frac{B'B''}{B}.$$

Ainsi, pour que la surface soit de révolution, on a les deux équations nécessaires et suffisantes

$$A - \frac{B'B''}{B} = A' - \frac{BB''}{B'} = A'' - \frac{BB'}{B''}.$$

506. Ayant la valeur S de la racine double, on demande la racine S_1 qui correspond à l'axe de révolution. Comme

$$S_1 + 2S = A + A' + A'',$$

ce qui est la somme des trois racines dans les cas d'axes rectangulaires ($\S$ 437), on a

$$S_1 - A'' = A + A' - 2S;$$

mais

$$2S = A + A' - \frac{BB''}{B'} - \frac{B'B''}{B},$$

d'où

$$S_1 - A'' = B'' \left(\frac{B}{B'} + \frac{B'}{B} \right) = \frac{B'' (B^2 + B'^2)}{BB'}.$$

On a

$$\mu_1 = \frac{B'' (S_1 - A'') + BB'}{B (S_1 - A) + B'B''},$$

et le numérateur de cette expression devient

$$\frac{B''^2 (B^2 + B'^2)}{BB'} + BB' = \frac{B''^2 B'^2 + B''^2 B^2 + B^2 B'^2}{BB'};$$

le dénominateur sera de même

$$\frac{B''^2 B'^2 + B''^2 B^2 + B^2 B'^2}{B'B''} :$$

donc

$$\mu_1 = \frac{B''}{B},$$

et aussi

$$\nu_1 = \frac{B''}{B'}.$$

Les équations de l'axe de révolution sont donc

$$B x = B' y = B'' z.$$

507. Le demi-axe principal dirigé suivant cet axe de révolution a pour carré $-\dfrac{F}{S_1}$. Pour exprimer S_1 d'une manière symétrique, on peut observer que la formule

$$S_1 - A'' = \frac{BB''}{B'} + \frac{B'B'}{B}$$

donne de même

$$S_1 - A' = \frac{BB'}{B''} + \frac{B''B'}{B}$$

et

$$S_1 - A = \frac{BB'}{B''} + \frac{BB''}{B'}.$$

Donc

$$3S_1 = A + A' + A'' + 2\left(\frac{B'B''}{B} + \frac{BB''}{B'} + \frac{BB'}{B''}\right).$$

508. Le plan des rayons centraux, étant perpendiculaire à l'axe de révolution, aura pour équation

$$\frac{x}{B} + \frac{y}{B'} + \frac{z}{B''} = 0.$$

Le rayon du cercle déterminé par ce plan sera

$$R^2 = -\frac{F}{S};$$

en ajoutant les trois valeurs de S (§ 505), on a l'expression symétrique

$$3S = A + A' + A'' - \frac{B'B''}{B} - \frac{BB''}{B'} - \frac{BB'}{B''}.$$

509. Ces formules peuvent être en défaut quand un des coefficients B, B′, B″ devient nul. Pour lever ces indéterminations, nous observerons que les conditions

$$A - \frac{B'B''}{B} = A' - \frac{BB''}{B'} = A'' - \frac{BB'}{B''}$$

peuvent se mettre, en chassant les dénominateurs, sous les formes suivantes

$$(A - A') \, BB' + B'' (B^2 - B'^2) = 0,$$
$$(A' - A'') B'B'' + B \, (B'^2 - B''^2) = 0,$$
$$(A'' - A) \, B''B + B' (B''^2 - B^2) = 0.$$

Si donc il arrive qu'un seul de ces trois coefficients soit nul, par exemple $B = 0$, la première de ces conditions donnerait

$$B'^2 B'' = 0,$$

et la troisième

$$B' B''^2 = 0,$$

ce qui est impossible, puisque B′ et B″ ne sont pas supposés nuls. Ainsi *quand un seul rectangle manque dans l'équation de la surface, cette surface n'est pas de révolution.*

510. Si l'on a, à la fois, $B = 0$, $B' = 0$, les conditions précédentes semblent satisfaites, mais cela peut tenir à ce que l'on a chassé les dénominateurs.

En général les deux dernières conditions, quand on les multiplie l'une par l'autre, donnent l'égalité

$$(A'' - A') (A'' - A) B''^2 = (B''^2 - B'^2) (B''^2 - B^2);$$

ce qui, pour $B = 0$, $B' = 0$, se réduit à

$$(A'' - A') (A'' - A) = B''^2,$$

condition qui reste encore à satisfaire pour que la surface soit de révolution.

511. Il vient alors, pour B et B' nuls, $S = A''$ (§ 505). Dans ce cas (§ 506),

$$S_1 = A + A' - A''.$$

Quant aux expressions $\mu_1 = \dfrac{B''}{B}$, $\nu_1 = \dfrac{B''}{B'}$, qui deviennent infinies, elles montrent que l'axe de révolution est contenu dans le plan des xy, où il serait représenté par

$$\frac{y}{x} = \frac{\nu_1}{\mu_1} = \frac{B}{B'}.$$

Mais, ce rapport étant indéterminé, considérons la seconde relation

$$(A'' - A')B'B'' = B(B'^2 - B''^2)$$

qui donne

$$\frac{B}{B'} = \frac{B''(A'' - A')}{B'^2 - B''^2}.$$

A la limite, où $B' = 0$, il reste

$$\frac{\nu_1}{\mu_1} = \frac{A' - A''}{B''},$$

d'où

$$B''y = (A' - A'')x,$$

équation qui, avec $z = 0$, représente l'axe de révolution.

512. Enfin, si l'on a aussi $B'' = 0$, la relation

$$B''^2 = (A'' - A)(A'' - A')$$

montre qu'on doit avoir $A'' = A$ ou $A'' = A'$. Soit, par exemple, $A'' = A'$: l'équation de la surface se réduit à

$$Ax^2 + A'y^2 + A'z^2 + F = 0$$

et représente évidemment une surface de révolution autour de l'axe des x.

513. *Coordonnées obliques.* — Les expressions du § 445

$$\mu = \frac{(S - A')(S\cos xz - B') - (S\cos xy - B'')(S\cos yz - B)}{(S\cos xy - B'')^2 - (S - A)(S - A')},$$

$$\nu = \frac{(S - A)(S\cos yz - B) - (S\cos xy - B'')(S\cos xz - B')}{(S\cos xy - B'')^2 - (S - A)(S - A')},$$

devant être indéterminées pour le rayon central, on posera

$$(S\cos xy - B'')^2 = (S - A)(S - A'),$$
$$(S\cos xz - B')(S - A') = (S\cos yz - B)(S\cos xy - B''),$$
$$(S\cos yz - B)(S - A) = (S\cos xz - B')(S\cos xy - B'').$$

On voit que le produit des deux dernières revient à la première.

514. Mais S entre au second degré dans le dénominateur et les numérateurs de ces expressions : il en résulte que chacune des équations en S que nous venons d'écrire est satisfaite pour la valeur convenable de S, mais qu'elle a aussi une racine étrangère. Pour obtenir la vraie racine, qui est commune aux trois équations, on peut éliminer S^2 entre deux d'entre elles, comme si c'étaient deux équations du premier degré à deux inconnues S et S^2.

515. En développant la première égalité, on obtient

$$S^2\sin^2 xy - S(A + A' - 2B''\cos xy) + AA' - B''^2 = 0 \qquad (1)$$

et la symétrie donne encore deux relations analogues.

Les deux autres égalités deviennent :

$$S^2(\cos xz - \cos xy\cos yz) - S(B' - B\cos xy - B''\cos yz + A'\cos xz) \\ + A'B' - BB'' = 0, \qquad (2)$$

$$S^2(\cos yz - \cos xy\cos xz) - S(B - B'\cos xy - B''\cos xz + A\cos yz) \\ + AB - B'B'' = 0, \qquad (3)$$

et la symétrie conduit encore à une troisième relation analogue.

516. On pourrait éliminer S^2 entre deux quelconques de ces six équations : cependant, si l'on choisissait deux d'entre elles, telles que (2) et (3), on arriverait à une valeur de S qui resterait indéterminée pour des coordonnées rectangulaires ; mais, en combinant (1) et (2), il vient

$$S = \frac{\sin^2 xy\,(\mathrm{A'B'} - \mathrm{BB''}) - (\cos xz - \cos xy \cos yz)\,(\mathrm{AA'} - \mathrm{B''^2})}{\sin^2 xy\,(\mathrm{B'} - \mathrm{B}\cos xy - \mathrm{B''}\cos yz + \mathrm{A'}\cos xz) - (\cos xz - \cos xy \cos yz)\,(\mathrm{A} + \mathrm{A'} - 2\mathrm{B''}\cos xy)} \quad (4)$$

517. En combinant (1) et (3), on trouve de même

$$S = \frac{\sin^2 xy\,(\mathrm{AB} - \mathrm{B'B''}) - (\cos yz - \cos xy \cos xz)\,(\mathrm{AA'} - \mathrm{B''^2})}{\sin^2 xy\,(\mathrm{B} - \mathrm{B'}\cos xy - \mathrm{B''}\cos xz + \mathrm{A'}\cos yz) - (\cos yz - \cos xy \cos xz)\,(\mathrm{A} + \mathrm{A'} - 2\mathrm{B}\cos xy)} \quad (5)$$

expression qui, du reste, se déduit de la précédente si l'on change les quantités relatives à x dans les quantités relatives à y, et réciproquement.

518. On aura donc une équation de condition en égalant deux valeurs de S, telles que (4) et (5).

Dans cette opération on reconnaît d'abord que les termes qui ne contiennent pas le facteur $\sin^2 xy$ se détruisent.

On peut donc supprimer ce facteur commun, puis réunir ceux qui ont encore $\sin^2 xy$ pour facteur ; enfin l'équation de condition devient

$$\left. \begin{aligned}
&\sin^2 xy\,\{\mathrm{B}(\mathrm{A'B'} - \mathrm{BB''}) - \mathrm{B'}(\mathrm{AB} - \mathrm{B'B''}) + \cos xy\,(\mathrm{AB}^2 - \mathrm{A'B'^2}) + 2(\mathrm{AA'} - \mathrm{B''^2})\,(\mathrm{A}\cos^2 yz - \mathrm{A'}\cos^2 xz)\} \\
&+ (\mathrm{AA'} - \mathrm{B''^2})\,\{\mathrm{A'}\cos xz(\cos yz - \cos xy \cos xz) - \mathrm{A}\cos yz(\cos xz - \cos xy \cos yz) + \mathrm{B''}(\cos^2 xz - \cos^2 yz)\} \\
&+ (\mathrm{A} + \mathrm{A'} - 2\mathrm{B''}\cos xy)\,\{(\mathrm{AB} - \mathrm{B'B''})\,(\cos xz - \cos xy \cos yz) - (\mathrm{A'B'} - \mathrm{BB''})\,(\cos yz - \cos xy \cos xz)\} = 0.
\end{aligned} \right\} \quad (6)$$

Cette relation entre A et A' en donne symétriquement deux autres entre A et A″, A' et A″ ; nous nous dispenserons de les écrire, mais chacune d'elles doit rentrer dans les deux autres, puisqu'il n'y a que deux conditions.

519. On aurait pu trouver ces conditions au moyen de l'équation en S : pour que la surface soit de révolution, il faut et il suffit que cette équation du troisième degré ait deux racines égales, ce qui semble ne donner qu'une condition. Mais, comme nous savons qu'il y en a deux, il faut nécessairement que cette équation de condition, unique en apparence, se décompose dans la somme de deux carrés : seulement les calculs seraient très-pénibles.

520. Connaissant la valeur convenable de S par l'une des expressions (4) ou (5), on a le carré du rayon central

$$R^2 = -\frac{F}{S}.$$

Dans l'une des relations qui commencent le § 445, telle que

$$\mu\,(S\cos xz - B') + \nu\,(S\cos yz - B) + S - A'' = 0,$$

posons $\mu = \dfrac{x}{z}$, $\nu = \dfrac{y}{z}$; il en résulte l'équation d'un plan qui sera celui des rayons centraux si S a la valeur convenable (4) ou (5). L'équation de ce plan est donc

$$x\,(S\cos xz - B') + y\,(S\cos yz - B) + z\,(S - A'') = 0.$$

521. Enfin l'axe de révolution est perpendiculaire à ce plan : mais soit S_1 la racine qui correspond à cet axe, et S la racine double, on sait que l'équation du troisième degré donne

$$S_1 + 2S = \frac{A\sin^2 yz + A'\sin^2 xz + A''\sin^2 xy - 2B(\cos yz - \cos xz\,\cos xy) - 2B'(\cos xz - \cos yz\,\cos xy) - 2B''\cos xy - \cos xz\,\cos y}{1 - \cos^2 yz - \cos^2 xz - \cos^2 xy + 2\cos xy\,\cos xz\,\cos yz}$$

ou, pour abréger,

$$S_1 + 2S = \rho.$$

On connaît donc $S_1 = \rho - 2S$ en remplaçant S par l'expression (4) ou (5).

Le carré du demi-axe de révolution sera $-\dfrac{F}{S_1}$. Enfin les coefficients angulaires μ_1 et ν_1 de cet axe se trouveront en remplaçant S par S_1 dans les expressions générales de μ et de ν (§ 445).

522. Il reste à examiner dans quelles circonstances les formules précédentes peuvent être en défaut.

Si nous indiquons, pour abréger, les formules (4) et (5) par $S = \dfrac{a}{b}$, $S = \dfrac{a'}{b'}$, l'équation de condition (6) sera

$$ab' - a'b = 0.$$

Or, si nous avons à la fois $a = 0$, $b = 0$, cette équation de condition sera satisfaite, ainsi que toutes celles qui pourraient être déduites de l'expression $S = \dfrac{a}{b}$. Cependant rien ne prouve que la surface soit de révolution tant qu'on n'a pas trouvé une seconde condition qui ne soit pas nécessairement satisfaite pour $a = 0$, $b = 0$: il faut aussi obtenir une valeur de S qui ne soit pas alors indéterminée.

Pour y parvenir, nous prendrons l'équation (1) :

$$S^2 \sin^2 xy - S(A + A' - 2B'' \cos xy) + AA' - B''^2 = 0$$

et nous la combinerons, en éliminant encore S^2, avec l'une des deux autres équations analogues,

$$S^2 \sin^2 xz - S(A + A'' - 2B' \cos xz) + AA'' - B'^2 = 0,$$

ce qui donnera

$$S = \frac{(AA'' - B'^2)\sin^2 xy - (AA' - B''^2)\sin^2 xz}{\sin^2 xy\,(A + A'' - 2B' \cos xz) - \sin^2 xz\,(A + A' - 2B'' \cos xy)}. \qquad (7)$$

On a symétriquement

$$S = \frac{(A'A'' - B^2)\sin^2 xy - (AA' - B''^2)\sin^2 yz}{\sin^2 xy\,(A' + A'' - 2B\cos yz) - \sin^2 yz\,(A + A' - 2B''\cos yz)}. \quad (8)$$

Égalant ces deux nouvelles expressions de S, observant que les termes indépendants de $\sin^2 xy$ se détruisent, et supprimant ce facteur, il reste :

$$\left. \begin{aligned} &\sin^2 yz\,\{(AA' - B''^2)(A + A'' - 2B'\cos xz) - (AA'' - B'^2)(A + A' - 2B''\cos xy)\} \\ +\,&\sin^2 xz\,\{(A'A'' - B^2)(A' + A - 2B''\cos xy) - (A'A - B''^2)(A' + A'' - 2B\cos yz)\} \\ +\,&\sin^2 xy\,\{(A''A - B'^2)(A'' + A' - 2B\cos yz) - (A''A' - B^2)(A + A'' - 2B'\cos xz)\} \end{aligned} \right\} = 0 \quad (9)$$

équation de condition symétrique entre x, y et z, et, par suite, plus convenable que toute autre pour suppléer à l'insuffisance accidentelle des formules déjà écrites.

523. Avec des *coordonnées rectangulaires*, la formule (7) devient

$$S = \frac{A(A'' - A') + B''^2 - B'^2}{A'' - A'},$$

et la symétrie donne

$$S = A + \frac{B''^2 - B'^2}{A'' - A'} = A' + \frac{B^2 - B''^2}{A - A''} = A'' + \frac{B'^2 - B^2}{A' - A}.$$

Enfin l'équation (9) devient

$$(A'A'' - B^2)(A' - A'') + (AA'' - B'^2)(A'' - A) + (AA' - B''^2)(A - A') = 0,$$

ce qui se ramène à

$$(A - A')(A' - A'')(A'' - A) + B^2(A' - A'') + B'^2(A'' - A) + B''^2(A - A') = 0;$$

mais nous n'avons pas eu besoin de ces formules.

524. *Paraboloïde et cylindre de révolution.* — On trouvera, comme pour les surfaces à centre, les conditions nécessaires pour que ces surfaces soient de révo-

lution, et aussi la valeur de S qui correspond à ces sections circulaires : en effet, la méthode qui consisterait à égaler les racines de l'équation du second degré en S serait assez compliquée, même avec des coordonnées rectangulaires.

Pour le paraboloïde de révolution, la direction de l'axe de révolution est toujours celle des diamètres.

Le sommet s'obtiendra comme à l'ordinaire; du reste, en substituant la valeur double de S, on a l'équation de la surface, qui devient alors

$$Y^2 + X^2 = 2PZ.$$

525. Quant au cylindre de révolution, les conditions et la racine double S étant obtenues comme ci-dessus, on a le carré du rayon $R^2 = -\dfrac{F}{S}$, car ici F est connu (§ 475).

Du reste, on trouvera, comme à l'ordinaire (§ 471), l'axe central en grandeur et en direction.

VII. SECTIONS CIRCULAIRES

526. On sait qu'il y a, dans les surfaces du second degré, deux directions de sections circulaires, et que l'intersection de deux plans appartenant à chacune de ces séries est parallèle à celui des axes principaux dont le carré est intermédiaire entre les deux autres. Donc, d'après la formule

$$R^2 = -\dfrac{F}{S},$$

on voit que *cette intersection correspond à celle des trois racines de l'équation en* S, *qui est comprise entre les deux autres.*

Cela s'étend évidemment au cône et même au paraboloïde elliptique, où la troisième racine est $S = 0$.

527. Considérons d'abord une surface donnée d'un centre unique où nous mettrons l'origine, et soit S_2 la racine intermédiaire entre les deux autres. Le plan central d'une section circulaire passera par le point dont les coordonnées sont z, $x = \mu_2 z$, $y = \nu_2 z$, c'est-à-dire par l'extrémité de l'axe correspondant; ainsi l'équation de ce plan est

ou bien
$$x - \mu_2 z + \lambda (y - \nu_2 z) = 0,$$
$$x + \lambda y = z (u_2 + \lambda \nu_2),$$

et il faut trouver λ.

Or, soient $x = \alpha z$, $y = \beta z$ les équations d'un diamètre quelconque contenu dans ce plan, on sait que la distance du centre au point où il rencontre la surface est R_2; posant même, pour plus de simplicité, $\beta = 0$, on aura
$$R_2^2 = z^2 (1 + \alpha^2 + 2\alpha \cos xz).$$

Pour indiquer que l'extrémité de cette distance est en effet sur la surface, on posera
$$z^2 (A \alpha^2 + A'' + 2B'\alpha) = -F;$$

enfin la condition nécessaire pour que ce diamètre soit contenu dans le plan en question s'exprime par
$$\alpha = \mu_2 + \lambda \nu_2,$$

puisque $y = \beta z = 0$. Il faudra substituer cette valeur dans l'égalité
$$R_2^2 (A \alpha^2 + A'' + 2B'\alpha) = -F (1 + \alpha^2 + 2\alpha \cos xz),$$

qui, à cause de $-\dfrac{F}{R_2^2} = S_2$, revient à

$$(S_2 - A)\, \alpha^2 - 2\,\alpha\,(B' - S_2 \cos xz) + S_2 - A'' = 0.$$

Donc

$$\mu_2 + \lambda \nu_2 = \frac{B' - S_2 \cos xz \pm \sqrt{(B' - S_2 \cos xz)^2 - (S_2 - A)(S_2 - A'')}}{S_2 - A},$$

et comme on connaît μ_2 et ν_2 par la valeur de S_2, on trouve les deux expressions de λ pour déterminer les plans cherchés.

528. Comme il ne s'agit ici que de directions, ce qui précède s'appliquera de même aux surfaces dépourvues de centre unique, mais qui peuvent avoir des sections circulaires, c'est-à-dire le paraboloïde et le cylindre elliptiques.

529. *Dans une surface du second degré, deux cercles appartenant, l'un à une série, l'autre à une autre, sont situés sur une même sphère* (fig. 37). — Prenons pour plan de la figure celui de la section principale perpendiculaire à l'axe qui est parallèle aux intersections des sections circulaires : le centre C de cette section est donc celui de la surface.

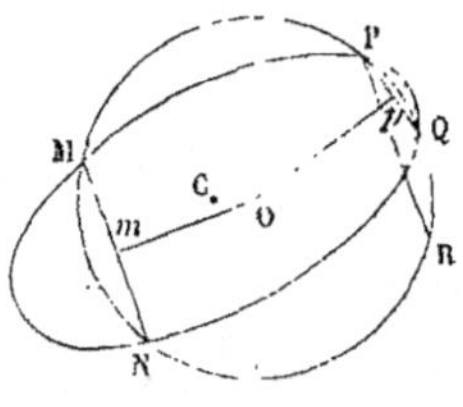

Fig. 37.

Soient MN et PQ les diamètres suivant lesquels ce plan principal coupe les deux sections circulaires données, et faisons passer par trois, M, N, P, de ces quatre points, un cercle dont le centre O sera, en général, différent du point C. Concevons une sphère du même centre O et du même rayon OM que ce cercle; il est clair que le cercle MN est contenu sur cette sphère, c'est-à-dire qu'il est une des intersections de la sphère avec la surface donnée. Mais, cette intersection étant plane, on sait (§ 221) qu'il existe une autre intersection plane, qui même sera encore un cercle, puisqu'elle appartient à une sphère.

Ce cercle sera aussi compris dans l'une des séries de sections circulaires, mais il ne peut être le cercle PR parallèle à MN, car alors ces deux cercles, appartenant à la même série de sphères, devraient avoir leurs centres sur un diamètre perpendiculaire à leurs plans. Alors la ligne mOp, étant droite, serait le diamètre conjugué des sections circulaires MN et PR : en même temps, elle leur serait perpendiculaire, ce qui n'a lieu que pour une surface de révolution ; dans ce cas, PQ et PR se confondent.

Ainsi la seconde section est le cercle PQ.

VIII. GÉNÉRATRICES RECTILIGNES

530. Il suffira d'appliquer aux équations générales les méthodes employées pour les équations relatives aux diamètres conjugués. Ainsi, nous avons vu (§ 255) que l'équation générale d'un *hyperboloïde à une nappe* peut se mettre sous la forme

$$M^2 X^2 + N^2 Y^2 - P^2 Z^2 = R^2,$$

dans laquelle X, Y, Z sont des polynômes tels que

$$\alpha x + \beta y + \gamma z + \delta,$$

et M, N, P, R sont des fonctions des coefficients de l'équation donnée.

On voit alors que les équations d'un système de généralrices s'écrivent

$$MX = PZ\cos\varphi + R\sin\varphi, \quad NY = PZ\sin\varphi - R\cos\varphi,$$

et celles du second système sont données par

$$MX = PZ\cos\varphi' - R\sin\varphi', \quad NY = PZ\sin\varphi' + R\cos\varphi'.$$

Ici φ et φ' sont des angles quelconques.

531. Dans les mêmes conditions, l'équation générale d'un *paraboloïde hyperbolique* étant

$$M^2 X^2 - N^2 Y^2 = 2 PZ,$$

un système de génératrices rectilignes sera donné par les équations

$$MX = Z\tang\varphi + P\cot\varphi, \quad NY = Z\tang\varphi - P\cot\varphi,$$

et l'autre système par les équations

$$MX = Z\tang\varphi' + P\cot\varphi', \quad NY = P\cot\varphi' - Z\tang\varphi'.$$

532. Les formules des numéros précédents correspondent au *cône* si $R = 0$, au *cylindre elliptique* si $P = 0$ et au *cylindre hyperbolique* si $N = 0$.

Seulement, pour ces surfaces, on sait que les deux systèmes se réduisent à un seul, comme on le reconnaît encore ici.

533. Enfin, si l'on veut avoir, pour un point donné d'une surface réglée, les génératrices rectilignes qui passent par ce point, on substituera les coordonnées correspondantes dans les équations d'une génératrice, telles que

$$MX = PZ\cos\varphi + R\sin\varphi, \quad NY = PZ\sin\varphi - R\cos\varphi;$$

en les ajoutant et les retranchant, on aura $\sin\varphi$ et $\cos\varphi$. Comme vérification, et pour que le point donné soit en effet sur la surface, on devra avoir

$$\sin^2\varphi + \cos^2\varphi = 1.$$

De même, pour le paraboloïde hyperbolique, on trouvéra $\tang\varphi$ et $\cot\varphi$, avec la condition

$$\tang\varphi\,\cot\varphi = 1.$$

On voit que cette méthode consiste d'abord à ramener l'équation d'une surface gauche du second degré, de la forme générale à la forme simplifiée ordinaire, par la division en carrés, ce qui permet de mettre en évidence les génératrices rectilignes.

CHAPITRE XI

CONIQUES SPHÉRIQUES

I. FOCALES D'UN CONE DU SECOND DEGRÉ

534. *Ellipse sphérique* (fig. 38) (1). — Imaginons une sphère de rayon quelconque $OC = R$ qui ait pour centre le sommet O d'un cône du second degré représenté par l'équation

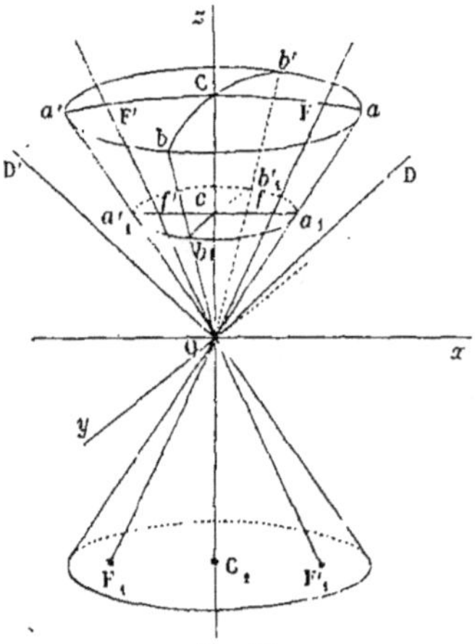

$$\frac{x^2}{a^2} + \frac{y^2}{b^2} - \frac{z^2}{c^2} = 0.$$

Chaque nappe du cône détermine sur la sphère une *ellipse sphérique*, telle que $ab\,a'b'$: l'ensemble de ces deux ellipses s'appelle *conique sphérique*. (Les axes sont rectangulaires.)

Fig. 38.

(1) Comme l'axe des x est pris généralement pour le grand axe d'une

On comprend qu'il ne faut pas confondre l'ellipse sphérique $ab\,a'b'$ avec l'ellipse plane $a_1 b_1 a_1' b_1'$ qui sert de base au cône. Celle-ci est contenue dans un plan perpendiculaire à l'axe des z sur lequel se trouve son centre à la distance arbitraire de $Oc = c$. En effet, le contour $ab\,a'b'$ de l'ellipse sphérique étant sur une sphère, ne pourrait être aussi sur un plan que si le cône était de révolution ; alors ce contour serait une circonférence de cercle.

535. Nous chercherons d'abord des points que nous puissions considérer comme les *foyers* d'une conique sphérique ; pour cela, nous commencerons par rappeler le problème traité au chapitre IX et ainsi conçu (§ 593) :

Trouver le lieu des points tels, que les distances de chacun d'eux à une droite et à un plan fixes soient dans un rapport constant.

D'ailleurs, cette question est facile à traiter directement.

En effet, prenons pour origine des coordonnées rectangulaires, mais d'ailleurs quelconques (le lecteur est prié de faire la figure), le point où la droite perce le plan, et soient α, β, γ les cosinus des angles que fait la droite avec les axes : on sait que la distance du point à la droite a pour carré

$$x^2 + y^2 + z^2 - (\alpha x + \beta y + \gamma z)^2.$$

De même, la distance du point au plan aura pour carré

$$(\alpha' x + \beta' y + \gamma' z)^2,$$

ellipse, nous revenons ici à l'usage de mettre cet axe dans le plan de la figure, afin de montrer les focales dans leur vraie position.

en indiquant par α', β', γ' les cosinus des angles que la normale à ce plan donné fait avec les axes ; cela tient à ce que ce plan passe par l'origine.

Enfin, soit K le rapport constant, on a l'équation

$$x^2 + y^2 + z^2 - (\alpha x + \beta y + \gamma z)^2 = K^2 (\alpha' x + \beta' y + \gamma' z)^2,$$

ce qui représente un cône. La droite et le plan donné sont ce qu'on appelle une *ligne focale* et son *plan directeur* correspondant.

536. Revenons à la figure 38 pour identifier ce cône avec le cône donné. Les points F et F' où les focales OF, OF' coupent l'ellipse sphérique $ab\,a'b'$ s'appellent les *foyers* de cette ellipse ; chaque plan directeur coupe la sphère suivant une circonférence de grand cercle que l'on appelle *directrice* : nous reviendrons sur ces points et ces lignes.

Maintenant, afin d'identifier avec

$$\frac{c^2}{a^2} x^2 + \frac{c^2}{b^2} y^2 = z^2$$

l'équation du cône trouvé pour lieu géométrique, il faudra de même isoler le terme en z^2, et égaler son coefficient à l'unité, ce qui donne les égalités

$$\frac{c^2}{a^2} = \frac{1 - \alpha^2 - K^2 \alpha'^2}{K^2 \gamma'^2 + \gamma^2 - 1}, \quad \frac{c^2}{b^2} = \frac{1 - \beta^2 - K^2 \beta'^2}{K^2 \gamma'^2 + \gamma^2 - 1}.$$

En outre, on a

$$\alpha\beta + K^2 \alpha'\beta' = 0, \quad \alpha\gamma + K^2 \alpha'\gamma' = 0, \quad \beta\gamma + K^2 \beta'\gamma' = 0,$$

à quoi il faut ajouter les relations

$$\alpha^2 + \beta^2 + \gamma^2 = 1, \quad \alpha'^2 + \beta'^2 + \gamma'^2 = 1,$$

qui tiennent à ce que les axes sont rectangulaires.

On voit que le problème est inverse de celui que nous avons rappelé, c'est-à-dire que, étant donné le cône, on demande la focale et son plan directeur, qui passent, comme on le sait, par le sommet du cône; il faut déterminer α, β, γ et α', β', γ', ainsi que le rapport K.

537. Observons avant tout que deux des six cosinus indiqués doivent être nuls. En effet, multiplions terme à terme les égalités

$$K^2 \alpha' \beta' = -\alpha\beta, \quad K^2 \alpha' \gamma' = -\alpha\gamma,$$

il vient

$$K^4 \alpha'^2 \beta' \gamma' = \alpha^2 \beta\gamma.$$

Mais comme

$$\beta\gamma = -K^2 \beta' \gamma',$$

il reste

$$K^2 \alpha'^2 + \alpha^2 = 0,$$

et comme le rapport K ne peut être nul, il semble que l'on ait $\alpha = 0$, $\alpha' = 0$. Cependant, comme on obtiendrait de même

$$K^2 \beta'^2 + \beta^2 = 0 \quad \text{et} \quad K^2 \gamma'^2 + \gamma^2 = 0,$$

et que ces relations ne peuvent coïncider, il faut choisir un de ces trois systèmes.

D'abord, il faut rejeter le système $\gamma = 0$, $\gamma' = 0$. En effet, l'égalité $\gamma' = 0$ signifie que le plan des xy contiendrait la normale au plan directeur, lequel, d'après cela, passerait par l'axe des z qui est celui du cône. Donc ce plan contiendrait deux génératrices du cône, ce qui est impossible, car la distance d'un point quelconque de ces génératrices au plan directeur étant nulle, ne pourrait avoir le rapport fixe K avec la distance de ce même point à la focale correspondante, qui serait dans le plan des xy, puisque l'on aurait $\gamma = 0$.

Du reste, on voit par ce raisonnement qu'un plan directeur n'a d'autre point commun avec le cône que le sommet.

538. Ensuite, pour choisir entre les systèmes $\beta = 0$, $\beta' = 0$ et $\alpha = 0$, $\alpha' = 0$, supposons $a > b$ et essayons d'abord $\beta = 0$, $\beta' = 0$, en cherchant à déterminer K, $\dfrac{\alpha}{\gamma}$ et $\dfrac{\alpha'}{\gamma'}$.

Les égalités du § 536 deviennent

$$\alpha^2 + \gamma^2 = 1, \ (1) \quad \alpha'^2 + \gamma'^2 = 1, \ (2) \quad \mathrm{K}^2\alpha'\gamma' + \alpha\gamma = 0, \ (3)$$
$$\mathrm{K}^2\gamma'^2 + \gamma^2 - 1 = \frac{b^2}{c^2}, \quad (4)$$

et aussi, d'après cette dernière,

$$\mathrm{K}^2\alpha'^2 + \alpha^2 - 1 = -\frac{b^2}{a^2}. \quad (5)$$

Ajoutons ces deux dernières, on trouve, à cause de (1) et (2),

$$\mathrm{K}^2 - 1 = b^2\left(\frac{1}{c^2} - \frac{1}{a^2}\right),$$

d'où

$$\mathrm{K}^2 = \frac{a^2 b^2 + a^2 c^2 - b^2 c^2}{a^2 c^2}.$$

Ensuite, l'égalité (4), à cause de (1), revient à

$$\mathrm{K}^2\gamma'^2 = \alpha^2 + \frac{b^2}{c^2}$$

De même (5) donnera

$$\mathrm{K}^2\alpha'^2 = \gamma^2 - \frac{b^2}{a^2}:$$

multipliant, et ayant égard à (3), on a

$$0 = \frac{b^2\gamma^2}{c^2} - \frac{b^2\alpha^2}{a^2} - \frac{b^4}{a^2 c^2},$$

ce qui donne

$$a^2 \gamma^2 - c^2 \alpha^2 = b^2.$$

Entre l'équation (1) et celle-ci, éliminant successivement γ^2 et α^2, on obtient

$$\alpha^2 = \frac{a^2 - b^2}{a^2 + c^2}.$$

et

$$\gamma^2 = \frac{b^2 + c^2}{a^2 + c^2};$$

de là

$$\frac{\alpha^2}{\gamma^2} = \frac{a^2 - b^2}{b^2 + c^2}.$$

539. Cette quantité $\dfrac{\alpha^2}{\gamma^2}$ est positive comme elle doit l'être, parce que $a^2 > b^2$, d'après ce qu'on a supposé.

Mais si, au lieu du système $\beta = 0$, $\beta' = 0$, on avait pris $\alpha = 0$, $\alpha' = 0$, on aurait eu, pour $\dfrac{\beta^2}{\gamma^2}$, une valeur négative, ce qui est impossible.

540. *Équations des focales et des plans directeurs.* — D'après ce qui précède, il y a deux focales contenues dans le plan des xz, puisque $\beta = 0$: elles ont donc pour équation commune $y = 0$, ensuite chacune d'elles a pour équation l'une des expressions de

$$x = \frac{\alpha}{\gamma} z,$$

en posant

$$\frac{\alpha}{\gamma} = \pm \sqrt{\frac{a^2 - b^2}{b^2 + c^2}}.$$

Quant aux plans directeurs, puisque $\beta' = 0$, ils sont perpendiculaires au plan des zx, c'est-à-dire que leur équation est celle de leur trace sur ce plan.

L'équation d'un plan passant par l'origine étant en général

$$\alpha' x + \beta y' + \gamma' z = 0,$$

la condition $\beta' = 0$ donne

$$x = - \frac{\gamma'}{\alpha'} z.$$

On trouvera α'^2 et γ'^2 en remplaçant, dans (4) et (5), γ^2 et α^2 par leurs valeurs. Alors

$$K^2 \gamma'^2 = \frac{a^2 (b^2 + c^2)}{c^2 (a^2 + c^2)}, \qquad K^2 \alpha'^2 = \frac{c^2 (a^2 - b^2)}{a^2 (a^2 + c^2)},$$

où l'on peut remplacer K^2 par sa valeur. De plus, on a, par la division

$$\frac{\gamma'^2}{\alpha'^2} = \frac{a^4 (b^2 + c^2)}{c^4 (a^2 - b^2)} = \frac{a^4}{c^4} \cdot \frac{\gamma^2}{\alpha^2}.$$

541. Il reste à chercher la correspondance de chaque ligne focale avec son plan directeur.

Pour cela, reprenons la formule

$$K^2 \alpha' \gamma' = - \alpha \gamma.$$

On voit que $\alpha' \gamma'$ et $\alpha \gamma$ sont de signe contraire; il en sera de même pour $\frac{\gamma'}{\alpha'}$ et $\frac{\alpha}{\gamma}$. Or, comme une ligne focale et son plan directeur correspondant sont représentés par

$$x = \frac{\alpha}{\gamma} z \quad \text{et} \quad x = - \frac{\gamma'}{\alpha'} z,$$

on conçoit que le premier système sera donné par

$$\frac{\alpha}{\gamma} = + \sqrt{\frac{a^2 - b^2}{b^2 + c^2}}, \qquad - \frac{\gamma'}{\alpha'} = + \frac{a^2}{c^2} \sqrt{\frac{b^2 + c^2}{a^2 - b^2}}.$$

Ainsi l'une des lignes focales ayant pour équations

$$y = 0, \qquad x = z \sqrt{\frac{a^2 - b^2}{b^2 + c^2}},$$

son plan directeur sera représenté par

$$x = z \cdot \frac{a^2}{c^2} \sqrt{\frac{b^2 + c^2}{a^2 - b^2}}.$$

De même l'autre système sera représenté par

$$y = 0 \quad \text{et} \quad x = -z \sqrt{\frac{a^2 - b^2}{b^2 + c^2}}$$

pour la focale, et par

$$x = -z \frac{a^2}{c^2} \sqrt{\frac{b^2 + c^2}{a^2 - b^2}}$$

pour son plan directeur.

II. PROPRIÉTÉS DES FOCALES ET DES PLANS DIRECTEURS

542. D'après la définition (§ 535)

$$\cos z\,\mathrm{OF} = \gamma = \pm \sqrt{\frac{b^2 + c^2}{a^2 + c^2}} \quad (\S\ 538).$$

Or, les axes étant rectangulaires, on a (en indiquant par $\mathrm{O}a$, $\mathrm{O}b$ les génératrices suivant lesquelles le cône est coupé par les plans $z\mathrm{O}x$ et $z\mathrm{O}y$) :

$$\operatorname{tang} z\,\mathrm{O}\,a = \frac{a}{c},$$

d'où

$$\cos z\,\mathrm{O}\,a = \frac{1}{\sqrt{1 + \frac{a^2}{c^2}}} = \frac{c}{\sqrt{a^2 + c^2}};$$

de même

$$\cos z\,\mathrm{O}\,b = \frac{c}{\sqrt{b^2 + c^2}}$$

de là on conclut

$$\cos z\,\mathrm{OF} = \pm \frac{\cos z\,\mathrm{O}\,a}{\cos z\,\mathrm{O}\,b}.$$

D'après cela, nous allons chercher l'angle bOF.

Soit f le point où OF perce l'ellipse plane ca_1b_1, il s'agit donc de calculer l'angle b_1Of. Or, d'après ce qui précède,

$$0\,b_1 = \sqrt{b^2 + c^2},$$

en prenant $0c = c$ et aussi $\overline{cb_1}^2 = b^2$. Ensuite les équations de OF étant

$$y = 0 \quad \text{et} \quad x = \frac{\alpha}{\gamma}z,$$

où

$$\frac{\alpha}{\gamma} = \sqrt{\frac{a^2 - b^2}{b^2 + c^2}},$$

on a

$$\overline{cf}^2 = \frac{c^2(a^2 - b^2)}{b^2 + c^2},$$

d'où l'on conclut

$$\overline{0f}^2 = \frac{a^2 + c^2}{b^2 + c^2},$$

et nous aurons, puisque $b_1\,cf$ est droit,

$$\overline{b_1f}^2 = \overline{cb_1}^2 + \overline{cf}^2.$$

Mais

$$\cos b_1\,0f = \cos b\,\mathrm{OF} = \frac{\overline{0\,b_1}^2 + \overline{0f}^2 - \overline{b_1f}^2}{2\,0\,b_1.0f}.$$

Remplaçant ces côtés par leurs expressions et réduisant, on trouve

$$\cos b\,\mathrm{OF} = \frac{c}{\sqrt{a^2 + c^2}} = \cos z\,0\,a.$$

De là ce théorème :

Les focales sont les traces, sur le plan $z0x$, du cône de révolution décrit autour de $0b$ avec l'angle $z0a$.

543. Soient OD, OD′ les traces des plans directeurs sur le plan $z0x$, je dis que *chacune de ces traces est la conjuguée de la focale correspondante dans un faisceau*

harmonique dont les autres droites conjuguées sont les géné-ratrices contenues dans le même plan.

Ainsi Oa et Oa', OF et OD font un faisceau har-monique.

Pour le démontrer, posons

$$\operatorname{tang} z\,OD = a_1, \quad \operatorname{tang} z\,Oa = a_2, \quad \operatorname{tang} z\,OF = a_3,$$
$$\operatorname{tang} z\,Oa' = a_4 = -\,a_2,$$

nous remarquerons d'abord que $y = 0$ donne, dans l'équation du cône,

$$x^2 = \frac{a^2}{c^2}\,z^2,$$

d'où

$$a_2 = \frac{a}{c}, \quad a_4 = -\,\frac{a}{c}.$$

Ensuite, comme nous venons de le voir ($\S$ 541),

$$a_3 = \sqrt{\frac{a^2 - b^2}{b^2 + c^2}}, \quad a_4 = \frac{a^2}{c^2}\sqrt{\frac{b^2 + c^2}{a^2 - b^2}}.$$

Or on sait que quatre droites harmoniques $z = a_1 x$, $z = a_2 x$, $z = a_3 x$, $z = a_4 x$ donnent, en coupant une pa-rallèle à l'axe des z, la condition

$$(a_1 + a_3)(a_2 + a_4) = 2\,(a_1 a_3 + a_2 a_4).$$

Mais ici, comme

$$a_4 = -\,a_2,$$

il reste

$$a_1 a_3 = a_2{}^2 ;$$

En effet, cette valeur commune est $\dfrac{a^2}{c^2}$.

De même Oa et Oa' font un second faisceau harmoni-que avec OF' et OD'.

544. On est porté à se demander si les foyers des co-niques obtenues en coupant le cône par différents plans

coïncident avec les intersections des focales par ces plans. C'est ce que nous trouverons, en effet (§ 546), pour des sections perpendiculaires aux focales ; mais il n'en est pas ainsi pour les sections perpendiculaires à Oz. En effet, pour prouver que f n'est pas un foyer, il faut observer qu'on a trouvé (§ 542)

$$\overline{cf}^2 = \frac{c^2(a^2 - b^2)}{b^2 + c^2};$$

or, si f était un foyer de $a_1 b_1$, on aurait

$$\overline{cf}^2 = a^2 - b^2,$$

d'où

$$c^2 = b^2 + c^2,$$

ce qui est impossible.

545. Du moins nous allons démontrer le théorème suivant :

Le plan directeur est le lieu des polaires que donne, relativement à chaque ellipse perpendiculaire à l'axe des z, le point où le plan de cette ellipse coupe la focale correspondante.

En effet, à cette hauteur $z = c$, qui du reste est arbitraire, le plan de l'ellipse représentée par

$$\frac{x^2}{a^2} + \frac{y^2}{b^2} = 1,$$

coupe la focale dont les équations sont

$$y = 0, \quad x = \frac{\alpha}{\gamma} z,$$

en un point pour lequel

$$x' = \frac{\alpha}{\gamma} c.$$

Comme d'ailleurs $y' = 0$, la polaire de ce point dans le plan de l'ellipse donnera

$$\frac{xx'}{a^2} = 1,$$

ou
$$x = \frac{a^2}{x'} = \frac{a^2\gamma}{\alpha c}.$$

Ce même plan $z = c$ coupera le plan directeur (§ 541) suivant une droite représentée par

$$x = \frac{\gamma' c}{\alpha'},$$

et, si la proposition est vraie, on doit avoir

$$\frac{\gamma' c}{\alpha'} = \frac{a^2\gamma}{\alpha c},$$

ce qui revient à

$$\frac{\gamma'}{\alpha'} = \frac{a^2\gamma}{c^2\alpha},$$

comme à la fin du § 540.

Cette propriété, qui appartient aussi à un foyer comparé à sa directrice, pourrait induire en erreur et faire croire que f est un foyer, si l'on n'avait pas démontré le contraire au numéro précédent.

546. *Lorsqu'on coupe le cône par un plan perpendiculaire à l'une des focales, la conique d'intersection a pour foyer le point où le plan sécant rencontre la focale, et pour directrice la droite suivant laquelle ce plan coupe le plan directeur correspondant.*

Cela tient aux définitions elles-mêmes : en effet, imaginons sur la figure, par un point f de la focale, le plan perpendiculaire à cette droite, ainsi que la ligne Dd où ce plan coupe le plan directeur; concevons aussi un point quelconque M de la section conique dont il s'agit. Comme le plan de cette section est perpendiculaire à OF, on voit que Mf est la distance de ce plan à la focale : ensuite, imaginons MR perpendiculaire au plan directeur, on sait que $Mf = K \cdot MR$.

Maintenant, concevons dans le plan de la conique Md perpendiculaire sur l'intersection Dd de ce plan avec le plan directeur; on sait, par le théorème des trois perpendiculaires, que Md est la perpendiculaire menée, dans le plan sécant, du point M à Dd. On a alors

$$MR = M d \sin d,$$

en indiquant par d l'angle du plan sécant et du plan directeur. Ces plans étant tous deux perpendiculaires au plan zOx, leur angle est celui de leurs traces sur ce plan. Celle du plan directeur est OD; quant à celle du plan sécant, elle est perpendiculaire à OF.

Par conséquent

$$\sin d = \cos FOD,$$

et il en résulte

$$Mf = K \cos FOD . M d,$$

ce qui démontre la proposition.

Au moyen de la valeur connue de $\dfrac{\alpha}{\gamma}$ dans les équations de OF et de OD, on trouvera, après réduction,

$$\tan g\, FOD = \frac{b^2}{\sqrt{(a^2 - b^2)(b^2 + c^2)}}.$$

547. *Une génératrice du cône fait avec les focales des angles dont la somme est constante.* — Soient φ et φ' les angles que fait cette génératrice OM, que l'on peut imaginer sur le cône, avec OF et OF', et posons

$$OM = r = 1.$$

Soient x, y, z les coordonnées du point M et cherchons l'angle φ par la formule

$$\cos rr' = \cos xr \cos xr'$$
$$+ \cos yr \cos yr'$$
$$+ \cos zr \cos zr' = \cos \varphi,$$

relative à des axes rectangulaires.

Ici $\cos yz' = 0$, puisque la focale est, dans le plan zOx, perpendiculaire à Oy. D'ailleurs, puisque $r = 1$, on a

$$\cos xr = x, \qquad \cos zr = z.$$

Ensuite. nous avons vu que l'équation de OF dans le plan zOx est

$$\frac{x}{\alpha} = \frac{z}{\gamma};$$

donc

$$\alpha = \cos xr', \qquad \gamma = \cos zr',$$

et il reste

$$\cos \varphi = x\alpha + z\gamma;$$

de même

$$\cos \varphi' = z\gamma - x\alpha.$$

Maintenant, comme le triangle rectangle MOf, où Mf est la distance du point M à OF (on peut toujours supposer qu'il en est ainsi), donne

$$Mf = \sin \varphi,$$

à cause de $OM = 1$, il faut comparer $\sin\varphi$ à la distance MR du point M au plan directeur. Or, l'équation de ce plan étant (§ 540)

$$\alpha' x + \gamma' y = 0,$$

on a aussi

$$MR = \alpha' x + \gamma' z;$$

donc

$$\sin \varphi = K (\alpha' x + \gamma' z),$$

d'après les définitions de la focale et du plan directeur. L'usage que l'on fait de ces définitions montre que le point M est sur le cône, comme cela doit être.

On aura de même

$$\sin \varphi' = K (\gamma' z - \alpha' x).$$

Par conséquent

$$\cos (\varphi + \varphi') = z^2\gamma^2 - x^2\alpha^2 - K^2 (z^2\gamma'^2 - x^2\alpha'^2)$$
$$= z^2 (\gamma^2 - K^2\gamma'^2) + x^2 (K^2\alpha'^2 - \alpha^2).$$

Mais l'égalité (4) donne

$$\gamma^2 - K^2 \gamma'^2 = 2\gamma^2 - 1 - \frac{b^2}{c^2},$$

ou bien, comme

$$\gamma^2 = \frac{b^2 + c^2}{a^2 + c^2},$$

on a, en réduisant,

$$\gamma^2 - K^2 \gamma'^2 = \frac{(b^2 + c^2)(c^2 - a^2)}{c^2(a^2 + c^2)}.$$

On aura de même

$$K^2 \alpha'^2 - \alpha^2 = \frac{(a^2 - b^2)(c^2 - a^2)}{a^2(a^2 + c^2)}.$$

Par conséquent

$$\frac{(a^2 + c^2)\cos(\varphi + \varphi')}{c^2 - a^2} = \frac{z^2}{c^2}(b^2 + c^2) + \frac{x^2}{a^2}(a^2 - b^2).$$

Mais aussi on a l'équation du cône

$$\frac{x^2}{a^2} + \frac{y^2}{b^2} - \frac{z^2}{c^2} = 0$$

avec la relation

$$x^2 + y^2 + z^2 = 1,$$

puisque OM $= 1$. Éliminant y, il reste

$$\frac{x^2}{a^2}(a^2 - b^2) + \frac{z^2}{c^2}(b^2 + c^2) = 1;$$

donc

$$\cos(\varphi + \varphi') = \frac{c^2 - a^2}{c^2 + a^2};$$

ainsi $\varphi + \varphi'$ est constant.

548. De plus on a

$$\tan g\, zOa = \frac{a}{c} \quad \text{et} \quad \cos^2 zOa = \frac{c^2}{a^2 + c^2}, \quad \sin^2 zOa = \frac{a^2}{a^2 + c^2}.$$

Donc, comme $aOa' = 2.zOa$, on a

$$\cos aOa' = \frac{c^2 - a^2}{a^2 + c^2}$$

et enfin $\varphi + \varphi' = aOa'$.

549. Puisque $MOF = \varphi$, on a $MOF_1 = 180 - \varphi$, OF_1 étant le prolongement de OF, et $MOF' = \varphi'$ donne $MOF'_1 = 180 - \varphi'$; donc

$$MOF_1 + MOF'_1 = 360 - aOa'.$$

Mais si l'on considère deux foyers qui ne soient pas dans une même ellipse sphérique, ce n'est plus la *somme*, c'est la *différence* des angles qui est constante. En effet,

$$MOF'_1 - MOF = 180 - (\varphi' + \varphi) = 180 - aOa'$$

et l'on a la même valeur pour $MOF_1 - MOF'$.

550. *Le plan tangent suivant une génératrice fait des angles égaux avec les plans qui contiennent cette génératrice et chacune des lignes focales.*

Rappelons qu'en cherchant l'équation du plan tangent à l'hyperboloïde à une nappe relativement à une génératrice rectiligne, nous avons trouvé incidemment que l'équation d'un plan tangent au cône était toujours de la forme

$$\frac{x}{a}\cos\varphi + \frac{y}{b}\sin\varphi = \frac{z}{c},$$

l'angle φ étant arbitraire.

Du reste, cela est facile à vérifier, car, substituant cette valeur de $\frac{z}{c}$ dans l'équation du cône, qui est $\frac{x^2}{a^2} + \frac{y^2}{b^2} - \frac{z^2}{c^2} = 0$, développant et réduisant, il reste

$$\left(\frac{x}{a}\sin\varphi - \frac{y}{b}\cos\varphi\right)^2 = 0.$$

Ainsi la solution est unique; cela posé on a donc deux équations de la génératrice de contact : l'une est celle du plan,

$$\frac{x}{a}\cos\varphi + \frac{y}{b}\sin\varphi = \frac{z}{c},$$

et l'autre est

$$\frac{x}{a}\sin\varphi - \frac{y}{b}\cos\varphi = 0.$$

Multipliant la première égalité par $\cos\varphi$, la seconde par $\sin\varphi$ et ajoutant, il reste

$$\frac{x}{a} = \frac{z}{c}\cos\varphi ;$$

de même

$$\frac{y}{b} = \frac{z}{c}\sin\varphi.$$

Nous pouvons admettre que cet angle arbitraire φ est, comme ci-dessus, l'angle de OM avec OF.

Tout plan passant par cette génératrice de contact a une équation de la forme

$$A\left(x - \frac{az\cos\varphi}{c}\right) + B\left(y - \frac{bz\sin\varphi}{c}\right) = 0,$$

et nous allons chercher la condition pour que ce plan soit normal au cône. Le coefficient de z est

$$C = -\frac{1}{c}(Aa\cos\varphi + Bb\sin\varphi);$$

du reste, les coefficients analogues du plan tangent étant

$$A' = \frac{\cos\varphi}{a}, \quad B' = \frac{\sin\varphi}{b}, \quad C' = -\frac{1}{c},$$

la condition est

$$AA' + BB' + CC' = 0,$$

ce qui donne

$$\frac{A}{B} = -\frac{a\sin\varphi\,(b^2 + c^2)}{b\cos\varphi\,(a^2 + c^2)},$$

ou bien

$$A = a\sin\varphi\,(b^2 + c^2), \quad B = -b\cos\varphi\,(a^2 + c^2).$$

L'équation du plan normal est donc

$$xa\sin\varphi\,(b^2 + c^2) - yb\cos\varphi\,(a^2 + c^2) = zc\sin\varphi\cos\varphi\,(a^2 - b^2).$$

La trace de ce plan sur le plan xOz sera donc représentée par

$$x = \frac{c\cos\varphi\,(a^2 - b^2)}{a\,(b^2 + c^2)}\,z.$$

Soient donc λ et μ les angles que font avec Oz, dans ce plan xOz, les traces du plan tangent et du plan normal, on a

$$\tan g\,\lambda = \frac{a}{c\cos\varphi} \quad \text{et} \quad \tan g\,\mu = \frac{c\cos\varphi\,(a^2 - b^2)}{a\,(b^2 + c^2)},$$

d'où

$$\tan g\,\lambda\,.\,\tan g\,\mu = \frac{a^2 - b^2}{c^2 + b^2} = \tan g^2\,zOF \quad (\S\,541).$$

Il en résulte que ces deux traces sont conjuguées harmoniques de OF et de OF'; cela se voit par le même raisonnement qu'au § 543.

Par conséquent le plan tangent et le plan normal sont eux-mêmes conjugués harmoniques des plans FOM, F'OM; enfin, comme ces plans sont perpendiculaires entre eux, chacun d'eux divise en parties égales l'un des angles supplémentaires que font les deux autres plans FOM et F'OM.

III. SECTIONS CIRCULAIRES ET PLANS CYCLIQUES

551. Nous allons démontrer directement, par une méthode connue (1), l'existence d'un second système de sections circulaires dans un cône oblique du second degré.

Soit S (fig. 39) le sommet d'un cône à base circulaire de centre C et SP perpendiculaire sur cette base : le plan *principal* CSP coupe le cône suivant les génératrices SA, SA', et AA' est un diamètre de la base C.

---

1. Ne pas confondre cette méthode du *plan principal* avec celle du *triangle par l'axe* qui sert de base au traité d'Apollonius:

Une section c, parallèle à C, sera aussi un cercle et déterminera sur le plan principal un diamètre aa'.

Soit SmM une génératrice quelconque qui rencontre les circonférences C et c en M et m ; puis menons mh perpendiculaire sur aa' ; on sait que $\overline{mh}^2 = ah.ha'$.

Observons aussi que mh, étant contenu dans le plan du cercle c, est perpendiculaire à la direction SP, puis-

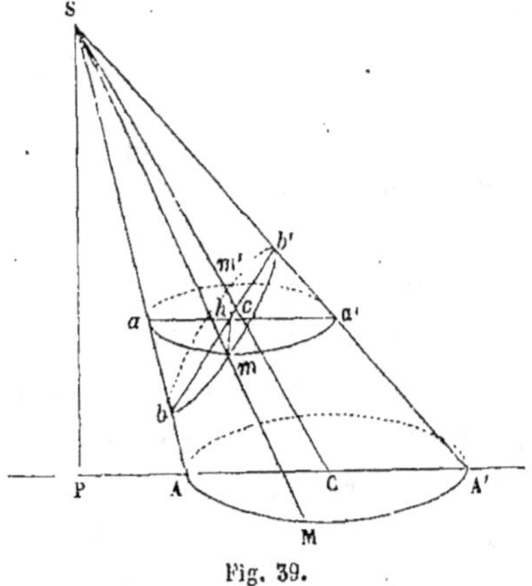

Fig. 39.

que SP est perpendiculaire à toutes les directions des droites contenues dans les plans de C et c; donc mh, étant perpendiculaire à deux directions SP et aa' contenues dans le plan principal, est aussi perpendiculaire à toute autre droite bb' contenue dans ce plan.

Cette droite bb' passant par h, nous devons chercher à la diriger de manière qu'elle soit, comme aa', le diamètre d'une section circulaire perpendiculaire au plan principal. Dans ce cas, on aura aussi $\overline{mh}^2 = bh.hb'$; par conséquent $\dfrac{bh}{ah} = \dfrac{ha'}{hb'}$. Ainsi, dans les triangles abh et $ha'b'$, les angles opposés au sommet en h sont compris entre côtés proportionnels ; ces triangles sont donc semblables. On voit que bh est homologue à ha', et ah à hb', ce qui fait que ab le sera à $a'b'$; par conséquent l'angle abh de l'un est égal à l'angle $b'a'h$ de l'autre, comme compris entre côtés homologues. Comme ces angles appartiennent encore aux triangles Saa' et Sbb', ces triangles qui ont encore l'angle en S commun sont aussi semblables ; ainsi, pour obtenir une section circulaire du système antiparallèle, il suffit de prendre sur SA la longueur quelconque Sb, de faire dans le plan principal l'angle $Sbb' = $ SA'A, et de mener par bb' une section perpendiculaire au plan principal.

Cela se résume par le théorème suivant :

L'une des génératrices suivant lesquelles le plan principal coupe le cône, fait, avec la trace d'une des sections circulaires sur ce plan, le même angle que fait l'autre génératrice avec l'autre trace.

552. Du reste on sait que dans un hyperboloïde, et par conséquent dans le cône, qui en est une variété, *les plans des sections circulaires sont parallèles aux grands axes des ellipses principales.*

D'après cela, appelons *plans cycliques* les plans menés par le sommet parallèlement aux sections circulaires, on voit que, dans la figure 38, *les plans cycliques se coupent suivant l'axe* des x. La comparaison (§ 277) des hyperboloïdes, où l'on a aussi $a > b$, donne pour équation des plans cycliques

$$\frac{y}{z} = \pm \frac{b}{c} \sqrt{\frac{a^2 + c^2}{a^2 - b^2}}$$

ou bien (§ 558)

$$\frac{y}{z} = \frac{b}{c\alpha}.$$

Dans la figure 39, la ligne *mhm'*, intersection de deux sections circulaires, est parallèle à l'axe des x ; donc, comme cette ligne est perpendiculaire au plan ASA', ce plan principal est celui des zy, mais SC n'est pas l'axe principal des z, puisque SC est oblique à l'ellipse C.

La figure 40 étant tout entière dans ce plan principal, il est clair que SD, parallèle à AA', sera la trace d'un des

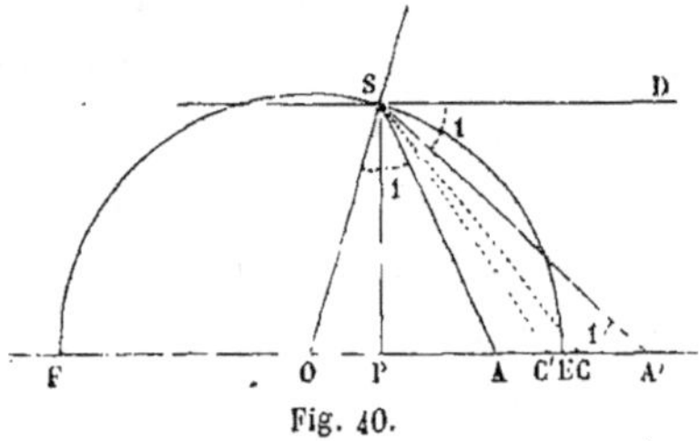

Fig. 40.

plans cycliques. De même, soit SO parallèle à *bb'* de la figure 39 ; on voit que SO sera la trace de l'autre plan cyclique. Cela se reconnaît, d'après le § 551, à ce que l'angle ASO = DSA'.

553. Nous allons maintenant démontrer le théorème suivant.

Prenons pour centre le point O, où SO coupe AA', et avec OS comme rayon décrivons une circonférence qui coupe AA' en E et en F. Je dis que ces points E et F sont *conjuguées harmoniques* avec A et A'.

En effet, d'après ce qu'on vient de voir, les triangles OAS, OA'S sont semblables, puisqu'ils ont un angle égal et l'angle O commun ; donc

$$\frac{OA'}{OS} = \frac{OS}{OA},$$

d'où

$$\overline{OS}^2 = OA.OA'.$$

Ainsi, comme OS $=$ OE $=$ OF, les points A et A′ divisent harmoniquement EF.

Le point C étant le milieu de AA′, SC sera le lieu des centres des sections circulaires dont les diamètres dans le plan principal sont parallèles à AA′ ou à SD ; donc, d'après la construction même des conjuguées harmoniques, SC et SD font un *faisceau harmonique* avec SA et SA′.

De même, soit SC′ le lieu des centres des sections circulaires dont les diamètres dans le plan principal sont parallèles à SO, les droites SA et SA′ font encore un faisceau harmonique avec SO et SC′.

554. Les équations d'une génératrice du cône sont (§ 550)

$$\frac{x}{a\cos\varphi} = \frac{y}{b\sin\varphi} = \frac{z}{c} ;$$

de plus, l'équation des plans cycliques est (§ 552)

$$b z + c \alpha y = 0,$$

en posant

$$\alpha = \pm \sqrt{\frac{a^2 - b^2}{a^2 + c^2}}.$$

Si nous cherchons l'angle θ de ce plan avec la génératrice, nous aurons

$$\sin\theta = \frac{bc + c\alpha b\sin\varphi}{\sqrt{(c^2\alpha^2 + b^2)(c^2 + b^2\sin^2\varphi + a^2\cos^2\varphi)}}.$$

Pour l'autre plan cyclique, il suffit de changer α en $-\alpha$, donc

$$\frac{\sin\theta\sin\theta'}{b^2c^2} = \frac{1 - \alpha^2\sin^2\varphi}{(c^2\alpha^2 + b^2)(c^2 + b^2\sin^2\varphi + a^2\cos^2\varphi)}.$$

Remplaçant α^2 par sa valeur et réduisant, on a

$$\sin\theta\sin\theta' = \frac{b^2c^2}{a^2(b^2 + c^2)}.$$

Ainsi *le produit des sinus que fait une génératrice avec les deux plans cycliques est constant.*

555. *Un plan tangent au cône coupe les plans cycliques suivant deux droites également inclinées sur l'arête de contact.*

Pour calculer l'angle que fait cette arête avec une de ces droites, nous avons rappelé (§ 550) que l'équation du plan tangent passant par l'arête qui a pour équations

$$\frac{x}{a\cos\varphi} = \frac{y}{b\sin\varphi} = \frac{z}{c}$$

sera

$$\frac{x}{a}\cos\varphi + \frac{y}{b}\sin\varphi = \frac{z}{c}.$$

Cela posé, cherchons l'intersection de ce plan avec un plan cyclique représenté par $\frac{y}{b} = \frac{z}{c\alpha}$ (on prend à volonté le signe de α). Les équations de cette intersection seront

$$\frac{z}{c} = \frac{\alpha x \cos\varphi}{a(\alpha - \sin\varphi)} = \frac{\alpha y}{b},$$

celles de l'arête étant, comme on vient de le rappeler,

$$\frac{z}{c} = \frac{x}{a\cos\varphi} = \frac{y}{b\sin\varphi}.$$

Soit δ l'angle de ces deux droites, on a

$$\cos\delta \sqrt{(c^2 + a^2\cos^2\varphi + b^2\sin^2\varphi)\left\{c^2 + \frac{b^2}{\alpha^2} + \frac{a^2(\alpha - \sin\varphi)^2}{\alpha^2\cos^2\varphi}\right\}}$$
$$= c^2 + \frac{b^2\sin\varphi}{\alpha} + \frac{a^2(\alpha - \sin\varphi)}{\alpha}$$

et

$$\frac{\cos\delta}{\cos\varphi}\sqrt{(c^2 + a^2\cos^2\varphi + b^2\sin^2\varphi)\left\{(c^2\alpha^2 + b^2)(1 - \sin^2\varphi) + a^2(\alpha - \sin\varphi)^2\right\}}$$
$$= (c^2 + a^2)\alpha - \sin\varphi(a^2 - b^2).$$

Mais

$$\alpha^2(c^2 + a^2) = a^2 - b^2 \;(\S\,554);$$

donc le second membre revient à

$$\alpha(c^2 + a^2)(1 - \alpha\sin\varphi).$$

Dans le premier membre, observons que le second facteur soumis au radical peut s'écrire ainsi :

$$\alpha^2(c^2 + a^2) + b^2 + \sin^2\varphi\,(a^2 - b^2 - c^2\alpha^2) - 2a^2\alpha\sin\varphi.$$

Mais, d'après ce qui précède,

$$\alpha^2(c^2 + a^2) + b^2 = a^2 \quad \text{et} \quad a^2 - b^2 - c^2\alpha^2 = a^2\alpha^2.$$

Par conséquent ce second facteur se réduit à

$$a^2(1 - \alpha\sin\varphi)^2,$$

et il reste

$$\cos\delta = \frac{\alpha\cos\varphi\,(a^2 + c^2)}{a\sqrt{c^2 + a^2\cos^2\varphi + b^2\sin^2\varphi}} = \frac{\cos\varphi\,\sqrt{a^2 - b^2}}{a\sqrt{1 - \alpha^2\sin^2\varphi}}.$$

Cette expression de cos δ, dont la seconde forme est obtenue en remplaçant c^2 par sa valeur, ne change pas numériquement quand on change α en $-\alpha$, ce qui démontre le théorème.

Le succès du calcul tient à la suppression du facteur commun $1 - \alpha\sin\varphi$, qui aurait changé numériquement avec le signe de α.

556. *Les droites suivant lesquelles un plan tangent coupe les plans cycliques font, avec l'intersection de ces plans, des angles tels, que le rapport des tangentes trigonométriques de la moitié de ces angles est une quantité constante.*

En effet, nous avons vu (§ 552) que l'intersection des plans cycliques n'était autre chose que l'axe des x dans la figure 38. Soit donc μ l'un des angles indiqués;

on aura, d'après le paragraphe précédent, les équations

$$\frac{z}{c} = \frac{\alpha y}{b} = \frac{\alpha x \cos \varphi}{a(\alpha - \sin \varphi)},$$

pour représenter l'intersection du plan tangent avec un plan cyclique, et, d'après la formule qui donne l'angle d'une droite avec Ox,

$$\cos \mu = \frac{a(\alpha - \sin \varphi)}{\alpha \cos \varphi \sqrt{c^2 + \dfrac{b^2}{\alpha^2} \cdot \dfrac{a^2(\alpha - \sin \varphi)^2}{a^2 \cos^2 \varphi}}},$$

ce qui, d'après les calculs du paragraphe précédent, revient à

$$\cos \mu = \frac{\alpha - \sin \varphi}{1 - \alpha \sin \varphi}.$$

Or on sait que

$$\tan^2 \tfrac{1}{2} \mu = \frac{1 - \cos \mu}{1 + \cos \mu},$$

donc

$$\tan^2 \tfrac{1}{2} \mu = \frac{(1 - \alpha)(1 + \sin \varphi)}{(1 + \alpha)(1 - \sin \varphi)}.$$

Pour l'autre plan cyclique, changeant le signe de α, on a

$$\tan^2 \tfrac{1}{2} \mu' = \frac{(1 + \alpha)(1 + \sin \varphi)}{(1 - \alpha)(1 - \sin \varphi)},$$

d'où

$$\frac{\tan \tfrac{1}{2} \mu}{\tan \tfrac{1}{2} \mu'} = \frac{1 - \alpha}{1 + \alpha},$$

quantité indépendante de φ.

557. *La somme des angles que fait un plan tangent avec les plans cycliques est constante.*

L'équation du plan tangent étant

$$\frac{x}{a} \cos \varphi + \frac{y}{b} \sin \varphi = \frac{z}{c} \quad (\S\,550)$$

ou bien

$$x . bc \cos \varphi + y . ac \sin \varphi - abz = 0,$$

et celle d'un plan cyclique étant

$$y.c\alpha - bz = 0 \quad (\S\,552),$$

on a pour l'angle de ces plans

$$\cos \lambda = \frac{ac^2\alpha\sin\varphi + ab^2}{\sqrt{(b^2c^2\cos^2\varphi + a^2c^2\sin^2\varphi + a^2b^2)(c^2\alpha^2 + b^2)}}.$$

Comme $\alpha^2 = \dfrac{a^2 - b^2}{c^2 + a^2}$, on a

$$c^2\alpha^2 + b^2 = \frac{a^2(b^2 + c^2)}{c^2 + a^2},$$

et aussi

$$b^2c^2(1 - \sin^2\varphi) + a^2c^2\sin^2\varphi + a^2b^2 = b^2(a^2 + c^2) + c^2\sin^2\varphi(a^2 - b^2)$$
$$= (a^2 + c^2)(b^2 + c^2\alpha^2\sin^2\varphi).$$

Par conséquent

$$\cos\lambda = \frac{c^2\alpha\sin\varphi + b^2}{\sqrt{(b^2 + c^2)(b^2 + c^2\alpha^2\sin^2\varphi)}}.$$

Par une réduction facile, on a

$$\sin\lambda = \frac{bc(1 - \alpha\sin\varphi)}{\sqrt{(b^2 + c^2)(b^2 + c^2\alpha^2\sin^2\varphi)}}.$$

On sait que les valeurs de $\cos\lambda'$ et de $\sin\lambda'$ s'obtiendront en changeant le signe de α, ce qui ne modifiera pas le dénominateur. Donc, comme

$$\cos(\lambda + \lambda') = \cos\lambda\cos\lambda' - \sin\lambda\sin\lambda',$$

on aura

$$\cos(\lambda - \lambda') = \frac{b^4 - c^4\alpha^2\sin^2\varphi - b^2c^2(1 - \alpha^2\sin^2\varphi)}{(b^2 + c^2)(b^2 + c^2\alpha^2\sin^2\varphi)},$$

ce qui revient à

$$\cos(\lambda + \lambda') = \frac{b^2 - c^2}{b^2 + c^2},$$

quantité indépendante de φ, comme il fallait le démontrer.

Mais la formule générale

$$\cos(\lambda + \lambda') = \frac{1 - \tan^2 \frac{1}{2}(\lambda + \lambda')}{1 + \tan^2 \frac{1}{2}(\lambda + \lambda')}$$

montre que

$$\tan \tfrac{1}{2}(\lambda + \lambda') = \frac{c}{b}.$$

Or nous avons vu que $\tan bOC = \dfrac{b}{c}$ (fig. 38); donc

$$bOC + \tfrac{1}{2}(\lambda + \lambda') = 90°,$$

et aussi

$$bOb' = 180 - (\lambda + \lambda'),$$

ou bien

$$\lambda + \lambda' = 180 - S,$$

en indiquant par $S = ASA'$ l'angle au sommet du cône dans les figures 39 et 40.

IV. CONE SUPPLÉMENTAIRE

558. On appelle *cône supplémentaire le lieu géométrique des perpendiculaires menées par le sommet du cône donné aux plans tangents à ce cône.*

L'équation du plan tangent étant (§ 550)

$$\frac{\cos\varphi}{a}x + \frac{\sin\varphi}{b}y - \frac{z}{c} = 0,$$

une droite représentée par $\dfrac{x}{m} = \dfrac{y}{n} = z$ sera tangente à ce plan si l'on a

$$m.\frac{a}{\cos\varphi} = n.\frac{b}{\sin\varphi} = -c,$$

ce qui permet de poser

$$am = -c\cos\varphi, \quad bn = -c\sin\varphi;$$

élevant au carré pour éliminer φ, il reste

$$a^2 m^2 + b^2 n^2 = c^2;$$

puis, remplaçant m et n par $\dfrac{x}{z}$ et $\dfrac{y}{z}$, il reste l'équation cherchée

$$a^2 x^2 + b^2 y^2 - c^2 z^2 = 0.$$

559. Ce cône est encore le *lieu des intersections consé-cutives des plans menés par le sommet du cône donné per-pendiculairement à ses arêtes.*

Les équations d'une arête étant ($\S$ 550)

$$\frac{x}{a\cos\varphi} = \frac{y}{b\sin\varphi} = \frac{z}{c},$$

un plan représenté par $Ax + By + Cz = 0$ sera perpen-diculaire à cette arête si l'on a

$$\frac{A}{a\cos\varphi} = \frac{B}{b\sin\varphi} = \frac{C}{c},$$

ce qui donne pour équation de ce plan

$$x.a\cos\varphi + y.b\sin\varphi + cz = 0.$$

Prenant la dérivée par rapport à φ, on a la relation

$$by\cos\varphi - ax\sin\varphi = 0;$$

éliminons x puis y entre cette relation et l'équation du plan, on trouve

$$ax + cz\cos\varphi = 0 \quad \text{et} \quad by + cz\sin\varphi = 0,$$

à cause de la relation

$$\sin^2\varphi + \cos^2\varphi = 1$$

qui permet aussi d'éliminer φ entre ces deux dernières égalités. On a alors l'équation cherchée

$$a^2 x^2 + b^2 y^2 = c^2 z^2$$

du cône supplémentaire.

560. Cette propriété est *réciproque*, c'est-à-dire que les deux cônes représentés par

$$\frac{x^2}{a^2} + \frac{y^2}{b^2} = \frac{z^2}{c^2}$$

et par

$$a^2 x^2 + b^2 y^2 = c^2 z^2$$

sont supplémentaires l'un de l'autre. En effet, ces équations peuvent être mises sous la forme

$$\frac{c^2}{a^2} x^2 + \frac{c^2}{b^2} y^2 = z^2 \quad \text{et} \quad \frac{a^2}{c^2} x^2 + \frac{b^2}{c^2} y^2 = z^2;$$

or il est clair que $\frac{c^2}{a^2}$ et $\frac{a^2}{c^2}$ sont inverses l'un de l'autre ;

il en est de même pour $\frac{c^2}{b^2}$ et $\frac{b^2}{c^2}$. Posons

$$\frac{a^2}{c^2} = \frac{c'^2}{a'^2} \quad \text{et} \quad \frac{b^2}{c^2} = \frac{c'^2}{b'^2},$$

l'équation du cône supplémentaire sera de la forme ordinaire

$$\frac{x^2}{a'^2} + \frac{y^2}{b'^2} = \frac{z^2}{c'^2}.$$

Donc

$$a' = \frac{cc'}{a} \quad \text{et} \quad b' = \frac{cc'}{b},$$

c' étant arbitraire.

561. *Les lignes focales d'un cône sont perpendiculaires aux plans cycliques du cône supplémentaire.*

L'équation

$$\frac{y}{z} = \frac{b}{c} \sqrt{\frac{a^2 + c^2}{a^2 - b^2}} \quad (\S 552)$$

représente un plan cyclique du cône donné ou, si l'on veut, sa trace sur le plan des yz. Or les focales du cône supplémentaire, au lieu d'être dans le plan des xz, comme celles du cône donné, seront dans le plan des yz, car $a > b$ donne $b' > a'$. Les équations de l'une de ces focales seront donc $x = 0$ et

$$y = -z\sqrt{\frac{b'^2 - a'^2}{a'^2 + c'^2}},$$

en changeant, dans les formules du § 541, b, a et x en a', b' et y.

Remplaçant a' et b' par leurs valeurs $\dfrac{cc'}{a}$ et $\dfrac{cc'}{b}$, on a

$$\frac{y}{z} = -\sqrt{\frac{\dfrac{c^2}{b^2} - \dfrac{c^2}{a^2}}{\dfrac{c^2}{a^2} + 1}} = -\frac{c}{b}\sqrt{\frac{a^2 - b^2}{c^2 + a^2}}.$$

On reconnaît alors que cette droite est perpendiculaire à la trace du plan cyclique dans le même plan des yz.

De plus, comme cette focale du cône supplémentaire est aussi perpendiculaire à Ox qui est dans le plan cyclique, elle est perpendiculaire à ce plan.

562. La seconde définition du cône supplémentaire (§ 559) montre que les ellipses sphériques déterminées par les deux cônes sont réellement des *figures supplémentaires* d'après la définition des éléments de géométrie.

En effet, soit A un point de la sphère; la perpendiculaire à OA menée par le centre détermine sur la sphère le plan polaire du point A; considérons de même deux autres points B, C avec leurs plans polaires, les intersections A', B', C' de ces plans sur la sphère sont, comme on sait, les sommets du triangle supplémentaire correspondant, cette faculté étant réciproque.

Cela s'étend évidemment à deux polygones supplémentaires ABCD..., A'B'C'D'... qui ont un même nombre quelconque de côtés. Or, on voit qu'en passant des polygones aux courbes, on tombe sur la définition des ellipses sphériques supplémentaires.

563. Dans les triangles et polygones polaires ou supplémentaires, on sait (Legendre, VII, 10) que les côtés d'un polygone corrélatif sont supplémentaires des angles du premier, c'est-à-dire que l'on a

$$a = 2 - A, \quad b = 2 - B, \quad c = 2 - C, \ldots$$

D'un autre côté, l'aire d'un polygone sphérique convexe de n côtés dont les angles sont A, B, C... est

$$S = A + B + C + \ldots - 2(n-2) \quad \text{(Legendre, VII, 24)}.$$

Soit donc $L = a + b + c + \ldots$ le contour de la figure supplémentaire, on aura évidemment

$$S + L = 4,$$

ce qui est vrai aussi pour les ellipses sphériques dont on vient de parler.

Cette $S + L = 4$ est donc établie entre l'aire sphérique S comprise dans une ligne convexe, rapportée au triangle rectangle pour unité, et le contour L de la figure supplémentaire, mesurée avec le quadrant pour unité.

V. POLAIRES SPHÉRIQUES

564. Nous savons (§186) que le plan polaire d'un point quelconque, relativement à un cône, est le même pour tous les points de la droite qui joint le sommet au point donné, et que ce plan passe aussi par le sommet.

Cherchons donc les conditions nécessaires pour qu'une droite et un plan représentés par $\dfrac{x}{m} = \dfrac{y}{n} = \dfrac{z}{p}$ et $m'x + n'y + p'z = 0$ aient entre eux la relation indiquée.

L'équation du plan polaire étant

$$\frac{mx}{a^2} + \frac{ny}{b^2} - \frac{pz}{c^2} = 0,$$

il faudra identifier

$$\frac{c^2 m}{p a^2} x + \frac{c^2 n}{p b^2} - z = 0$$

avec

$$- \frac{m'}{p'} x - \frac{n'}{p'} y - z = 0.$$

Alors l'équation du plan devient

$$- \frac{p' c^2 m}{p a^2} x - \frac{p' c^2 n}{p b^2} y + p'z = 0,$$

ce qui donne les relations

$$m' = - \frac{c^2 m p'}{p a^2}, \quad n' = - \frac{c^2 n p'}{p b^2}.$$

565. Il est facile de reconnaître qu'*un plan directeur est le plan polaire de la focale correspondante.*

En effet, $n = 0$ donne pour équation du plan

$$\frac{m}{p} x = \frac{a^2}{c^2} z,$$

et comme, pour la focale,

$$\frac{m}{p} = \frac{\gamma}{\alpha} \quad (\S\ 540),$$

on retrouve le plan directeur.

566. Considérons maintenant le point où la droite en question perce la sphère qui a pour centre le sommet O du cône, et le grand cercle suivant lequel le plan polaire correspondant coupe cette sphère : ce point et cette circonférence seront, l'un par rapport à l'autre, *un pôle et une polaire sphériques*.

Si le point donné est sur l'ellipse sphérique, la polaire est une circonférence tangente en ce point à cette ellipse : en un mot, on retrouve toutes les propriétés des polaires, comme pour les coniques planes.

VI. PROPRIÉTÉS DES FOYERS

567. On reconnaît en particulier, d'après le § 565, qu'*une directrice est la polaire du foyer correspondant* (§ 536).

L'angle de deux droites passant au sommet se mesurant par l'arc du grand cercle que détermine sur la sphère le plan des deux droites, il suffira d'énoncer les théorèmes suivants en indiquant les numéros qui servent à les démontrer.

I. *Le sinus de l'arc mené d'un point quelconque de la conique à un foyer est au sinus de l'arc mené du même point perpendiculairement à la directrice correspondante, dans un rapport constant* K. (Définition de la focale et du plan directeur, § 535.)

II. *La somme des arcs vecteurs d'un point d'une ellipse sphérique aux deux foyers intérieurs à cette ellipse est constante* (§ 547).

Cette constante a pour valeur l'arc maximum tracé dans l'ellipse en passant par son centre (§ 548).

III. *La somme des arcs vecteurs menés d'un point d'une ellipse sphérique aux foyers intérieurs à l'autre ellipse est égale à l'excès d'un grand cercle sur la somme précédente* (§ 549).

IV. *La différence des arcs vecteurs menés d'un point d'une conique sphérique à deux foyers situés, l'un dans une ellipse, l'autre dans l'autre, est constante, pourvu que ces foyers ne soient pas sur la même focale* (§ 549).

Cette différence est le supplément de l'angle central maximum que nous venons d'indiquer dans une ellipse.

V. *La tangente (arc de grand cercle) à une conique sphérique fait des angles égaux avec les arcs vecteurs menés des foyers au point de contact* (§ 550).

Cela suppose encore que les foyers ne sont pas sur la même focale.

568. Voici encore diverses constructions et propositions qui se déduisent du dernier théorème par les mêmes raisonnements que pour la géométrie plane ; aussi nous nous dispensons de faire les figures.

I. *Mener une tangente à une ellipse sphérique, d'un point pris sur la courbe.*

Joignons ce point M à F et à F′, puis sur l'arc prolongé F′M prenons MH = MF ; il est clair que le grand cercle tangent sera MI, perpendiculaire sur FH ; de plus, I sera le milieu de cet arc FH.

II. *Par un point extérieur à une ellipse sphérique mener des tangentes à cette courbe.*

De ce point donné N comme pôle et du rayon NF, décrivons un petit cercle qui coupe en H et H′ le petit cercle décrit du pôle F′ et de l'ouverture de compas *aa′*. Comme alors NF = NH, le grand cercle perpendiculaire à l'arc FH passe au milieu I de cet arc : le point M où l'arc F′H coupe NI appartient à la courbe, puisque $MH = MF$ et que $F'H = aOa'$; donc l'arc de grand cercle NMI est tangent en M.

De même NI' étant perpendiculaire sur le milieu I' de F'H', l'autre point M' de contact sera à l'intersection de NI' et de F'H'.

III. *L'arc de grand cercle, mené d'un foyer au point de concours de deux tangentes, fait des angles égaux avec les arcs vecteurs menés de ce foyer aux points de contact.*

En effet le pôle N est également éloigné de H et de H' : par suite, relativement au cercle de pôle F' et d'ouverture aa', il est sur la bissectrice de l'angle HF'H', c'est-à-dire MF'M'.

IV. *Les tangentes menées d'un point extérieur à la courbe font des angles égaux avec les arcs vecteurs qui vont du point donné aux foyers.*

En effet, les triangles sphériques NFK, NF'H ont toutes leurs parties égales comme ayant les trois côtés égaux, car on a

$$FK = F'H = aa', \quad NK = NF' \quad \text{et} \quad NH = NF.$$

Donc, l'angle

$$KNF = HNF' :$$

retranchant de part et d'autre FNF', il reste

$$HNF = KNF';$$

puis, prenant la moitié de part et d'autre, il reste

$$MNF = M'NF'.$$

V. Quand il faudra appliquer ces constructions et ces théorèmes, non plus à une seule ellipse sphérique, mais à la conique sphérique complète, on les modifiera facilement en voyant ce qui a lieu à propos de l'hyperbole dans la *Géométrie plane*.

VII. PROPRIÉTÉS DES CYCLES

569. Nous appelons *cycles* les grands cercles suivant lesquels la sphère où sont situées les coniques sphériques est coupée par les plans cycliques (1).

Nous allons voir ce que deviennent, dans les coniques sphériques, les théorèmes démontrés pour les plans cycliques : il suffira de rappeler les numéros correspondants.

I. *Le produit des sinus des arcs θ et θ' qui mesurent les distances sphériques d'un point de la conique aux deux cycles est constant ($\S$ 554).*

II. *L'arc tangent à une conique sphérique et terminé aux deux cycles est divisé au point de contact en deux parties égales ($\S$ 555).*

III. Soient A et A' sur les cycles les extrémités de cet arc dont le milieu est au point M de contact, et H un point de concours des cycles, on aura

$$\tan \tfrac{1}{2} AH \cdot \cot \tfrac{1}{2} A'H = \frac{1-\alpha}{1+\alpha},$$

en posant

$$\alpha = \sqrt{\frac{a^2 - b^2}{a^2 + c^2}} \quad (\S\ 556).$$

IV. *La tangente à une conique sphérique fait avec les cycles deux angles dont la somme est constante ($\S$ 557).*

Ainsi la somme des angles du triangle HAA' est

(1) Nous préférons cette dénomination à celle de *cercles cycliques*, qui contient un pléonasme.

constante : il faut se rappeler que *les cycles ne rencontrent jamais les coniques sphériques*, puisqu'ils sont
extérieurs au cône. A cause de cette propriété du triangle HAA′, ce théorème peut aussi s'énoncer sous la forme
suivante :

*L'enveloppe des bases des triangles de même angle au
sommet et de même surface est une conique sphérique qui
admet pour cycles les deux côtés de l'angle.* (Nous allons
voir encore d'autres propriétés des cycles.)

VIII. PROPRIÉTÉS INVERSES

570. *Coniques supplémentaires.* — D'après ce que
nous avons vu sur les cônes supplémentaires, on obtient
évidemment, entre deux coniques supplémentaires, les
relations suivantes :

I. *Un point d'une conique sphérique est le pôle de la
tangente au point correspondant de sa supplémentaire*
($\S\S$ 558 et 559).

II. *Un foyer d'une conique sphérique est le pôle d'un
cycle de sa supplémentaire* ($\S$ 561).

III. *Donc un point d'un cycle de l'une est le pôle d'un arc
vecteur de l'autre.*

IV. *Un arc vecteur dans l'une a la même mesure que l'angle d'un cycle et d'un arc tangent dans l'autre.*

Cela tient à ce que l'angle des plans de ces deux cercles est égal à celui des droites qui leur sont perpendiculaires et qui comprennent l'arc vecteur.

V. Soit M un point d'une conique sphérique et C un
point d'un cycle : on sait (I) que M est le pôle de l'arc
tangent au point M′ de la conique supplémentaire, et

que C est celui de l'arc vecteur qui joint M' avec le foyer correspondant au cycle C (III). L'angle de ces deux plans ayant la même mesure que l'arc MC (IV), on a ce théorème :

La distance d'un point d'un cycle à un point de la courbe, dans l'une des coniques sphériques, a la même mesure que l'angle formé, dans la conique supplémentaire, par l'arc tangent au point correspondant de la courbe et l'arc vecteur mené de ce point au foyer qui correspond au cycle.

VI. Un point extérieur à une conique sphérique est le pôle d'un cercle qui coupe cette courbe.

Comme on l'a vu (§ 568, II), on appelle point *extérieur* celui par lequel passent deux arcs tangents.

Ces tangentes sont elles-mêmes les polaires des points de contact (§ 566). Or on sait, par une propriété connue des polaires, que les polaires de tous les points d'une ligne donnée passent au pôle de cette ligne : ici, ce pôle sera donc le point de concours des tangentes, c'est-à-dire que le plan polaire de ce point de concours passe aux points de contact.

VII. Les cycles d'une conique sont identiques avec les directrices de sa supplémentaire (II).

571. *Autres propriétés des cycles.* — Les observations sur deux coniques supplémentaires étant appliquées aux théorèmes des §§ 567, 568, 569, on aura, relativement à une conique sphérique quelconque, les propriétés inverses que voici :

I. *Le sinus de l'angle d'un cycle et de l'arc tangent en un point quelconque est au sinus de l'arc abaissé perpendiculairement du pôle de ce cycle sur cet arc tangent, dans un rapport constant K'.*

Cette proposition se déduit du § 567, I, parce que le pôle du cycle est le foyer correspondant de la conique supplémentaire (II).

Du reste,

$$K'^2 = \frac{a'^2 b'^2 + a'^2 c'^2 - b'^2 c'^2}{a'^2 c'^2}. \qquad (\S\ 538)$$

Posant

$$a' = \frac{cc'}{a}, \qquad b' = \frac{cc'}{b}, \qquad (\S\ 560)$$

il reste en réduisant

$$K'^2 = \frac{c^2 + b^2 - a^2}{b^2}.$$

II. *La somme des angles que l'arc tangent en un point fait avec les cycles est constante.*

Cela résulte du théorème (§ 567, II).

Chaque cycle correspond aux deux foyers qui sont sur une même focale de la supplémentaire; du reste, la relation (§ 570, IV) montre que les angles φ et φ' donnent les sommes et les différences dans une conique comme dans l'autre.

Le théorème du § 567, III, ramène à celui du § 569, II, ainsi conçu : L'arc tangent terminé aux cycles est divisé également au point de contact.

III. *Les portions d'un cycle, comptées depuis son inter-section par l'arc de grand cercle qui joint deux points de la courbe, jusqu'à son intersection par les arcs tangents à ces points, sont égales* (§ 568, III).

En effet, N étant l'intersection des arcs tangents en M et M', chacun de ces arcs correspond à des points M_1 et M_1' de la conique supplémentaire; donc la polaire de N sera l'arc de grand cercle $M_1 M_1'$.

Par conséquent, l'arc NF correspond à l'intersection H de ce cercle $M_1 M_1'$ avec le cycle qui correspond à F. Il en résulte que l'arc vecteur FM correspondra à l'intersection R de ce cycle avec la polaire de M, c'est-à-dire avec l'arc tangent en M_1 : on aura de même R' pour l'autre cycle, et le théorème indiqué montre que HR = HR'.

IV. *Les portions d'un grand cercle quelconque, comprises entre une conique sphérique et les cycles, sont égales* (§ 568, IV).

Nous venons de voir que NF donne H sur un cycle : de même NF' donne H' sur l'autre cycle; donc le théorème en question résulte du théorème indiqué.

V. L'analogie des cycles avec les asymptotes de l'hyperbole résulte des théorèmes de ce paragraphe et de ceux du § 569.

IX. DIAMÈTRES CONJUGUÉS

572. Par l'axe Oz (fig. 38) imaginons un plan représenté par

$$Ax + By = 0;$$

il sera perpendiculaire à l'ellipse plane c, qu'il coupera suivant un diamètre tt'.

La tangente en t a pour équations

$$z = 0c \quad \text{et} \quad \frac{xx'}{a^2} + \frac{yy'}{b^2} = 1;$$

mais le point de contact étant sur le plan, on pose

$$Ax' + By' = 0.$$

573. Considérons les tangentes aux extrémités v et v' du diamètre conjugué à tt' : on sait que ces tangentes sont

parallèles aux cordes conjuguées au premier diamètre, c'est-à-dire à tt'.

Comme le plan de l'ellipse c est parallèle à celui des xy, le plan tangent au cône suivant la génératrice Ov coupe le plan des xy suivant une parallèle à la tangente en v, c'est-à-dire à ces cordes conjuguées : il en sera de même pour le plan tangent en v'; donc *l'intersection de ces deux plans est sur le plan des* xy *et parallèle à ces cordes conjuguées*;

Donc aussi tout plan passant par cette intersection coupera l'ellipse c suivant des parallèles à ces cordes.

Réciproquement, il est clair que les plans tangents suivant Ot et Ot' se coupent sur le plan des xy suivant une parallèle à vv'; les plans passant par cette intersection coupant aussi l'ellipse suivant des parallèles à vv'.

574. Passons maintenant de l'ellipse plane c à l'ellipse sphérique C; les cordes que ces diamètres conjugués partagent mutuellement en parties égales correspondront sur la sphère à des arcs divisés aussi en parties égales.

On a donc pareillement pour l'ellipse sphérique une infinité de couples de grands cercles jouant le rôle de diamètres conjugués, puisque chacun d'eux divise en parties égales une série d'arcs de grands cercles dont les plans ont une intersection commune sur le plan des xy.

Soient donc sur ce plan $y = mx$, $y = m'x$ les équations de ces droites conjuguées, respectivement parallèles à tt' et à vv'. Pour la première, l'équation $Ax + By = 0$ donne immédiatement

$$m = -\frac{A}{B} = \frac{y'}{x'}.$$

Pour la seconde, observons que la tangente en t est parallèle, comme on le sait, au diamètre vv' ainsi qu'à cette seconde droite. Ainsi l'équation $y = m'x$ est identique avec

$$\frac{xx'}{a^2} + \frac{yy'}{b^2} = 0,$$

puisque la tangente en t est représentée par

$$\frac{xx'}{a^2} + \frac{yy'}{b^2} = 1.$$

Par conséquent

$$m' = -\frac{b^2 x'}{a^2 y'} = -\frac{b^2}{a^2 m},$$

puisque $\dfrac{y'}{x'} = m$; on en conclut la relation

$$mm' = -\frac{b^2}{a^2}.$$

X. COORDONNÉES SPHÉRIQUES

575. Afin de fixer sur la sphère la position d'un de ses points M (fig. 41), nous prendrons pour pôle ou plutôt pour origine un point quelconque O de la sphère par lequel nous ferons passer, comme axes de coordonnées, deux grands cercles quelconques OA, OB. Soit S le centre de la sphère et le plan ASB perpendiculaire à SO, l'angle ASB $= \theta$ est la mesure de l'angle sphérique AOB.

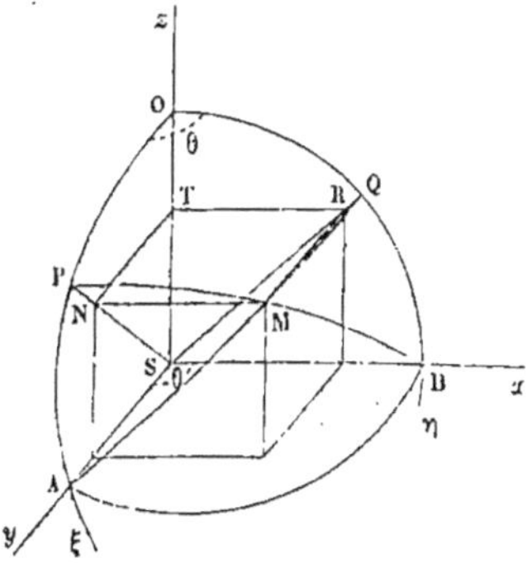

Fig. 41.

Par le point M et les points A et B menons des arcs de grands cercles qui déterminent sur les axes opposés les points P et Q : nous prendrons pour coordonnées du point M les tangentes trigonométriques des arcs OP, OQ. Ainsi la position du point M sera déterminée par les quantités $\xi = $ tang OBP, $\eta = $ tang OAQ.

Du reste, si l'on projette M en N sur SP et en R sur SQ, il est clair que

$$\xi = \frac{x}{z}, \qquad \eta = \frac{x}{z},$$

en indiquant par x, y, z les coordonnées du point M rapporté aux axes SA, SB, SO.

576. *Intersection de la sphère par une surface.* — L'équation $f(\xi,\eta) = 0$ est donc celle d'une courbe tracée sur la surface de la sphère.

Réciproquement, on peut demander l'intersection de la sphère par une surface quelconque. Le problème sera facile si cette surface passe par le centre de la sphère et, de plus, est homogène en x, y, z ; il suffira de diviser par z^n l'équation de cette surface de degré n, et l'on aura immédiatement l'équation cherchée en ξ et η.

Ainsi le plan représenté par

$$Ax + By + Cz = 0$$

donne pour équation d'un grand cercle

$$A\xi + B\eta + C = 0,$$

forme analogue à l'équation ordinaire de la droite que le grand cercle remplace sur la sphère.

De même un cône central détermine une *conique sphérique* représentée par

$$A\xi^2 + A'\eta^2 + A'' + 2B\eta + 2B'\xi + 2B''\xi\eta = 0.$$

Si l'origine O est sur l'axe du cône et si $\theta = 90°$, l'équation du cône étant

$$\frac{x^2}{a^2} + \frac{y^2}{b^2} - \frac{z^2}{c^2} = 0,$$

celle de la conique sera

$$\frac{\xi^2}{a^2} + \frac{\eta^2}{x^2} - \frac{1}{c^2} = 0.$$

577. Si la surface donnée n'est pas centrale et homogène, la seule différence est que le rayon de la sphère figure dans l'équation sphérique.

Soit donc $f(x, y, z) = 0$ l'équation d'une surface quelconque, et observons que celle de la sphère est ici

$$r^2 = z^2 + x^2 + y^2 + 2xy \cos \theta.$$

Posons de part et d'autre

$$x = \xi z, \quad y = \eta z,$$

on a

$$z = \frac{r}{\sqrt{1 + \xi^2 + \eta^2 + \xi\eta \cos \theta}}.$$

Transportant ces valeurs dans $f(x, y, z) = 0$, on a l'équation en ξ et η.

Par exemple, le plan quelconque

$$Ax + By + Cz = D$$

donne

$$A\xi + B\eta + C = \frac{D}{z},$$

ce qui revient à

$$r^2 (A\xi + B\eta + C)^2 = D^2 (1 + \xi^2 + \eta^2 + 2\xi\eta \cos \theta).$$

Ainsi le grand cercle est le seul qui ait une équation sphérique du premier degré.

578. Réciproquement, si l'on cherche l'équation de la

surface qui détermine dans la sphère de rayon r la section représentée par $f(\xi, \eta, r) = 0$, il suffit de poser

$$\xi = \frac{x}{z}, \qquad \eta = \frac{y}{z}, \qquad r = \sqrt{z^2 + x^2 + y^2 + xy\, 2\cos\theta}.$$

Par exemple, que signifie l'équation

$$r^2 = D^2 (1 + \xi^2 + \eta^2 + 2\xi\eta \cos\theta)\,?$$

Comme on a

$$r^2 = z^2 (1 + \xi^2 + \eta^2 + 2\xi\eta \cos\theta)\,,$$

il reste $z^2 = D^2$, ce qui représente les plans de deux petits cercles perpendiculaires à Oz et situés de part et d'autre du centre à la distance D.

579. *Intersection de la sphère par une droite.* — Soient

$$x = mz + p, \qquad y = nz + q$$

les équations de la droite, on a

$$\xi = m + \frac{p}{z}, \quad (1) \qquad \eta = n + \frac{q}{z}, \quad (2)$$

et aussi

$$q(\xi - m) = p(\eta - n)\,, \quad (3)$$

équation du cercle qui contient la droite. Du reste

$$\frac{1}{z} = \frac{1}{r}\sqrt{1 + \xi^2 + \eta^2 + 2\xi\eta \cos\theta}\,, \quad (4)$$

d'où

$$r^2(\xi - m)^2 = p^2(1 + \xi^2 + \eta^2 + 2\xi\eta \cos\theta).$$

Remplaçant η par sa valeur tirée de (3), on a la valeur de ξ; on aurait de même celle de η.

Mais l'on considère surtout une droite passant par le centre et représentée par

$$\frac{x}{\lambda} = \frac{y}{\mu} = \frac{z}{\nu};$$

alors on a de suite

$$\xi = \frac{\lambda}{\nu}, \quad \eta = \frac{\mu}{\nu}.$$

Nous laisserons au lecteur à démontrer le théorème suivant :

Deux triangles supplémentaires étant tracés sur une sphère, les arcs de grands cercles qui joignent les sommets correspondants se coupent en un même point (c'est le centre du cercle circonscrit).

580. *Application aux coniques sphériques.* — Si nous prenons $\theta = 90°$ pour avoir l'équation de la conique sphérique dans toute sa simplicité, nous avons (§ 576) pour équation de cette conique

$$\frac{\xi^2}{a^2} + \frac{\eta^2}{b^2} - \frac{1}{c^2} = 0.$$

ou bien

$$\frac{\xi^2}{A^2} + \frac{\eta^2}{B^2} = 1,$$

en posant

$$A = \frac{a}{c}, \quad B = \frac{b}{c}.$$

Les équations d'une droite centrale étant

$$\xi = \frac{\lambda}{\nu}, \quad \eta = \frac{\mu}{\nu},$$

on reconnaîtra facilement (§ 540) que les coordonnées sphériques d'un *foyer* seront

$$\eta = 0, \quad \xi = \pm \sqrt{\frac{A^2 - B^2}{B^2 + 1}}.$$

On trouvera au même paragraphe les équations

$$\xi = \pm A^2 \sqrt{\frac{B^2 + 1}{A^2 - B^2}}$$

des *directrices*, et au paragraphe suivant le choix qu'il faut faire pour chaque directrice et son foyer correspondant.

En même temps, le rapport constant sera (§ 538) sous la forme

$$K^2 = \frac{A^2 B^2 + A^2 - B^2}{A^2}.$$

On a trouvé aussi (§ 548) que la moitié $\frac{1}{2}(\varphi + \varphi')$ de la somme des arcs vecteurs avait pour tangente $\frac{a}{c} = A$. C'est dans ce sens que 2A est le *grand axe* de l'ellipse sphérique.

Les équations des *plans cycliques* (§ 552) ou plutôt des *cycles* (§ 569) sont données par la formule

$$\eta = \pm B \sqrt{\frac{A^2 + 1}{A^2 - B^2}}.$$

Enfin l'équation de la *conique supplémentaire* sera (§ 558)

$$A^2 \xi^2 + B^2 \eta^2 = 1.$$

581. La méthode connue des limites fait appliquer aux coniques sphériques le calcul relatif aux coniques planes pour trouver les tangentes ; ici les *tangentes sphériques* sont des arcs de grand cercle. Donc ces calculs donnent aussi la théorie des *polaires sphériques*.

582. Pour plus de détails, même en dehors de la théorie des coniques, nous renverrons au travail de M. Vanson (*Nouvelles annales de mathématiques*, 1858 et 1859).

CHAPITRE XII

SURFACES HOMOFOCALES

I. GÉNÉRALITÉS

583. *Définition et équation.* — On dit que deux surfaces du second degré sont *homofocales* quand leurs sections principales ont les mêmes foyers.

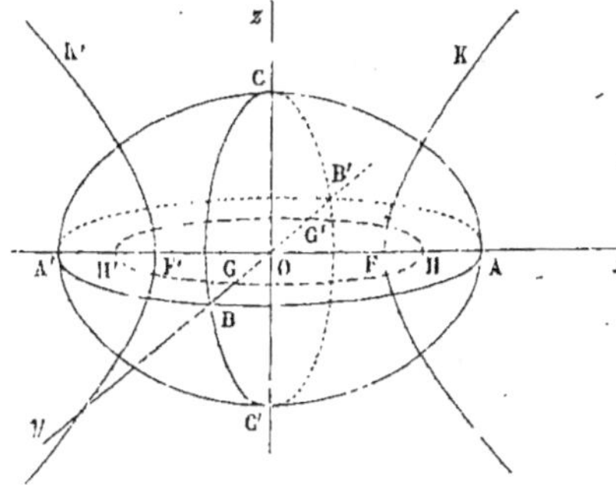

Fig. 42

Nous allons chercher l'équation générale des surfaces qui satisfont à cette condition, en observant qu'elles sont évidemment concentriques.

Soit $\dfrac{x}{\alpha} + \dfrac{y}{\beta} + \dfrac{z}{\gamma} = 0$ (1) l'équation d'une surface à centre rapportée à ses axes principaux. Pour plus de généralité, nous ne mettons pas les dénominateurs sous forme de carrés, afin de ne rien préjuger sur leurs signes ; mais nous supposerons toujours $\alpha > \beta > \gamma$.

Pour fixer les idées, nous représenterons un ellipsoïde (fig. 42) (1).

La section principale ABA′ a ses foyers F et F′ sur l'axe AA′, à la distance $OF = \sqrt{\alpha - \beta}$. Le même axe des x contient aussi les foyers H et H′ de la section ACA′ à la distance $OH = \sqrt{\alpha - \gamma}$, et OH > OF parce que $\beta > \gamma$. Enfin les foyers G, G′ de la troisième section sont sur l'axe OB à la distance $OG = \sqrt{\beta - \gamma}$.

584. Soit $\dfrac{x^2}{\alpha'} + \dfrac{y^2}{\beta'} + \dfrac{z^2}{\gamma'} = 1$ l'équation d'une autre surface où nous supposerons aussi $\alpha' > \beta' > \gamma'$. Pour que les foyers de cette surface coïncident avec ceux de la première, il faut et il suffit que l'on ait

$$\alpha' - \beta' = \alpha - \beta, \quad \alpha' - \gamma' = \alpha - \gamma, \quad \beta' - \gamma' = \beta - \gamma,$$

ce qui se réduit à

$$\alpha - \alpha' = \beta - \beta' = \gamma - \gamma'.$$

Soit donc u la valeur commune de ces différences ; l'équation générale des surfaces homofocales à la surface donnée est

$$\frac{x^2}{\alpha - u} + \frac{y^2}{\beta - u} + \frac{z^2}{\gamma - u} = 1.$$

585. La figure primitive étant un ellipsoïde, α, β et γ

____

(1) Même observation que pour la figure 38.

sont positifs : mais si $u < \gamma$, la nouvelle surface est encore un *ellipsoïde*.

Quand u est compris entre γ et β, la surface est un *hyperboloïde à une nappe;* elle devient un *hyperboloïde à deux nappes* pour u compris entre β et α : enfin, on ne peut donner à u de valeurs plus grandes que α, car la surface deviendrait *imaginaire*.

586. *Coniques focales.* — Lorsque u est seulement un peu plus petit que γ, l'ellipsoïde est très-aplati : à la limite, pour $u = \gamma$, il se réduit à la portion du plan $x0y$ *intérieure* à l'ellipse HGH′ qui a pour équations

$$z = 0 \quad \text{et} \quad \frac{x^2}{\alpha - \gamma} + \frac{y^2}{\beta - \gamma} = 1.$$

Lorsque u surpasse γ d'une quantité infiniment petite, on a un hyperboloïde à une nappe qui se réduit, pour cette limite de $u = \gamma$, à la portion du plan $x0y$ *extérieure* à l'ellipse HGH′.

587. Lorsque u est un peu plus petit que β, l'axe de l'hyperboloïde à une nappe, dirigé suivant Oy, devient très-petit, et cet hyperboloïde se confond, à la limite de $u = \beta$, avec la portion du plan $x0z$ *extérieure* aux branches FK, F′K′ de l'hyperbole qui a pour équations

$$y = 0 \quad \text{et} \quad \frac{x^2}{\alpha - \beta} - \frac{z^2}{\beta - \gamma} = 1.$$

Lorsque u surpasse très-peu β, l'hyperboloïde à deux nappes, arrivé à cette limite, se réduit à la portion du plan $x0z$ qui est *intérieure* à cette hyperbole FK, F′K′.

588. Enfin, quand u devient égal à α, l'hyperbo-

loïde à deux nappes se confond avec le plan zOy, mais l'équation

$$\frac{y^2}{\beta-\alpha} + \frac{z^2}{\gamma-\alpha} = 1$$

représente une ligne imaginaire.

Cependant observons que l'ellipse CBC′, située dans ce plan des zy, a ses foyers G et G′ sur l'ellipse HH′, limite située dans le plan des xy.

Ces deux courbes limites, l'ellipse HGH′ et l'hyperbole FKF′, l'une dans le plan xOy, l'autre dans le plan xOz, s'appellent les coniques *focales* de l'ellipsoïde, et, en général, de chacune des surfaces homofocales.

Ces courbes jouissent en effet de propriétés analogues à celles des foyers dans les courbes du second degré.

II. PROPRIÉTÉS DES CONIQUES FOCALES

589. *Entre toutes ces surfaces homofocales, considérons le cône comme cas particulier; dans cette circonstance, les coniques focales se réduisent aux lignes focales du cône.*

Pour arriver au cône comme cas particulier, nous prendrons comme point de départ un hyperboloïde à une nappe au lieu d'un ellipsoïde, c'est-à-dire que nous écrirons

$$\alpha = a^2, \quad \beta = b^2, \quad \gamma = -c^2.$$

Alors pour la première limite

$$u = \gamma = -c^2, \quad (\S\ 586)$$

on a l'ellipse représentée par

$$z = 0, \quad \frac{x^2}{a^2+c^2} + \frac{y^2}{b^2+c^2} = 1;$$

de même, la seconde limite

$$u = \beta = b^2$$

donne ($\S$ 587) l'hyperbole qui a pour équations

$$y = 0, \quad \frac{x^2}{a^2 - b^2} - \frac{z^2}{b^2 + c^2} = 1.$$

Maintenant si l'on pose, comme au $\S$ 580,

$$a = Ac, \quad b = Bc,$$

on a, pour les focales

$$\frac{x^2}{A^2 + 1} + \frac{y^2}{B^2 + 1} = c^2$$

et

$$\frac{x^2}{A^2 - B^2} - \frac{z^2}{B^2 + 1} = c^2,$$

ce qui, pour $c = 0$, donne les limites suivantes relatives au cône

$$\frac{x^2}{A^2 + 1} + \frac{y^2}{B^2 + 1} = 0$$

et

$$\frac{x^2}{z^2} = \frac{A^2 - B^2}{B^2 + 1}.$$

Ainsi l'ellipse focale se réduit au sommet du cône et l'hyperbole focale n'est autre chose que l'ensemble des focales du cône.

590. Revenons aux coniques focales en général et à leurs équations trouvées précédemment. Nous pouvons les définir l'une par rapport à l'autre, et indépendamment des surfaces homofocales, en disant que *cette ellipse et cette hyperbole sont concentriques et situées dans des plans rectangulaires, de telle sorte que les foyers de l'une sont les sommets de l'autre.*

En effet, ces équations étant

$$\frac{x^2}{\alpha - \gamma} + \frac{y^2}{\beta - \gamma} = 1$$

et

$$\frac{x^2}{\alpha - \beta} - \frac{z^2}{\beta - \gamma} = 1.$$

ou bien

$$\frac{x^2}{A^2} + \frac{y^2}{B^2} = 1$$

et

$$\frac{x^2}{A'^2} - \frac{z^2}{B'^2} = 1,$$

on aura

$$\overline{OF}^2 = A^2 - B^2 = (\alpha - \gamma) - (\beta - \gamma) = \alpha - \beta = A'^2 :$$

ainsi F, foyer de l'ellipse, est le sommet de l'hyperbole.

De même

$$\overline{OH}^2 = A'^2 + B'^2 = \alpha - \beta + \beta - \gamma = \alpha - \gamma = A^2 :$$

ainsi H, foyer de l'hyperbole, est un sommet de l'ellipse. On a donc, en ajoutant les égalités $A^2 - B^2 = A'^2$ et $A'^2 + B'^2 = A^2$, l'autre égalité

$$B'^2 = B^2$$

et l'équation

$$\frac{x^2}{A^2 - B^2} - \frac{z^2}{B^2} = 1$$

de l'hyperbole.

591. Cela posé, on peut démontrer que *chacune de ces courbes est le lieu des foyers de l'autre.*

Ce théorème suppose que les foyers soient définis comme d'ordinaire de la manière suivante :

Un foyer d'une courbe est un point tel, que sa distance à un point quelconque de la courbe s'exprime en fonction rationnelle des coordonnées de ce point de la courbe.

Cherchons donc dans l'espace les foyers de l'ellipse, qui est représentée par

$$z = 0 \quad \text{et} \quad \frac{x^2}{A^2} + \frac{y^2}{B^2} = 1.$$

Les coordonnées du foyer sont x', y', z'; mais la courbe, lieu géométrique des foyers, étant évidemment symétrique relativement au plan des xy, doit être dans le plan des zx ou dans celui des zy : or elle a déjà deux plans F et F' dans le plan des zx, donc elle est tout entière dans ce plan, et $y' = 0$.

On aura donc

$$\delta^2 = (x - x')^2 + y^2 + z'^2 = 0;$$

comme

$$y^2 = B^2 - \frac{B^2}{A^2} x^2,$$

il vient

$$\delta^2 = x^2 \left(1 - \frac{B^2}{A^2}\right) - 2xx' + x'^2 + z'^2 + B^2,$$

ou bien

$$\delta^2 = \frac{A^2 - B^2}{A^2} \left\{ x^2 - 2x \frac{A^2 x'}{A^2 - B^2} + \frac{A^2 (x'^2 + z'^2 + B^2)}{A^2 - B^2} \right\}.$$

D'après la définition du foyer, cette expression doit être identifiée avec

$$\delta^2 = \frac{A^2 - B^2}{A^2} \left(x - \frac{A^2 x'}{A^2 - B^2}\right)^2.$$

Par conséquent

$$\frac{A^2 x'^2}{A^2 - B^2} = x'^2 + z'^2 + B^2,$$

d'où

$$\frac{x'^2}{A^2 - B^2} - \frac{z'^2}{B^2} = 1;$$

c'est l'équation de l'hyperbole focale.

Réciproquement, on verrait que l'ellipse est le lieu des foyers de l'hyperbole.

592. Ainsi la distance d'un point de l'ellipse à un point quelconque de l'hyperbole, pris pour foyer, a pour carré

$$\delta^2 = m^2 \left(x - \frac{x'}{m^2} \right)^2.$$

Ici

$$m^2 = 1 - \frac{B^2}{A^2},$$

x est l'abscisse du point donné sur l'ellipse et x' celle du point choisi sur l'hyperbole.

Par conséquent, cette distance est dans le rapport constant m avec la distance de ce même point au plan qui a pour équation

$$x = \frac{x'}{m^2},$$

ou plutôt (afin de rester dans le plan de l'ellipse) avec la distance de ce point de l'ellipse à la parallèle à Oy, représentée par

$$x = \frac{x'}{m^2},$$

dans le plan des xy.

Si

$$x' = OF = \sqrt{A^2 - B^2},$$

on retrouve, comme cela doit être, la *directrice* ordinaire de l'ellipse, correspondante à ce foyer F. En effet, comme

$$m^2 = \frac{A^2 - B^2}{B^2},$$

on a alors

$$x = \frac{A^2}{\sqrt{A^2 - B^2}}.$$

On obtiendrait de même les *directrices* de l'hyper-bole en prenant pour foyer un point quelconque de l'ellipse.

593. On peut poser

$$C^2 = A^2 - B^2,$$

puisque $A > B$; donc

$$\delta = \pm \left(\frac{C}{A} x - \frac{A}{C} x' \right).$$

Mais comme une distance telle que δ est positive absolue, il faut choisir le signe de manière que cette condition soit toujours remplie.

L'abscisse x' étant celle d'un point de l'hyperbole, on a numériquement $x' > C$, puisque $OF = C$; donc

$$\frac{A\,x'}{C} > A,$$

au point de vue numérique. Si donc nous supposons $x' > 0$, il faudra écrire

$$\delta = \frac{A}{C} x' - \frac{C}{A} x;$$

car $x < A$, donc

$$\frac{C}{A} x < C.$$

Au contraire, si $x' < 0$, il faut évidemment poser

$$\delta' = \frac{C}{A} x - \frac{A}{C} x'$$

pour que l'on ait $\delta' > 0$.

Soient donc δ et δ' les deux distances qui correspondent à un même point de l'ellipse et à deux valeurs de x' égales et de signes contraires, nous aurons, comme ci-dessus, pour $x' > 0$,

$$\delta = \frac{A}{C} x' - \frac{C}{A} x :$$

ensuite x' étant négatif, il faudra en changer le signe pour avoir la valeur absolue

$$\delta' = \frac{A}{C} x' + \frac{C}{A} x\,;$$

donc

$$\delta + \delta' = 2\,x' \cdot \frac{A}{C}.$$

Pour $x' = C$, on retrouve les deux foyers de l'ellipse avec la relation

$$\delta + \delta' = 2A.$$

Mais, dans l'espace, puisque les deux valeurs de x' sont égales et de signe contraire, on a le théorème suivant :

Si l'on joint un point de l'ellipse aux extrémités d'un diamètre transverse de l'hyperbole, la somme de ces deux lignes est constante; c'est-à-dire indépendante du point de l'ellipse ; mais elle dépend de la position du diamètre de l'hyperbole.

594. On aura de même cet autre théorème :

Si l'on joint un point de l'hyperbole aux extrémités d'un diamètre de l'ellipse, la différence de ces rayons vecteurs est constante.

595. On peut même généraliser ce qui précède en considérant *la somme ou la différence des distances qu'on obtient en joignant un point variable de l'une des coniques focales à deux points fixes pris sur l'autre.*

On a d'abord les théorèmes suivants :

1° La *somme* des distances d'un point variable de l'ellipse à deux points fixes, pris *chacun sur une branche de l'hyperbole*, est constante.

En effet, nous avons vu que la branche des abscisses positives donnait

$$\delta = \frac{A}{C}x' - \frac{C}{A}x.$$

Prenons sur l'autre branche un point dont l'abscisse négative ait la valeur absolue x'', nous savons aussi que l'on a

$$\delta'' = \frac{C}{A}x + \frac{A}{C}x'';$$

donc

$$\delta + \delta'' = \frac{A}{C}(x' + x''),$$

quantité indépendante de l'abscisse x du point de l'ellipse.

2° La *différence* des distances d'un point variable de l'ellipse à deux points fixes pris *sur la même branche de l'hyperbole* est constante.

En effet, si les deux abscisses de l'hyperbole sont, par exemple, positives, on aura

$$\delta = \frac{A}{C}x' - \frac{C}{A}x \quad \text{et} \quad \delta'' = \frac{A}{C}x'' - \frac{C}{A}x;$$

donc

$$\delta - \delta'' = \frac{A}{C}(x' - x'').$$

Considérons, au contraire, l'ellipse comme le lieu des foyers de l'hyperbole; nous pouvons toujours supposer le point variable de l'hyperbole situé sur la partie positive; alors nous avons la formule

$$\delta = \frac{A}{C}x - \frac{C}{A}x'.$$

Ici x est relatif à l'hyperbole et x' à l'ellipse. Un autre point de l'ellipse donne de même

$$\delta'' = \frac{A}{C}x - \frac{C}{A}x'';$$

donc

$$\delta - \delta'' = \frac{C}{A}(x'' - x'),$$

quantité indépendante de x. On a donc le théorème unique.

5° La *différence* des distances d'un point variable de l'hyperbole à deux points fixes de l'ellipse est constante.

III. RELATIONS ENTRE LES SURFACES HOMOFOCALES

596. *Par chaque point de l'espace on peut faire passer trois surfaces du second degré homofocales à un ellipsoïde donné.*

Soit

$$\frac{x^2}{\alpha} + \frac{y^2}{\beta} + \frac{z^2}{\gamma} = 1$$

l'équation de cet ellipsoïde (ou, en général, de cette surface dans laquelle $\alpha > \beta > \gamma$), et soient x', y', z' les coordonnées du point quelconque de l'espace.

On a pour équation de condition

$$\frac{x'^2}{\alpha - u} + \frac{y'^2}{\beta - u} + \frac{z'^2}{\gamma - u} = 1,$$

et u est la seule inconnue, qui s'obtiendra par une équation du troisième degré.

En chassant les dénominateurs, on obtient

$$U = (\alpha - u)(\beta - u)(\gamma - u) - x'^2(\beta - u)(\gamma - u) - y'^2(\alpha - u)(\gamma - u)$$
$$- z'^2(\alpha - u)(\beta - u) = 0.$$

Pour $u = 0$ il reste

$$U = \alpha\beta\gamma\left(1 - \frac{x'^2}{\alpha} - \frac{y'^2}{\beta} - \frac{z'^2}{\gamma}\right),$$

quantité qui est positive si le point donné est intérieur à l'ellipsoïde, et négative s'il est extérieur.

Supposons d'abord ce point *intérieur*, d'où $U > 0$; puis posons $u = \gamma$, il reste

$$U = -z'^2(\alpha - \gamma)(\beta - \gamma) < 0;$$

donc il y a une racine comprise entre 0 et γ, et, comme alors $\gamma - u > 0$, on obtient un *ellipsoïde*.

Ensuite, si $u = \beta$, on a

$$U = -y'^2(\alpha - \beta)(\gamma - \beta) > 0,$$

puisque $\gamma - \beta < 0$; on a donc aussi une racine comprise entre γ et β; alors $\alpha - u$ et $\beta - u$ sont positifs, mais $\gamma - u < 0$; on a donc un *hyperboloïde à une nappe*.

Enfin $u = \alpha$ donne

$$U = -x'^2(\beta - \alpha)(\gamma - \alpha) < 0;$$

donc la troisième racine est comprise entre β et α, et, comme alors $\beta - u < 0$, elle donne un *hyperboloïde à deux nappes*.

597. Il reste à examiner le cas où le point donné est *extérieur* à l'ellipsoïde donné. Ici $u = 0$ et $u = \gamma$ donnent $U < 0$; mais il y a une racine négative, car le terme de plus haute puissance de U est $-u^3$; par conséquent $u = -D$ donne $U > 0$. Ainsi, u étant cette racine négative, $\alpha - u$, $\beta - u$ et $\gamma - u$ sont positifs, et l'on a un ellipsoïde. Quant aux deux hyperboloïdes, on a trouvé qu'ils sont donnés par les racines comprises entre γ et β, β et α.

598. *Deux surfaces homofocales d'espèce différente se coupent à angle droit* (c'est-à-dire que, si d'un point com-

mun à ces surfaces on mène la normale à chacune d'elles, ces normales font un angle droit).

En effet, soient

$$\frac{x^2}{\alpha - u} + \frac{y^2}{\beta - u} + \frac{z^2}{\gamma - u} = 1 \quad \text{et} \quad \frac{x^2}{\alpha - \nu} + \frac{y^2}{\beta - \nu} + \frac{z^2}{\gamma - \nu} = 1$$

les équations de ces deux surfaces homofocales à la surface donnée : x', y', z' étant les coordonnées d'un point commun à ces deux surfaces (même en dehors du point donné comme étant commun aux trois surfaces homofocales), on peut retrancher ces équations. Or

$$\frac{1}{\alpha - u} - \frac{1}{\alpha - \nu} = \frac{u - \nu}{(\alpha - u)(\alpha - \nu)};$$

par conséquent on aura

$$\frac{x'^2}{(\alpha - u)(\alpha - \nu)} + \frac{y'^2}{(\beta - u)(\beta - \nu)} + \frac{z'^2}{(\gamma - u)(\gamma - \nu)} = 0.$$

Mais les équations des plans tangents à ces surfaces en ce point commun sont

$$\frac{xx'}{\alpha - u} + \frac{yy'}{\beta - u} + \frac{zz'}{\gamma - u} = 0 \quad \text{et} \quad \frac{xx'}{\alpha - \nu} + \frac{yy'}{\beta - \nu} + \frac{zz'}{\gamma - \nu} = 1;$$

donc la relation écrite ci-dessus n'est autre chose que l'expression qui égale à zéro le cosinus de l'angle de ces deux plans.

599. Cela revient à dire que *le plan tangent à l'une des surfaces contient la normale à l'autre.*

Il en résulte aussi que, *par le point commun aux trois surfaces homofocales à un ellipsoïde donné (§ 596), si l'on mène le plan tangent à l'une de ces surfaces, ce plan sera celui des normales aux deux autres surfaces.*

On en conclut encore que la normale à l'une des trois surfaces est l'intersection des plans tangents aux deux autres, ce qui revient au théorème suivant :

La normale à une des trois surfaces est tangente à l'intersection des deux autres.

Enfin on observe que les normales en ce point commun forment un angle trièdre tri-rectangle.

600. *L'intersection de deux surfaces homofocales est une ligne de courbure de chacune d'elles.*

En effet, soient x', y', z' les coordonnées d'un point commun, on aura les relations

$$\frac{x'^2}{\alpha} + \frac{y'^2}{\beta} + \frac{z'^2}{\gamma} = 1 \quad \text{et} \quad \frac{x'^2}{\alpha - u} + \frac{x'^2}{\beta - u} + \frac{z'^2}{\gamma - u} = 1,$$

ce qui donnera, comme au § 598,

$$\frac{x'^2}{\alpha\,(\alpha - u)} + \frac{y'^2}{\beta\,(\beta - u)} + \frac{z'^2}{\gamma\,(\gamma - u)} = 0.$$

Le plan tangent en ce point à la première surface ayant pour équation

$$\frac{x x'}{\alpha} + \frac{y y'}{\beta} + \frac{z z'}{\gamma} = 1,$$

les équations de la normale en ce point seront

$$\frac{\alpha\,(x - x')}{x'} = \frac{\beta\,(y - y')}{y'} = \frac{\gamma\,(z - z')}{z'};$$

en les mettant sous la forme

$$x = mz + p, \quad y = nz + q,$$

on aura

$$m = \frac{\gamma x'}{\alpha z'}, \quad p = \frac{x'\,(\alpha - \gamma)}{\alpha} \quad \text{et} \quad n = \frac{\gamma y'}{\beta z'}, \quad q = \frac{y'\,(\beta - \gamma)}{\beta}.$$

De même la normale au point infiniment voisin, dont les coordonnées sont $x' + dx'$, $y' + dy'$, $z' + dz'$, donnera

$$m' = \frac{\gamma\,(x' + dx')}{\alpha\,(z' + dz')}, \quad p' = \frac{(x' + dx')\,(\alpha - \gamma)}{\alpha}$$

et

$$n' = \frac{\gamma\,(y' + dy')}{\beta\,(z' + dz')}, \quad q' = \frac{(y' + dy')\,(\beta - \gamma)}{\beta}.$$

Si l'intersection est une ligne de courbure, ces deux normales sont dans un même plan, ce qui s'exprime par la condition

$$\frac{p' - p}{q' - q} = \frac{m' - m}{n' - n}.$$

On devra avoir par conséquent, en posant $\dfrac{dx'}{dz'} = \lambda$ et $\dfrac{dy'}{dz'} = \mu$,

$$\frac{z'\lambda - x'}{z'\mu - y'} = \frac{\lambda\,(\alpha - \gamma)}{\mu\,(\beta - \gamma)},$$

ce qui revient à la condition

$$z'\lambda\mu\,(\beta - \alpha) = x'\mu\,(\beta - \gamma) - y'\lambda\,(\alpha - \gamma).$$

Maintenant, différentiant les deux relations qui contiennent x', y', z', on obtient

$$\frac{\lambda x'}{\alpha} + \frac{\mu y'}{\beta} + \frac{z'}{\gamma} = 0 \quad \text{et} \quad \frac{\lambda x'}{\alpha - u} + \frac{\mu y'}{\beta - u} + \frac{z'}{\gamma - u} = 0,$$

car le plan tangent à la seconde surface aura pour équation

$$\frac{xx'}{\alpha - u} + \frac{yy'}{\beta - u} + \frac{zz'}{\gamma - u} = 0 \,;$$

l'élimination donne les valeurs symétriques

$$\lambda = \frac{\alpha z'\,(\beta - \gamma)\,(\alpha - u)}{\gamma x'\,(\alpha - \beta)\,(\gamma - u)}, \quad \mu = \frac{\beta z'\,(\alpha - \gamma)\,(\beta - u)}{\gamma y'\,(\beta - \alpha)\,(\gamma - u)}.$$

En les substituant dans la condition précédente et réduisant, on a comme ci-dessus (§ 600)

$$\frac{x'^2}{\alpha\,(\alpha - u)} + \frac{y'^2}{\beta\,(\beta - u)} + \frac{z'^2}{\gamma\,(\gamma - u)} = 0,$$

équation que nous avons déjà reconnue exacte.

Ainsi la condition est vérifiée ainsi que le théorème.

IV. POINTS CORRESPONDANTS

601. Nous avons vu (§ 599) que la normale à une des trois surfaces homofocales qui passent par un point donné est tangente à l'intersection des deux autres. Considérons, par exemple, l'intersection des deux hyperboloïdes : la tangente à cette ligne sera *normale* à l'ellipsoïde. (On dit qu'une ligne est *normale* à une surface, lorsque la tangente à cette ligne au point de rencontre est normale à cette surface.)

Mais par tous les points de cette intersection on peut imaginer de même un ellipsoïde homofocal aux hyperboloïdes et, par conséquent, au premier ellipsoïde. L'observation précédente étant vraie pour toute cette série, on a le théorème suivant :

L'intersection de deux hyperboloïdes homofocaux d'espèce différente est une courbe normale aux ellipsoïdes homofocaux.

On appelle points *correspondants* sur ces ellipsoïdes ceux où ils sont percés par l'intersection de ces hyperboloïdes.

En général, ce mot s'applique aux points où une série de surfaces homofocales de même espèce est percée par l'intersection de deux surfaces homofocales des deux autres espèces.

602. *Les carrés des coordonnées de deux points correspondants sont entre eux respectivement comme ceux des axes des deux surfaces auxquelles ces coordonnées sont parallèles.*

En indiquant par u, v et w les racines de l'équation du § 596, nous aurons

$$\frac{x'^2}{\alpha - u} + \frac{y'^2}{\beta - u} + \frac{z'^2}{\gamma - u} = 1, \qquad \frac{x'^2}{\alpha - v} + \frac{y'^2}{\beta - v} + \frac{z'^2}{\gamma - v} = 1$$

et

$$\frac{x'^2}{\alpha - w} + \frac{y'^2}{\beta - w} + \frac{z'^2}{\gamma - w} = 1,$$

relations où x', y', z' sont les coordonnées du point commun aux trois surfaces. On en conclut, par l'élimination,

$$x'^2 = \frac{(\alpha - u)(\alpha - v)(\alpha - w)}{(\alpha - \beta)(\alpha - \gamma)}.$$

De même

$$y'^2 = \frac{(\beta - u)(\beta - v)(\beta - w)}{(\beta - \alpha)(\beta - \gamma)}, \qquad z'^2 = \frac{(\gamma - u)(\gamma - v)(\gamma - w)}{(\gamma - \alpha)(\gamma - \beta)}.$$

Dans une de ces expressions, telle que x'^2, on peut faire varier la quantité u, que nous supposerons, pour fixer les idées, correspondre aux ellipsoïdes. On obtiendra ainsi une série de points *correspondants*, car, v et w ne variant pas, tous ces points sont sur l'intersection des deux mêmes hyperboloïdes homofocaux d'espèce différente.

En même temps, puisque v et w sont constants, x'^2 varie proportionnellement à $\alpha - u$, c'est-à-dire au carré de l'axe des x.

603.

$$\frac{(\alpha - v)(\alpha - w)}{(\alpha - \beta)(\alpha - \gamma)} = r;$$

on a, pour deux points correspondants,

$$x'^2 = r(\alpha - u), \quad x_1'^2 = r(\alpha - u_1),$$

d'où

$$r = \frac{x'^2}{\alpha - u} = \frac{x_1'^2}{\alpha - u_1} = \frac{x'^2 - x_1'^2}{u_1 - u},$$

comme on le voit en éliminant α entre les deux valeurs de r.

Or

$$\overline{OM}^2 = x'^2 + y'^2 + z'^2, \quad \overline{OM_1}^2 = x_1'^2 + y_1'^2 + z_1'^2;$$

donc

$$\overline{OM_1}^2 - \overline{OM}^2 = (x_1'^2 - x'^2) + (y_1'^2 - y'^2) + (z_1'^2 - z'^2).$$

Mais comme

$$x_1'^2 - x'^2 = \frac{x'^2(u_1 - u)}{\alpha - u},$$

on a aussi

$$y_1'^2 - y'^2 = \frac{y'^2(u_1 - u)}{\beta - u}, \quad z_1'^2 - z'^2 = \frac{z'^2(u_1 - u)}{\gamma - u},$$

et comme

$$\frac{x'^2}{\alpha - u} + \frac{y'^2}{\beta - u} + \frac{z'^2}{\gamma - u} = 1,$$

il reste

$$\overline{OM_1}^2 - \overline{OM}^2 = u_1 - u.$$

Ainsi *la différence des carrés des distances du centre à deux points correspondants sur deux ellipsoïdes homofocaux est constante et égale à la différence des carrés des demi-axes.*

604. *Soient M et N deux points d'un des ellipsoïdes homofocaux, M_1 et N_1 leurs correspondants sur un autre ellipsoïde; on a* $MN_1 = M_1N$.

En effet

$$\overline{MN_1}^2 = (x' - x_1'')^2 + (y' - y_1'')^2 + (z' - z_1'')^2,$$

d'où

$$\overline{MN_1}^2 = \overline{OM}^2 + \overline{ON_1}^2 - 2(x'x_1'' + y'y_1'' + z'z_1'');$$

On aura de même

$$\overline{M_1 N}^2 = \overline{OM_1}^2 + \overline{ON}^2 - 2(x''x_1' + y''y_1' + z''z_1').$$

En retranchant, on a d'abord

$$(\overline{OM_1}^2 - \overline{OM}^2) - (\overline{ON_1}^2 - \overline{ON}^2) = 0,$$

puisque nous venons de trouver $u_1 - u$ pour expression de ces deux différences. Ensuite la valeur de r (§ 603) donne

$$x_1' = x' \sqrt{\frac{\alpha - u_1}{\alpha - u}} \quad \text{et} \quad x_1'' = x'' \sqrt{\frac{\alpha - u_1}{\alpha - u}};$$

donc

$$x'x_1'' = x'x'' \sqrt{\frac{\alpha - u_1}{\alpha - u}}.$$

De même

$$x_1'x'' = x'x'' \sqrt{\frac{\alpha - u_1}{\alpha - u}};$$

ainsi $x'x_1'' = x_1'x''$. Il en sera de même pour les termes en y et en z; donc $MN_1 = M_1N$.

605. *Le rayon central* OM *de la surface* u *et les parallèles menées du centre aux normales des deux surfaces homofocales* v *et* w, *qui passent aussi en* M, *forment un système de diamètres conjugués de la surface* u.

Remarquons d'abord que le plan tangent en M à cette surface u est naturellement *conjugué* de OM; on sait aussi (§ 599) que ce plan tangent contient les normales en M aux surfaces v et w.

Il reste donc à voir si les directions de ces normales, que l'on peut supposer transportées au centre, sont conjuguées relativement à la surface u.

Pour cela il suffira de vérifier l'équation connue

$$Aaa' + A'bb' + A''cc' = 0,$$

dans laquelle

$$A = \frac{1}{\alpha - u}, \quad A' = \frac{1}{\beta - u}, \quad A'' = \frac{1}{\gamma - u}.$$

Du reste, comme l'équation du plan tangent en M à la surface v est

$$\frac{xx'}{\alpha - v} + \frac{yy'}{\beta - v} + \frac{zz'}{\gamma - v} = 1,$$

on a pour les normales,

$$a = \frac{x'}{\alpha - v}, \quad b = \frac{y'}{\beta - v}, \quad c = \frac{z'}{\gamma - v},$$

de même

$$a' = \frac{x'}{\alpha - w}, \quad b' = \frac{y'}{\beta - w}, \quad c' = \frac{z'}{\gamma - w}.$$

Donc

$$A aa' + B bb' + C cc' = \frac{x'^2}{(\alpha - u)(\alpha - v)(\alpha - w)} + \frac{y'^2}{(\beta - u)(\beta - v)(\beta - w)} + \frac{z'^2}{(\gamma - u)(\gamma - v)(\gamma - w)}.$$

Mais (§ 602)

$$\frac{x'^2}{(\alpha - u)(\alpha - v)(\alpha - w)} = \frac{1}{(\alpha - \beta)(\alpha - \gamma)}, \text{ etc.}$$

Ainsi

$$A aa' + B bb' + C cc' = \frac{1}{(\alpha - \beta)(\alpha - \gamma)} + \frac{1}{(\beta - \alpha)(\beta - \gamma)} + \frac{1}{(\gamma - \alpha)(\gamma - \beta)}$$
$$= \frac{1}{(\alpha - \beta)(\beta - \gamma)(\gamma - \alpha)} (\gamma - \beta + \alpha - \gamma + \beta - \alpha) = 0.$$

606. Il en résulte que *la section de la première surface par un plan parallèle à un plan tangent aura ses axes principaux parallèles aux normales des autres surfaces au point de contact.*

Cela tient à ce que ces normales sont à angle droit (§ 598).

V. CONES CIRCONSCRITS AUX SURFACES HOMOFOCALES

607. *Les axes principaux d'un cône circonscrit à une surface du second degré coïncident avec les normales menées par le sommet du cône aux trois surfaces homofocales à la proposée, et qui passent par ce sommet.*

Soit

$$f = \frac{x^2}{\alpha} + \frac{y^2}{\beta} + \frac{z^2}{\gamma} - 1 = 0$$

l'équation de la surface donnée et x_0, y_0, z_0 les coordonnées du sommet. On sait que l'équation du cône circonscrit, en posant (§ 192)

$$f_0 = \frac{x_0^2}{\alpha} + \frac{y_0^2}{\beta} + \frac{z_0^2}{\gamma} - 1,$$

est

$$f_0 \left(\frac{x^2}{\alpha} + \frac{y^2}{\beta} + \frac{z^2}{\gamma} - 1 \right) - \left(\frac{x x_0}{\alpha} + \frac{y y_0}{\beta} + \frac{z z_0}{\gamma} - 1 \right)^2 = 0.$$

Dans cette équation, soient A, A', A″ et 2B, 2B', 2B″ les coefficients des carrés et des rectangles, qui sont les mêmes que si l'origine était au sommet, on aura

$$A = \frac{1}{\alpha} \left(f_0 - \frac{x_0^2}{\alpha} \right), \quad A' = \frac{1}{\beta} \left(f_0 - \frac{y_0^2}{\beta} \right), \quad A'' = \frac{1}{\gamma} \left(f_0 - \frac{z_0^2}{\gamma} \right)$$

et

$$B = -\frac{y_0 z_0}{\beta \gamma}, \quad B' = -\frac{x_0 z_0}{\alpha \gamma}, \quad B'' = -\frac{x_0 y_0}{\alpha \beta}.$$

Soit μ et ν les coefficients angulaires d'un des axes principaux du cône. On sait que

$$\mu = \frac{B''(S - A'') + BB'}{B(S - A) + B'B''}, \qquad \nu = \frac{B''(S - A'') + BB'}{B'(S - A') + BB''}.$$

Remplaçant les coefficients par leurs valeurs, on aura

$$\mu = \frac{x_0 \, (f_0 - S\gamma)}{z_0 \, (f_0 - S\alpha)} = \frac{x_0 \left(\dfrac{f_0}{S} - \gamma \right)}{z_0 \left(\dfrac{f_0}{S} - \alpha \right)}$$

et

$$\nu = \frac{y_0 \left(\dfrac{f_0}{S} - \gamma \right)}{z_0 \left(\dfrac{f_0}{S} - \beta \right)}.$$

D'un autre côté, le plan tangent mené à l'une des trois surfaces à ce sommet qui leur est commun a pour équation

$$\frac{xx_0}{\alpha - u} + \frac{yy_0}{\beta - u} + \frac{zz_0}{\gamma - u} = 1,$$

donc les équations de la normale en ce point sont

$$\frac{(x - x_0)\,(\alpha - u)}{x_0} = \frac{(y - y_0)\,(\beta - u)}{y_0} = \frac{(z - z_0)\,(\gamma - u)}{z_0},$$

et on peut les mettre sous la forme

$$x - x_0 = m\,(z - z_0), \qquad y - y_0 = n\,(z - z_0).$$

Donc, pour que l'on ait, comme l'exige le théorème,

$$m = \mu, \qquad n = \nu,$$

il faut et il suffit que l'on ait

$$u = \frac{f_0}{S}$$

ou bien

$$S = \frac{f_0}{u}.$$

608. Ainsi l'équation en S doit donner l'équation en u quand on y fait

$$S = \frac{f_0}{u}.$$

Or on obtient l'équation en S en substituant les valeurs précédentes de μ et ν dans l'équation

$$S - A'' - \mu B' - \nu B = 0. \qquad (\S\ 436)$$

On a alors

$$S - \frac{f_0}{\gamma} + \frac{z_0^2}{\gamma} + \frac{x_0^2(f_0 - S\gamma)}{\alpha\gamma\,(f_0 - S\alpha)} + \frac{y_0^2(f_0 - S\gamma)}{\beta\gamma\,(f_0 - S\beta)} = 0.$$

Divisant tout par $\dfrac{f_0 - S\gamma}{\gamma}$, il reste

$$\frac{x_0^2}{\alpha\,(f_0 - S\alpha)} + \frac{y_0^2}{\beta\,(f_0 - S\beta)} + \frac{z_0^2}{\gamma\,(f_0 - S\gamma)} = 1.$$

Posant $S = \dfrac{f_0}{u}$, on a

$$\frac{u x_0^2}{\alpha\,(u - \alpha)} + \frac{u y_0^2}{\beta\,(u - \beta)} + \frac{u z_0^2}{\gamma\,(u - \gamma)} = f_0.$$

résultat qui doit être identique avec l'équation en u que nous avons trouvée au $\S$ 596.

609. Ce résultat devient

$$u\left\{x_0^2\beta\gamma\,(u - \beta)(u - \gamma) + y_0^2\alpha\gamma\,(u-\alpha)(u-\gamma) + z_0^2\alpha\beta\,(u-\alpha)(u-\beta)\right\}$$
$$- f_0\alpha\beta\gamma\,(u - \alpha)(u - \beta)(u - \gamma) = 0.$$

En développant, il vient

$$u^3\left(x_0^2\beta\gamma + y_0^2\alpha\gamma + z_0^2\alpha\beta - f_0\alpha\beta\gamma\right)$$
$$- u^2\left\{x_0^2(\beta\gamma^2 + \gamma\beta^2) + y_0^2(\alpha\gamma^2 + \gamma\alpha^2) + z_0^2(\alpha\beta^2 + \beta\alpha^2) - f_0\alpha\beta\gamma(\alpha + \beta + \gamma)\right\}$$
$$+ u\left\{x_0^2\beta^2\gamma^2 + y_0^2\alpha^2\gamma^2 + z_0^2\alpha^2\beta^2 - f_0\alpha\beta\gamma(\gamma\beta + \alpha\gamma + \alpha\beta)\right\}$$
$$+ f_0\alpha^2\beta^2\gamma^2 = 0.$$

A cause de la valeur de f_0, qui est

$$\frac{x_0^2}{\alpha} + \frac{y_0^2}{\beta} + \frac{z_0^2}{\gamma} = 1,$$

le coefficient de u^3 se réduit à $\alpha\beta\gamma$.

Divisant toute l'équation par $\alpha\beta\gamma$, le coefficient de u^3 reste égal à l'unité et celui de u^2 devient

$$f_0(\alpha+\beta+\gamma) - \frac{x_0^2}{\alpha}(\gamma+\beta) - \frac{y_0^2}{\beta}(\gamma+\alpha) - \frac{z_0^2}{\gamma}(\alpha+\beta),$$

ce qui revient à

$$x_0^2 + y_0^2 + z_0^2 - \alpha - \beta - \gamma.$$

Le coefficient de u divisé par $\alpha\beta\gamma$ donne, à cause de

$$\frac{\beta^2\gamma^2}{\alpha\beta\gamma} = \frac{\beta\gamma}{\alpha},$$

l'expression

$$\frac{x_0^2}{\alpha}\beta\gamma + \frac{y_0^2}{\beta}\alpha\gamma + \frac{z_0^2}{\gamma}\alpha\beta - f_0(\beta\gamma + \alpha\gamma + \alpha\beta);$$

il devient donc

$$\alpha\beta + \alpha\gamma + \beta\gamma - x_0^2(\beta+\gamma) - y_0^2(\alpha+\gamma) - z_0^2(\alpha+\beta).$$

Enfin, le terme tout connu se réduit à $f_0 . \alpha\beta\gamma$.

610. Il reste à développer l'équation en u du § 596 et à la comparer avec celle que nous venons d'obtenir.

Nous avons vu alors que cette équation, déduite de la relation de condition

$$\frac{x_0^2}{\alpha - u} + \frac{y_0^2}{\beta - u} + \frac{z_0^2}{\gamma - u} = 1,$$

devient

$$(u-\alpha)(u-\beta)(u-\gamma) + x_0^2(u-\beta)(u-\gamma) + y_0^2(u-\alpha)(u-\gamma)$$
$$+ z_0^2(u-\alpha)(u-\beta) = 0,$$

ce qui revient à

$$u^3 + u^2(x_0^2 + y_0^2 + z_0^2 - \alpha - \beta - \gamma)$$
$$+ u\{\alpha\beta + \alpha\gamma + \beta\gamma - x_0^2(\beta+\gamma) - y_0^2(\alpha+\gamma) - z_0^2(\alpha+\beta)\} + \alpha\beta\gamma f_0 = 0.$$

Alors on reconnaît l'identité avec l'équation du paragraphe précédent, ce qui démontre le théorème énoncé au § 607.

611. *Les cônes de même sommet circonscrits à des surfaces homofocales ont les mêmes lignes focales.* — Dans le théorème précédent, si la surface inscrite au cône varie de manière à rester toujours homofocale à elle-même, les trois surfaces homofocales que l'on imagine passant par le sommet du cône resteront les mêmes. Par conséquent, les normales en ce point à ces surfaces, c'est-à-dire les axes principaux du cône, ne varieront pas : nous pourrons donc les prendre pour axes des coordonnées.

Avant ce changement de coordonnées, l'équation d'une surface inscrite était

$$\frac{x^2}{\alpha} + \frac{y^2}{\beta} + \frac{z^2}{\gamma} = 1,$$

et celle d'une des surfaces homofocales passant au sommet était

$$\frac{x^2}{\alpha - u} + \frac{y^2}{\beta - u} + \frac{z^2}{\gamma - u} = 1,$$

en y joignant la condition

$$\frac{x_0^2}{\alpha - u} + \frac{y_0^2}{\beta - u} + \frac{z_0^2}{\gamma - u} = 1.$$

Alors, d'après le paragraphe précédent, nous avons $f_0 = uS$, S étant l'inconnue de l'équation du troisième degré qui détermine les axes principaux du cône.

Donc, comme on le sait, l'équation du cône rapporté à ces axes principaux sera

$$S_1 X^2 + S_2 Y^2 + S_3 Z^2 = 0,$$

où X, Y, Z représentent des fonctions du premier degré

en x, y et z : ici, comme il s'agit d'un cône, S_1 et S_2 sont positifs et S_3 négatif.

Mais, comme $f_0 = uS$, cette équation se met sous la forme

$$\frac{X^2}{u} + \frac{Y^2}{v} + \frac{Z^2}{w} = 0.$$

612. Actuellement, si l'on fait varier d'une quantité δ les coefficients α, β, γ de la surface inscrite, l'équation de cette surface, rapportée à son centre, sera

$$\frac{x^2}{\alpha+\delta} + \frac{y^2}{\beta+\delta} + \frac{z^2}{\gamma+\delta} = 1;$$

seulement δ doit être telle, que cette surface soit homofocale à elle-même.

On reconnaîtra qu'il en est ainsi lorsque, pour les surfaces homofocales passant au sommet donné, les racines de l'équation en u varient aussi de cette quantité δ; alors, en effet, les surfaces de chaque système, avant et après la variation, seront homofocales, non-seulement entre elles, mais à celles de l'autre système.

Au lieu de

$$\frac{X^2}{u} + \frac{Y^2}{v} + \frac{Z^2}{w} = 0,$$

on écrira, pour équation du cône circonscrit,

$$\frac{X_1^2}{u-\delta} + \frac{Y_1^2}{v-\delta} + \frac{Z_1^2}{w-\delta} = 0:$$

ici nous écrivons X_1, Y_1, Z_1, parce que ces quantités contiennent

$$\alpha_1 = \alpha+\delta, \quad \beta_1 = \beta+\delta, \quad \gamma_1 = \gamma+\delta.$$

Du reste, α, β, γ augmentant de δ, on voit que u, v, w diminuent de la même quantité.

Il en résulte que, si nous cherchons les focales du cône, la quantité

$$\frac{a^2 - b^2}{b^2 + c^2} \quad (\S\,540)$$

est déterminée, dans le premier système, par

$$a^2 = u, \quad b^2 = v, \quad c^2 = -w,$$

d'où

$$\frac{a^2 - b^2}{b^2 + c^2} = \frac{u - v}{v - w};$$

dans le second système, par

$$a^2 = u - \delta, \quad b^2 = v - \delta, \quad c^2 = \delta - w;$$

il est clair que le résultat est le même, c'est-à-dire que

$$\frac{a^2 - b^2}{b^2 + c^2} = \frac{u - v}{v - w},$$

ce qui démontre le théorème.

613. *Les focales des cônes de même sommet circonscrits à une série de surfaces homofocales sont situées sur l'hyperboloïde à une nappe homofocal qui passe par le sommet.*

Faisons passer par un point près du sommet M un hyperboloïde à une nappe homofocal aux surfaces indiquées. Ce point M étant très-voisin de l'hyperboloïde, on peut toujours admettre qu'il soit extérieur à son cône asymptote : donc, comme on l'a vu ($\S$ 272), le plan de contact du cône circonscrit de sommet M coupera la surface suivant une hyperbole. Ce cône circonscrit s'aplatit à mesure que l'hyperboloïde s'approche davantage du point M et, à la limite, il se réduit au plan tangent en M, tandis que la courbe de contact se réduit aux deux génératrices communes à ce plan et à la surface. Il faut même dire que ce cône se réduit à la portion du plan tangent comprise dans les deux angles opposés au sommet formés par les génératrices. Il reste à voir que ces génératrices sont les limites des focales.

En général, dans l'équation

$$\frac{x^2}{a^2} + \frac{y^2}{b^2} - \frac{z^2}{c^2} = 0$$

d'un cône, si l'on suppose $b = 0$, il en résulte $y = 0$, c'est-à-dire que le cône aplati se réduit, pour cette limite, au plan des xz. Quant aux lignes de ce plan qui terminent ce cône aplati, observons que la base elliptique se réduit alors à la droite $a_1 a'_1$ (fig. 58), en prenant $Oc = c$, $ca_1 = a$. Ainsi, dans cette circonstance, les lignes Oa_1, Oa'_1, qui servent de limites, ont pour équations

$$y = 0 \quad \text{et} \quad x = \pm z \frac{a}{c}.$$

Or si, dans l'équation

$$\frac{x}{z} = \pm \sqrt{\frac{a^2 - b^2}{b^2 + c^2}},$$

on pose $b = 0$, il reste

$$\frac{x}{z} = \pm \frac{a}{c};$$

donc les droites qui terminent ce cône limite sont elles-mêmes les limites des focales.

Or, d'après le théorème précédent, les focales, étant les mêmes pour les cônes circonscrits de sommet M, ne changent pas pour le cône limite; on voit alors qu'elles sont sur l'hyperboloïde indiqué.

614. *Le lieu des sommets des cônes de révolution circonscrits à un ellipsoïde est la focale hyperbolique de cet ellipsoïde.*

Nous avons trouvé (§ 607) pour coefficients des termes du second degré dans l'équation de ce cône circonscrit,

$$A = \frac{f_0}{\alpha} - \frac{x_0^2}{\alpha^2}, \quad A' = \frac{f_0}{\beta} - \frac{y_0^2}{\beta^2}, \quad A'' = \frac{f_0}{\gamma} - \frac{z_0^2}{\gamma^2}$$

et aussi

$$B = -\frac{y_0 z_0}{\beta\gamma}, \quad B' = -\frac{x_0 z_0}{\alpha\gamma}, \quad B'' = -\frac{x_0 y_0}{\alpha\beta}.$$

Il s'agit de considérer le cas où ce cône est de révolution.

Les conditions ordinaires

$$A - \frac{B'\,B''}{B} = A' - \frac{B B''}{B'} = A'' - \frac{B B'}{B''}$$

conduiraient ici à l'absurdité $f_0 = 0$. Il faut donc que deux des coefficients B, B', B'' soient nuls, c'est-à-dire qu'une des coordonnées x_0, y_0, z_0 soit nulle elle-même (§ 510).

Nous poserons $y_0 = 0$, sauf la vérification consistant à obtenir un résultat réel.

Alors il reste

$$B = 0, \quad B'' = 0$$

et la condition symétrique de la révolution se réduit à

$$(A - A')\,(A' - A'') + B'^2 = 0.$$

Faisant les calculs et réduisant, on arrive à

$$\frac{x_0^2}{\alpha - \beta} - \frac{z_0^2}{\beta - \gamma} = 1;$$

équation d'une hyperbole puisque $\alpha > \beta$ et $\beta > \gamma$ par hypothèse. Du reste, c'est l'hyperbole focale indiquée (§ 587); ainsi le théorème est démontré.

VI. PARABOLOÏDES HOMOFOCAUX

615. Nous considérerons, pour fixer les idées, l'ellipsoïde de la figure 59 et nous imaginerons qu'il se transforme en un paraboloïde elliptique ayant pour sommet C' et pour axe diamétral l'axe des z, $C'C$.

Dans cette transformation, les sections elliptiques $C'A$ et $C'B$ de la figure 59 deviennent des paraboles dont les foyers f et f' sont sur l'axe des z; nous prendrons pour origine le milieu S de leur distance. Alors, comme les équations de ces paraboles, rapportées d'abord à leur sommet, étaient

$$x^2 = 2pz, \quad y^2 = 2p'z$$

dans leur plan respectif, on sait que

$$C'f = \frac{p}{2}, \quad C'f' = \frac{p'}{2},$$

d'où

$$C'S = \frac{p + p'}{4};$$

pour ramener l'équation à l'origine S, après l'avoir primitivement à l'origine C', il faut changer z en $z - \dfrac{p + p'}{4}$ (le lecteur est prié de faire la figure).

Maintenant, la distance

$$f'S = Sf = \frac{p - p'}{4}$$

étant seule donnée, nous poserons

$$p - p' = 2\delta.$$

ce qui permettra d'écrire

$$p = m + \delta, \quad p' = m - \delta.$$

Alors

$$p + p' = 2m$$

et l'équation ramenée en S sera

$$\frac{x^2}{m + \delta} + \frac{y^2}{m - \delta} = 2z + m.$$

Cette équation, facile à déduire de l'équation ordinaire des paraboloïdes, représente ainsi les paraboloïdes homofocaux, elliptiques ou hyperboliques. Ici δ est constant et m variable suivant les surfaces.

616. Dans cette équation, δ étant positif, si $m = 0$, on a un paraboloïde hyperbolique dont les sections parallèles au plan des xy sont des hyperboles équilatères.

Si m augmente jusqu'à δ, on a, dans cet intervalle, puisque $m - \delta < 0$, d'autres paraboloïdes hyperboliques, mais qui n'ont plus de sections équilatères.

Si $m = \delta$, on a nécessairement $y = 0$, c'est-à-dire que la surface se réduit au plan des zx.

Au contraire, si $m < 0$ jusqu'à $-\delta$, on a encore des paraboloïdes hyperboliques qui ne diffèrent des précédents que par le signe de z. Enfin, pour $m = -\delta$, on trouve $x = 0$, et la surface revient au plan des zy.

Mais, pour avoir des paraboloïdes elliptiques, il faut avoir $m > \delta$ ou bien $0 < m < -\delta$: seulement les convexités sont tournées en sens contraire dans ces deux circonstances.

617. Les propriétés des surfaces homofocales à centre s'étendent, quand il y a lieu, aux paraboloïdes homofocaux qui n'en sont que des cas particuliers.

Par exemple, *deux paraboloïdes homofocaux se coupent à angle droit.* Cela se démontre directement pour deux valeurs m et m', par le calcul déjà employé au § 598. Ici il faut observer que l'on considère comme d'espèces différentes deux paraboloïdes elliptiques dont les convexités sont, ainsi que nous l'avons dit, tournées en sens inverse.

VII. COORDONNÉES ELLIPTIQUES

618. Nous indiquerons seulement cette notation qui tient au théorème du § 600, ainsi conçu :

L'intersection de deux surfaces homofocales est une ligne de courbure de chacune d'elles.

Cela posé, on reconnaît que les deux lignes de courbure menées sur un ellipsoïde par un point donné de cette surface sont les intersections de l'ellipsoïde par les deux hyperboloïdes homofocaux et d'espèce différente qui passent à ce point.

Soient donc μ et ν les plus grands demi-axes de ces hyperboloïdes, on pourra regarder ces quantités toujours réelles μ et ν comme les coordonnées d'un point de l'ellipsoïde. Ainsi une courbe quelconque tracée sur cet ellipsoïde aura une équation de la forme

$$f(\mu, \nu) = 0.$$

Pour différents points de l'une de ces lignes de courbure, l'une des quantités μ et ν sera constante, d'après la définition, puisqu'elle sera relative à l'un des hyperboloïdes. On indique par r la distance du centre à un point de l'ellipsoïde.

Cette notation est employée dans plusieurs beaux travaux de M. Chasles, et d'autres géomètres ; mais le seul énoncé de ces travaux nous ferait sortir des bornes de cet ouvrage.

FIN

TABLE DES MATIÈRES

CHAPITRE PREMIER

LA LIGNE DROITE ET LE PLAN

I. *Points dans l'espace.*

II. *Lieux géométriques; surface plane.*

III. *Équations des lignes; de la ligne droite.*

IV. *Angles des droites et des plans.*

CHAPITRE II

SURFACES ALGÉBRIQUES

III. *Contacts de diverses natures.*

IV. *Courbure des surfaces.*

V. *Caractères des surfaces.*

CHAPITRE III

NOTIONS SUR LES SURFACES DU SECOND DEGRÉ

I. *Sections parallèles.*

II. *Centre.*

III. *Cônes et cylindres.*

CHAPITRE V

HYPERBOLOÏDE A UNE NAPPE

V. *Théorème de Monge.*

VI. *Génératrices rectilignes.*

VII. *Volume de l'hyperboloïde à une nappe.*

CHAPITRE VI

HYPERBOLOÏDE A DEUX NAPPES

1. *Nature et variétés de la surface.*

II. *Forme de la surface.*

III. *Plan tangent et plan polaire.*

IV. *Sections circulaires.*

V. *Théorème de Monge.*

VI. *Volume de l'hyperboloïde à deux nappes.*

CHAPITRE VII

PARABOLOÏDE ELLIPTIQUE

I. *Nature et variétés de la surface.*

II. *Forme de la surface.*

III. *Plan tangent et plan polaire.*

IV. *Sections circulaires.*

V. *Théorème de Monge.*

VI. *Volume du paraboloïde elliptique.*

CHAPITRE VIII

PARABOLOÏDE HYPERBOLIQUE

I. *Nature et variétés de la surface.*

II. *Forme de la surface.*

III. *Plan tangent et plan polaire.*

IV. *Théorème de Monge.*

V. *Génératrices rectilignes.*

VI. *Génération par une droite mobile.*

VII. *Volume du paraboloïde hyperbolique.*

CHAPITRE IX

CARACTÈRES DES SURFACES DU SECOND DEGRÉ

I. *Génération des surfaces par des lignes mobiles.*

II. *Lieux géométriques.*

III. *Discussion de l'équation générale.*

IV. *Caractères des surfaces d'après les coefficients.*

V. *Observations.*

CHAPITRE X

DÉTERMINATION DES SURFACES DU SECOND DEGRÉ

I. *Éléments déjà connus.*

II. *Axes des surfaces à centre.*

III. *Éléments des paraboloïdes.*

IV. *Éléments des cylindres doués d'un axe.*

V. *Éléments du cylindre parabolique..*

VI. *Surfaces de révolution.*

VII. *Sections circulaires.*

VIII. *Génératrices rectilignes.*

CHAPITRE XI

CONIQUES SPHÉRIQUES

I. *Focales d'un cône du second degré.*

II. *Propriétés des focales et des plans directeurs.*

III. *Sections circulaires et plans cycliques.*

IV. *Cône supplémentaire.*

V. *Polaires sphériques.*

CHAPITRE XII

SURFACES HOMOFOCALES

III. *Relations entre les surfaces homofocales.*

IV. *Points correspondants.*

V. *Cônes circonscrits aux surfaces homofocales.*

VI. *Paraboloïdes homofocaux.*

VII. *Coordonnées elliptiques.*

FIN DE LA TABLE DES MATIÈRES

FAUTES ESSENTIELLES

Page 8, ligne 21, *au lieu de* : $\dfrac{r}{-\mathrm{D}} = b$, *lisez* : $\dfrac{r}{-\mathrm{D}} = \delta$.

Page 15, à la fin de la ligne 7, *au lieu de* : $\mathrm{AD}' - \mathrm{DA} = 0$, *lisez* :

$$\mathrm{AD}' - \mathrm{DA}' = 0.$$

Page 17. ligne 14, *au lieu de* : $\dfrac{\mathrm{A}}{\mathrm{B}} = \dfrac{cb' - cb'}{ac' - ca'}$, *lisez* : $\dfrac{\mathrm{A}}{\mathrm{B}} = \dfrac{cb' - bc'}{ac' - ca'}$.

Même page, ligne 4 en remontant, *au lieu de* :

$$\mathrm{A}\,(x_1 - mz_1 - p) + \mathrm{B}\,(y_1 - xz_1 - q) = 0,$$

lisez :

$$\mathrm{A}\,(x_1 - mz_1 - p) + \mathrm{B}\,(y_1 - nz_1 - q) = 0.$$

Page 26, ligne 11, *au lieu de* : une droite donnée, *lisez* : un plan donné.

Page 39, ligne 8 en remontant, *au lieu de* : $x_2 = \dfrac{a\,(\mathrm{A}x_1 + \mathrm{B}y_1 + \mathrm{C}z_1)^2}{\rho}$,

lisez : $x_2 = \dfrac{a\,(\mathrm{A}x_1 + \mathrm{B}y_1 + \mathrm{C}z_1)}{\rho^2}$.

Page 54, ligne 4 en remontant, *au lieu de* : $\mathrm{ON}' = y'$, *lisez* : $\mathrm{PN}' = y'$.

Page 64, ligne 8 en remontant, *au lieu de* : $\pi\,(x, y, \ ^2)$, *lisez* : $\pi\,(r, u, z)$.

Page 97, ligne 9 en remontant, *au lieu de* : $x^2 + y^2 = z^2$, *lisez* : $x^2 + y^2 = r^2$.

Page 98, ligne 8 en remontant, *au lieu de* : $a'\mathrm{D}x' = \ldots$, *lisez* : $x'\mathrm{D}_{x'} + \ldots$.

Page 100, ligne 13, après ces mots : c'est l'équation du cône cherché,

ajoutez : En effet, remplaçant α par $\dfrac{x}{z}$ et β par $\dfrac{y}{z}$, on a

$$(x^2 + y^2 + z^2)\,(x_1^2 + y_1^2 + z_1^2 \ \ r^2) = (xx_1 + yy_1 + zz_1)^2.$$

Page 101, ligne 15, *au lieu de :* $\alpha p + \beta q - 1$, *lisez :* $\alpha p + \beta q = 1$.

Page 107, ligne 6, *au lieu de :* surfaces parallèles, *lisez :* surfaces par des plans parallèles.

Page 109, ligne 9 en remontant, *au lieu de :* $y = \dfrac{Bz}{A'}$, *lisez :* $y = -\dfrac{Bz}{A'}$

Page 110, ligne 1, *au lieu de :* l'axe des xy, *lisez :* l'axe des x.

Page 113, ligne 14, *au lieu de :* $K'' = c''(AA' - B''^2) + ..$, *lisez :*

$$K'' = C''(AA' - B''^2) + ...$$

Page 123, lignes 4, 5, 6 : en avant des termes de ces lignes *supprimez* le coefficient 2.

Page 130, ligne 10 en remontant, *au lieu de :*

$$z(A''z_1 + By_1 + B'z_1 + C'') + ...,$$

lisez :

$$z(A''z_1 + By_1 + B'x_1 + C'') + ...$$

Page 133, ligne 8 en remontant, *au lieu de :*

$$A\mu^2 + A'\nu^2 + A'' + 2B\nu + 2B\mu + 2B''\nu\mu + \frac{E}{z^2} = 0,$$

lisez :

$$A\mu^2 + A'\nu^2 + A'' + 2B\nu + 2B'\mu + 2B''\nu\mu + \frac{E''}{z^2} = 0.$$

Page 138, ligne 6, dans le dénominateur de la valeur de ν, *au lieu de :* i'', *lisez :* B''.

Page 143, ligne 7, *au lieu de :* § 42, *lisez :* § 204.

Page 147, ligne 12 en remontant, *au lieu de :* que, *lisez :* où.

Page 155, ligne 2 en remontant, *au lieu de :* mobile, *lisez :* fixe.

Page 154, ligne 5, *au lieu de :* OB', *lisez :* O'B'.

Page 164, ligne 9 en remontant, *au lieu de :* β, *lisez :* z.

Page 176, ligne 6, *au lieu de :* OA' et OB', *lisez :* O'A' et O'B'.

Page 177, ligne 5 en remontant, *au lieu de :* $= 1$, *lisez :* $= 0$.

Page 180, ligne 5, *au lieu de :* $z = \sqrt{...}$, *lisez :* $\dfrac{1}{z} = \sqrt{...}$.

Page 193, ligne 12, *au lieu de :* GÉNÉRATIONS, *lisez :* GÉNÉRATRICES

Page 194, ligne 2, *au lieu de :* $\dfrac{y}{b} - ...$, *lisez :* $\dfrac{y}{b} = ...$

Page 195, ligne 17, *au lieu de :* § 28, *lisez :* § 281.

Page 203, au milieu de la courbe supérieure *ajoutez* la lettre C.

Page 209, ligne 7, *au lieu de :* $= \dfrac{1}{c^2}$, *lisez :* $= \dfrac{z^2}{c^2}$.

Page 220, ligne 6 en remontant, *au lieu de :* $c^2 < a^2 + b^2 + c^2$, *lisez :* $c^2 < a^2 + b^2$.

Page 225, ligne 11 en remontant, *au lieu de :* OA', *lisez :* $x^2 = 2pz$.

Page 237, ligne 2 en remontant, *au lieu de :* z'^2, *lisez :* x'^2.

Page 239, ligne 4 en remontant, *au lieu de :* l'axe, *lisez :* l'arc.

Page 243, ligne 4 en remontant, *supprimez ces mots :* de la parabole.

Page 244, ligne 6, *au lieu de :* $\dfrac{Y^2}{p} - \dfrac{X^2}{p'} = 2Z$, *lisez :* $\dfrac{Y^2}{P} - \dfrac{X^2}{P'} = 2Z$.

Page 247, ligne 15, *au lieu de :* § 354, *lisez :* § 364.

Page 253, ligne 10, *au lieu de :* $4zy = (x+y)^2 - (z-y)^2$, *lisez :*

$$4zy = (z+y)^2 - (z-y)^2.$$

Page 379, dans la figure 41, *intervertissez* les lettres x et y.

Page 380, ligne 8, *au lieu de :* $\eta = \dfrac{x}{z}$, *lisez :* $\eta = \dfrac{y}{z}$.

Page 381, ligne 6, *au lieu de :* $\dfrac{\eta^2}{x^2}$, *lisez :* $\dfrac{\eta^2}{b^2}$.

Page 386, ligne 1, *au lieu de :* $\dfrac{x}{\alpha} + \dfrac{y}{\beta} + \dfrac{z}{\gamma} = 0$ (1), *lisez :*

$$\frac{x^2}{\alpha} + \frac{y^2}{\beta} + \frac{z^2}{\gamma} = 1.$$

Page 402, ligne 2 en remontant, après l'indication du § 603, *ajoutez* soit.

Page 411, ligne 11, *au lieu de :* soit, *lisez :* reste.

planches